R 语言数据分析项目全程实录

明日科技　编著

清华大学出版社

北京

内 容 简 介

本书精选不同行业、不同分析方法及预测方法等 8 个热门 R 语言数据分析项目，既可作为练手项目，也可应用到实际数据分析工作中，其中的机器学习也可供参赛项目参考，总体来说各个项目实用性都非常强。

具体项目包含学生成绩统计分析、汽车数据可视化分析系统、泰坦尼克号数据集分析实战、鸢尾花数据分析与预测、基于会员数据的探索和聚类分析、快团团订单数据统计分析与关联分析、抖音账号运营数据分析与预测、基于 diamonds（钻石）数据集的分析与预测。本书从数据分析、机器学习的角度出发，按照项目开发的顺序，系统、全面地讲解每一个项目的开发实现过程。在体例上，每章一个项目，统一采用"开发背景→系统设计→技术准备→各功能模块实现→项目运行→源码下载"的形式完整呈现项目，给读者明确的成就感，可以让读者快速积累实际数据分析的经验与技巧，早日实现就业目标。

本书可为 R 语言数据分析入门自学者提供更广泛的数据分析实战场景，可为统计学、计算机等专业的学生进行数据分析项目实训及毕业设计提供项目参考，可供计算机专业教师、IT 培训讲师用作教学参考资料，还可作为数据分析师、IT 求职者、编程爱好者进行数据分析实战的参考书。

图书在版编目（CIP）数据

R 语言数据分析项目全程实录 / 明日科技编著.

北京：清华大学出版社, 2025.7. -- (软件项目开发全程实录).

ISBN 978-7-302-69902-6

Ⅰ. TP312.8

中国国家版本馆 CIP 数据核字第 20259D1Z24 号

责任编辑：贾小红
封面设计：秦　丽
版式设计：楠竹文化
责任校对：范文芳
责任印制：刘海龙

出版发行：清华大学出版社
　　　　网　　　址：https://www.tup.com.cn，https://www.wqxuetang.com
　　　　地　　　址：北京清华大学学研大厦 A 座　　　　邮　　　编：100084
　　　　社 总 机：010-83470000　　　　邮　　　购：010-62786544
　　　　投稿与读者服务：010-62776969，c-service@tup.tsinghua.edu.cn
　　　　质量反馈：010-62772015，zhiliang@tup.tsinghua.edu.cn
印 装 者：三河市少明印务有限公司
经　　销：全国新华书店
开　　本：203mm×260mm　　　　印　　张：13.25　　　　字　　数：328 千字
版　　次：2025 年 8 月第 1 版　　　　印　　次：2025 年 8 月第 1 次印刷
定　　价：79.80 元

产品编号：107698-01

前 言
Preface

丛书说明： "软件项目开发全程实录"丛书第 1 版于 2008 年 6 月出版，因其定位于项目开发案例、面向实际开发应用，并解决了社会需求和高校课程设置相对脱节的痛点，在软件项目开发类图书市场上产生了很大的反响，在全国软件项目开发零售图书排行榜中名列前茅。

"软件项目开发全程实录"丛书第 2 版于 2011 年 1 月出版，第 3 版于 2013 年 10 月出版，第 4 版于 2018 年 5 月出版。经过十六年的锤炼打造，不仅深受广大程序员的喜爱，还被百余所高校选为计算机科学、软件工程等相关专业的教材及教学参考用书，更被广大高校学子用作毕业设计和工作实习的必备参考用书。

"软件项目开发全程实录"丛书第 5 版在继承前 4 版所有优点的基础上，进行了大幅的改版升级。首先，结合当前技术发展的最新趋势与市场需求，增加了程序员求职急需的新图书品种；其次，对图书内容进行了深度更新、优化，新增了当前热门的流行项目，优化了原有经典项目，将开发环境和工具更新为目前的新版本等，使之更与时代接轨，更适合读者学习；最后，录制了全新的项目精讲视频，并配备了更加丰富的学习资源与服务，可以给读者带来更好的项目学习及使用体验。

随着人工智能和机器学习的迅猛发展，R 语言作为一种强大的统计分析工具，将更深入地融入这些技术中，以提升数据处理和模型构建的能力。R 语言社区也不断推出新版本，优化了性能，增加了新功能，特别是在机器学习、深度学习及大数据处理方面取得了显著进展。作为开源软件的典范，R 语言在全球范围内拥有庞大的用户群体和活跃的社区支持。未来，R 语言有望在以下几个方面继续深入发展。

（1）与人工智能的深度融合：R 语言将进一步整合先进的机器学习算法和深度学习框架，如 TensorFlow 和 PyTorch，提供更高效的模型训练和预测能力。这将使 R 语言在自然语言处理、计算机视觉等前沿领域发挥更大作用。

（2）大数据处理能力的提升：随着数据量的爆炸式增长，R 语言将继续优化其与 Hadoop、Spark 等大数据平台的集成，提升处理海量数据的效率。同时，R 语言将引入更多并行计算和分布式计算技术，以应对复杂的数据分析任务。

（3）数据隐私与安全的强化：随着数据隐私法规的日益严格，R 语言将进一步加强数据加密、匿名化处理等功能，确保用户数据的安全性和合规性。这将使 R 语言在金融、医疗等对数据安全要求极高的领域更具竞争力。

（4）跨平台与跨语言的协作：R 语言将更加注重与其他编程语言（如 Python、Julia）的互操作性，推动跨平台的数据分析和模型开发。这将使 R 语言用户能够更灵活地利用不同工具的优势，提升工作效率。

（5）教育与培训的普及：随着 R 语言应用场景的扩展，全球范围内针对掌握 R 语言的教育和培训需求也将大幅增加。R 语言社区将继续推动在线课程、教材和认证项目的发展，帮助更多初学者和专业人士掌握这一工具。

（6）行业应用的拓展：除了传统的统计分析领域，R 语言将在更多新兴行业中找到应用场景。例如，在智能汽车领域，R 语言可以用于车辆数据的实时分析和预测；在金融科技领域，R 语言可以用于风险评估和量化交易；在医疗健康领域，R 语言可以用于基因组数据分析和疾病预测。

总之，R 语言作为数据科学领域的重要工具，将继续在技术创新和行业应用中发挥重要作用。随着全球数据驱动决策的趋势不断加强，R 语言的重要性将愈发凸显，成为未来数据分析和人工智能领域不可或缺的一部分。

　　本书以中小型项目为载体，带领读者切身感受数据分析在各个领域应用的实际过程，从而提升数据分析技能和数据分析项目经验，掌握各种分析方法以及预测方法。全书内容不是枯燥的语法和陌生的术语，而是一步一步地引导读者实现一个个热门的项目，从而激发读者学习数据分析的兴趣，变被动学习为主动学习。另外，本书的项目开发过程完整，可以应用到实际工作中，本书可以作为数据分析师以及从事数据相关工作的人员提升数据分析项目经验的工具书，同时也可以作为大学生毕业设计的项目参考用书。

本书内容

　　本书提供不同行业、不同分析方法及预测方法等 8 个热门 R 语言数据分析项目，具体项目包括：学生成绩统计分析、汽车数据可视化分析系统、泰坦尼克号数据集分析实战、鸢尾花数据分析与预测、基于会员数据的探索和聚类分析、快团团订单数据统计分析与关联分析、抖音账号运营数据分析与预测、基于 diamonds（钻石）数据集的分析与预测。

本书特点

☑　**项目典型**。本书精选 8 个热点项目。所有项目均是当前实际开发领域常见的热门项目，且均从实际应用角度出发展开系统性的讲解，可以让读者从项目学习中积累丰富的数据分析经验。

☑　**流程清晰**。本书项目从软件工程的角度出发，统一采用"开发背景→系统设计→技术准备→各功能模块实现→项目运行→源码下载"的形式呈现内容，可以让读者更加清晰项目的完整开发流程，给读者明确的成就感和信心。

☑　**技术新颖**。本书所有项目的实现技术均采用目前业内推荐使用的最新稳定版本，与时俱进，实用性极强。同时，项目全部配备"技术准备"，对项目中用到的 R 语言数据分析基本技术点、高级应用、第三方 R 包等进行精要讲解，在 R 语言数据分析基础和项目开发之间搭建了有效的桥梁，为仅有 R 语言数据分析基础的初级编程人员参与数据分析项目扫清了障碍。

☑　**精彩栏目**。本书根据项目学习的需要，在每个项目讲解过程的关键位置添加了"注意""说明"等特色栏目，点拨项目的开发要点和精华，以便读者能更快地掌握相关技术的应用技巧。

☑　**源码下载**。本书每个项目最后都安排了"源码下载"一节，读者能够通过扫描对应二维码下载对应项目的完整源码，方便学习。

☑　**项目视频**。本书为每个项目提供了开发及使用微视频，使读者能够更加轻松地搭建、运行、使用项目，并能够随时随地查看学习。

读者对象

☑　数据分析爱好者

☑　R 语言爱好者

☑　提升数据分析技能的职场人员

☑　参加毕业设计的学生

☑　高等院校的教师

☑　IT 培训机构的教师与学员

☑　数据分析师

☑　编程爱好者

资源与服务

　　本书提供了大量的辅助学习资源，同时还提供了专业的知识拓展与答疑服务，旨在帮助读者提高学习效率并解决学习过程中遇到的各种疑难问题。读者需要刮开图书封底的防盗码（刮刮卡），扫描并绑定微信，以获取学习权限。

☑　**开发环境搭建视频**

搭建环境对于项目开发非常重要，它确保项目开发在一致的环境下进行，减少因环境差异导致的错误和冲突。通过搭建开发环境，可以方便地管理项目依赖，提高开发效率。本书提供了环境搭建的讲解视频，可以引导读者快速准确地搭建本书项目的开发环境。扫描右侧二维码即可观看学习。

开发环境
搭建视频

☑　**项目精讲视频**

本书每个项目均配有对应的项目精讲微视频，主要针对项目的需求背景、应用价值、功能结构、业务流程、实现逻辑以及所用到的核心技术点进行精要讲解，可以帮助读者了解项目概要，把握项目要领，快速进入学习状态。扫描每章首页的对应二维码即可观看学习。

☑　**项目源码**

本书每章围绕一个项目，系统全面地讲解了该项目的前后端设计及实现过程。为了方便读者学习，本书提供了完整的项目源码（包含项目中用到的所有素材，如图片、数据表等）。扫描每章最后的二维码即可下载。

☑　**AI 辅助开发手册**

在人工智能浪潮的席卷之下，AI 大模型工具呈现百花齐放之态，辅助编程开发的代码助手类工具不断涌现，可为开发人员提供技术问答、代码查错、辅助开发等非常实用的服务，极大地提高了编程学习和开发效率。为了帮助读者快速熟悉并使用这些工具，本书专门精心配备了电子版的《AI 辅助开发手册》，不仅为读者提供各个主流大语言模型的使用指南，而且详细讲解文心快码（Baidu Comate）、通义灵码、腾讯云 AI 代码助手、iFlyCode 等专业的智能代码助手的使用方法。扫描右侧二维码即可阅读学习。

AI 辅助
开发手册

☑　**代码查错器**

为了进一步帮助读者提升学习效率，培养良好的编码习惯，本书配备了由明日科技自主开发的代码查错器。读者可以将本书的项目源码保存为对应的 txt 文件，存放到代码查错器的对应文件夹中，然后自己编写相应的实现代码并与项目源码进行比对，快速找出自己编写的代码与源码不一致或者发生错误的地方。代码查错器配有详细的使用说明文档，扫描右侧二维码即可下载。

代码查错器

☑　**教学 PPT**

本书配备了精美的教学 PPT，可供高校教师和培训机构讲师备课使用，也可供读者做知识梳理。扫描本书封底的"文泉云盘"二维码即可下载。另外，登录清华大学出版社网站（www.tup.com.cn），可在本书对应页面查阅教学 PPT 的获取方式。

☑　**学习答疑**

在学习过程中，读者难免会遇到各种疑难问题。本书配有完善的新媒体学习矩阵，包括 IT 今日热榜（实时提供最新技术热点）、微信公众号、学习交流群、400 电话等，可为读者提供专业的知识拓展与答疑服务。扫描右侧二维码，根据提示操作，即可享受答疑服务。

学习答疑

致读者

本书由明日科技前端开发团队组织编写，主要编写人员有高春艳、赛思琪、王小科、张鑫、王国辉、赵宁、赛奎春、田旭、葛忠月、杨丽、李颖、程瑞红、张颖鹤、刘书娟等。明日科技是一家专业从事软件开发、教育培训以及软件开发教育资源整合的高科技公司，其编写的教材非常注重选取软件开发中的必需、常用内容，同时也很注重内容的易学、方便性以及相关知识的拓展性，深受读者喜爱。其教材多次荣获"全行业优秀畅销品种""全国高校出版社优秀畅销书"等奖项，多个品种长期位居同类图书销售排行榜的前列。

感谢您购买本书，希望本书能成为您的良师益友，成为您步入编程高手之列的踏脚石。

宝剑锋从磨砺出，梅花香自苦寒来。祝读书快乐！

编　者

2025 年 3 月

目 录

Contents

## 第1章

学生成绩统计分析

——openxlsx + 数据计算 + 分组统计 + 基本绘图

数据分析的应用越来越广泛，通过对学生成绩数据进行全面的分析和可视化，能够为教育工作者提供有价值的参考，帮助他们全面深入了解学生的学习情况，并挖掘其潜在的问题和优势。本章将使用 openxlsx 包结合数据计算、分组统计与基本绘图实现学生成绩的统计分析。

本项目的核心功能及实现技术如下：

项目微视频

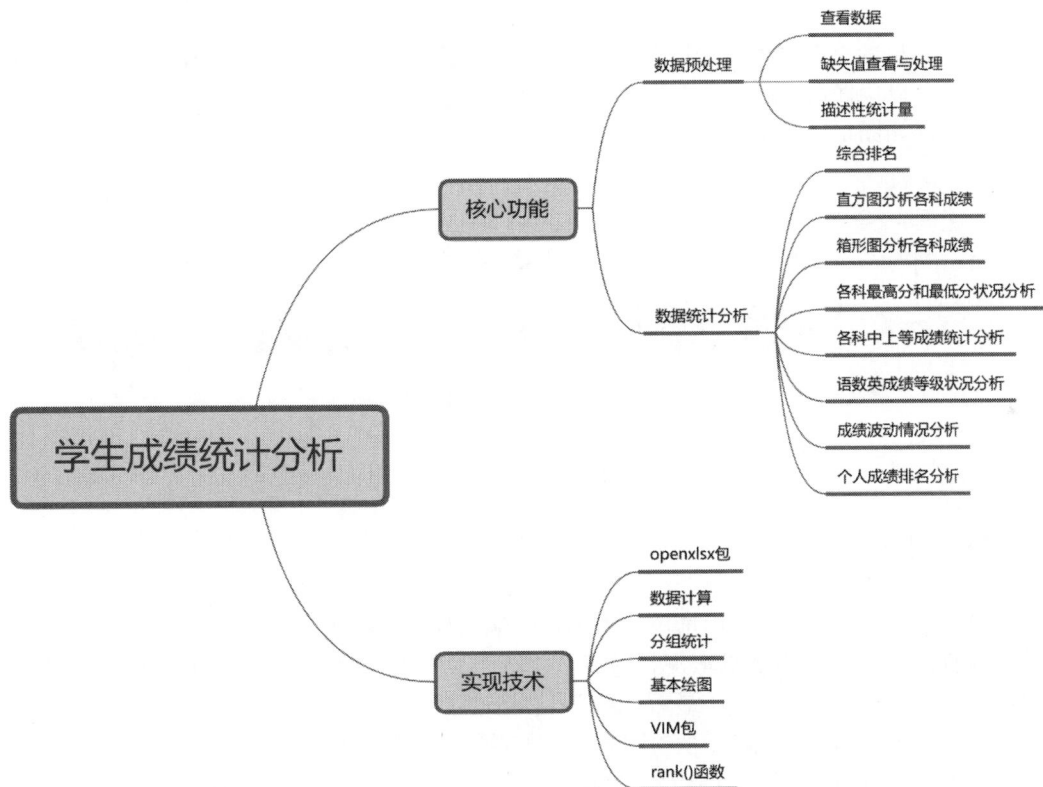

1.1 开 发 背 景

学生成绩统计分析是教育领域中非常重要的一项工作，通过对学生成绩数据进行深入分析和可视化，可以帮助学校和老师更好地了解学生的学习情况，从而及时发现问题，并采取相应的措施改进教学质量。本项目将主要使用第三方 R 包 openxlsx，同时结合数据计算、分组统计和基本绘图实现学生成绩的统计分析，其中包括综合排名、直方图分析各科成绩、箱形图分析各科成绩、各科最高分和最低分状况分析等。

1.2 系 统 设 计

1.2.1 开发环境

本项目的开发及运行环境如下：
- ☑ 操作系统：推荐 Windows 10、11 及以上版本。
- ☑ 编程语言：R 语言。
- ☑ 开发环境：RStudio。
- ☑ 第三方 R 包：openxlsx、VIM、dplyr。

1.2.2 分析流程

学生成绩统计分析的首要任务是数据准备，然后进行数据预处理工作，即查看数据、缺失值查看与处理和描述性统计量，以确保数据质量，最后进行数据统计分析。

本项目分析流程如图 1.1 所示。

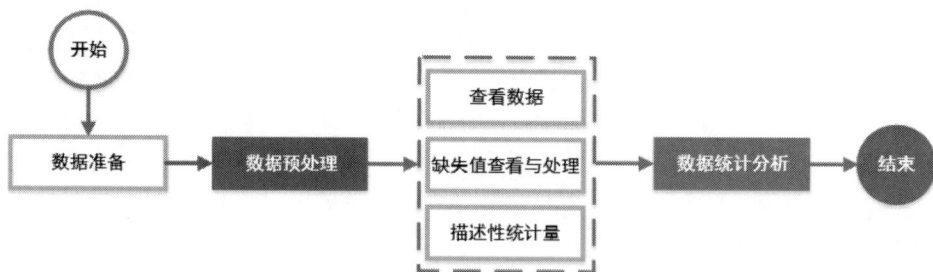

图 1.1 学生成绩统计分析流程

1.2.3 功能结构

本项目的功能结构已经在章首页中给出。本项目实现的具体功能如下：
- ☑ 数据预处理：首先查看数据概况，包括行数、列数、所有列名以及数据集中每个变量的数据类型；然后查看和处理缺失值；最后查看学生成绩的最小值、最大值、中位数、平均数等。
- ☑ 数据统计分析：包括综合排名、直方图分析各科成绩、箱形图分析各科成绩、各科最高分和最低分状况分析、各科中上等成绩的学生统计分析、语数英成绩等级状况分析、成绩波动情况分析和个人成绩排名分析。

1.3 技 术 准 备

1.3.1 技术概览

学生成绩统计分析通过读取 Excel 文件中的学生成绩数据，然后进行数据计算、分组统计并绘制相应的图表来详细分析学生各科成绩的情况，其中主要使用了第三方 R 包 openxlsx、数据计算、分组统计和基本绘图函数，这些知识在《R 语言数据分析从入门到精通》一书中有详细的讲解，对这些知识不太熟悉的读者可以参考该书对应的内容。

除此之外，本项目实现了通过可视化图表对缺失值进行探索，主要使用了第三方 R 包 VIM，在对学生成绩进行综合排名时使用了 rank()函数。下面对这两部分内容进行详细的介绍并举例说明，以确保读者顺利完成本项目的开发，同时拓展相关知识以便更好地利用 R 语言进行数据分析。

1.3.2 VIM 包

当数据量较大时，想要详细了解数据集中数据的缺失值情况，通过可视化图表探索缺失值是绝佳的选择。第三方 R 包 VIM 提供了大量的可视化缺失值函数，如 aggr()函数、barMiss()函数、scattMiss()函数、histMiss()函数、matrixplot()函数、marginplot()函数、marginmatrix()函数，下面介绍几个常用的可视化缺失值函数。

1. aggr()函数

aggr()函数不仅可以展示每个变量里缺失值的个数（或比例），还可以展示多个变量组合下缺失值的个数（或比例），例如下面的代码：

```
library(VIM)
dataset <- sleep[, c("Dream", "NonD", "BodyWgt", "Span")]
aggr(dataset)
```

运行程序，结果如图 1.2 所示。

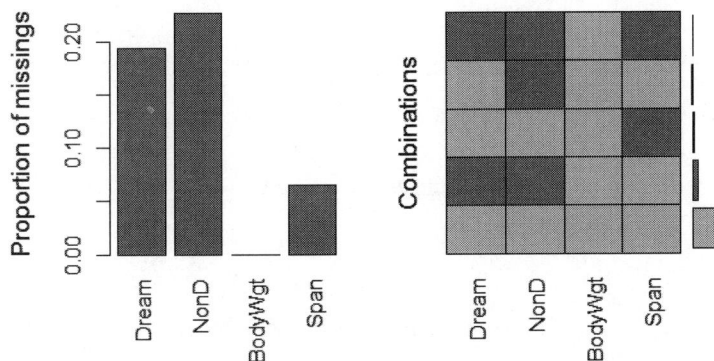

图 1.2　aggr()函数可视化缺失值

说明

aggr()函数在可视化缺失值时使用了三种颜色，每一种颜色代表一个属性，具体如下：

☑　观测值用蓝色高亮显示。

☑　缺失值用红色突出显示。

☑　计算值用橙色突出显示。

2. barMiss()函数

barMiss()函数提供了一个柱形图，主要分析某一变量在另一变量不同取值情况下的缺失值情况。例如下面的代码：

```
x <- sleep[, c("Exp", "NonD", "Sleep")]
barMiss(x, only.miss = FALSE)
```

运行程序，结果如图 1.3 所示。

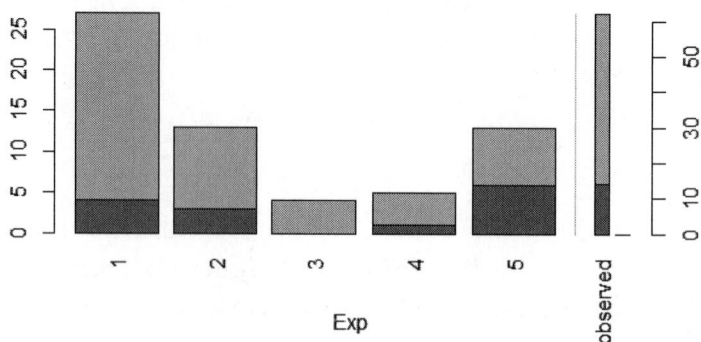

图 1.3　barMiss()函数可视化缺失值

3. marginplot()函数

marginplot()函数提供了一个散点图，在图形边界展示两个变量的缺失值情况。例如下面的代码：

```
marginplot(sleep[c("Gest","Dream")], pch=c(20),
col=c("darkgray", "red", "blue"))
```

运行程序，结果如图 1.4 所示。

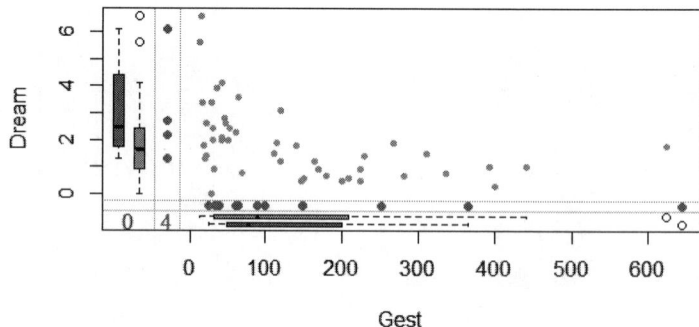

图 1.4　marginplot()函数可视化缺失值

1.3.3　rank()函数详细解析

数据分析过程中，经常需要对数据进行排名。排名主要实现对数据进行排序，然后标记数据在排序中的位置，如学生成绩排名。在 R 语言中，可以通过 rank()函数实现数据排名，默认情况下，rank()函数按照升序排列数据，即排名从低到高。如果需要降序排名，可以使用负号（−）。语法格式如下：

```
rank(x, na.last = TRUE,ties.method = c("average", "first", "last", "random", "max", "min"))
```

参数说明：

☑　x：一维数组或向量（数值、复数、字符或逻辑向量）。
☑　na.last：如果参数值为TRUE，则将数据中的缺失值放在排名最后；如果参数值为FALSE，则将缺失值放在第一位；如果参数值为 NA，则缺失值会被移除；如果参数值为 keep，则不参与排名，保持为 NA。

☑ ties.method：排名方法，参数值说明如下。

> average：相同元素都取该组中的平均水平，该水平可能是个小数。

> first：最基本的排序，小数在前大数在后，相同元素先者在前后者在后。

> last：与 first 类似，不同的是相同元素后者在前先者在后。

> random：相同元素随机编排次序，避免了"先到先得"，"权重"优于"先后顺序"的机制增大了随机的程度。

> max：小数在前大数在后，相同元素都取该组中最好的水平，即通常所讲的并列排序。

> min：小数在前大数在后，相同元素都取该组中最差的水平，可以增大序列的等级差异。

下面通过具体的示例详细介绍 rank()函数。例如，使用 rank()函数计算学生数学成绩排名，代码如下：

```
scores <- c(99, 88, 104, 75, 118,60)        # 数学成绩
ranks <- rank(-scores)                       # 降序排名，即高分在前低分在后
print(ranks)
```

运行程序，结果为：

```
3 4 2 5 1 6
```

上述代码输出的是每个学生数学成绩的排名，按照成绩从高到低排列。那么，如果成绩相同，则默认情况下排名相同，并且排名以平均数表示，代码如下：

```
scores <- c(99, 88, 104, 75, 118,60,88)      # 数学成绩
ranks <- rank(-scores)                        # 降序排名，即高分在前低分在后
print(ranks)
```

运行程序，结果为：

```
3.0 4.5 2.0 6.0 1.0 7.0 4.5
```

从运行结果得知：数学成绩 88 分的有两名同学，原排名为第 4 和第 5，那么，默认情况下取平均数 4.5，这种排名显然不科学。此时可以设置 ties.method 参数值为 min，这样，当有相同的成绩时，将根据成绩排名的最小值来确定相同成绩的排名，代码如下：

```
ranks <- rank(-scores,ties.method = "min")
print(ranks)
```

运行程序，结果为：

```
3 4 2 6 1 7 4
```

从运行结果得知：数学成绩 88 分的两名同学，排名为并列第 4。

那么，如果成绩中存在缺失值，rank()函数又该如何处理呢？这种情况下，可以通过设置 na.last 参数来决定如何处理缺失值排名的问题，例如下面的代码：

```
# 数学成绩
scores <- c(99, NA, 104, 75, 118,60)
# 排名
ranks <- rank(-scores)
print(ranks)
# 缺失值放在第一位
ranks <- rank(-scores,na.last = FALSE)
print(ranks)
# 删除缺失值
ranks <- rank(-scores,na.last = NA)
print(ranks)
```

```
# 不参与排名，保持为 NA
ranks <- rank(-scores,na.last = "keep")
print(ranks)
```

运行程序，结果如图 1.5 所示。

```
> # 数学成绩
> scores <- c(99, NA, 104, 75, 118,60)
> # 排名
> ranks <- rank(-scores)
> print(ranks)
[1] 3 6 2 4 1 5
> # 缺失值放在第一位
> ranks <- rank(-scores,na.last = FALSE)
> print(ranks)
[1] 4 1 3 5 2 6
> # 删除缺失值
> ranks <- rank(-scores,na.last = NA)
> print(ranks)
[1] 3 2 4 1 5
> # 不参与排名，保持为NA
> ranks <- rank(-scores,na.last = "keep")
> print(ranks)
[1] 3 NA 2 4 1 5
```

图 1.5 通过 na.last 参数处理缺失值排名的问题

1.4 前 期 工 作

1.4.1 安装第三方 R 包

本项目所需的第三方 R 包前面已经进行介绍，这里应逐一进行安装。例如，安装第三方 R 包 openxlsx，代码如下：

```
install.packages("openxlsx")
```

按 Enter 键，将显示一个 CRAN 镜像站点的列表，选择一个适合的镜像站点，如图 1.6 所示，单击"确定"按钮开始安装。

如果需要一次安装多个第三方 R 包，示例代码如下：

```
install.packages(c("包 1","包 2"))
```

1.4.2 新建工程

（1）运行 RStudio 新建一个工程以方便存储项目文件。选择 File→New Project 菜单项，然后单击 New Directory→New Project，选择一个位置以创建工程，如图 1.7 所示。

（2）打开新建工程窗口，输入文件夹名称（如"数据分析项目"），选择工程存放的路径（如 D:/R 程序/RProject），如图 1.8 所示，然后单击 Create Project 按钮，创建工程。

（3）创建完成后，会自动打开该工程，如图 1.9 所示。

图 1.6 CRAN 镜像列表

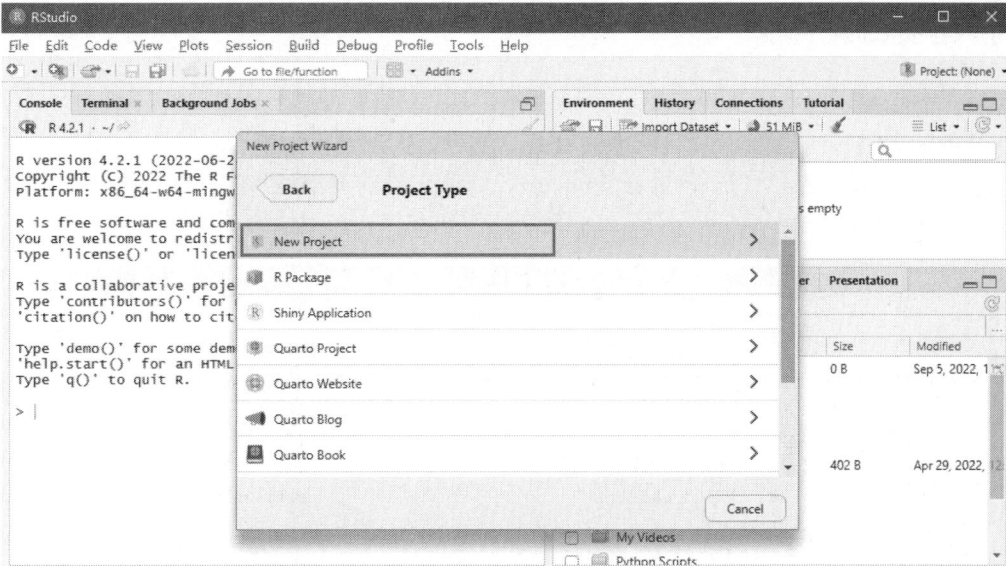

图 1.7　新建工程

图 1.8　选择工程存放路径

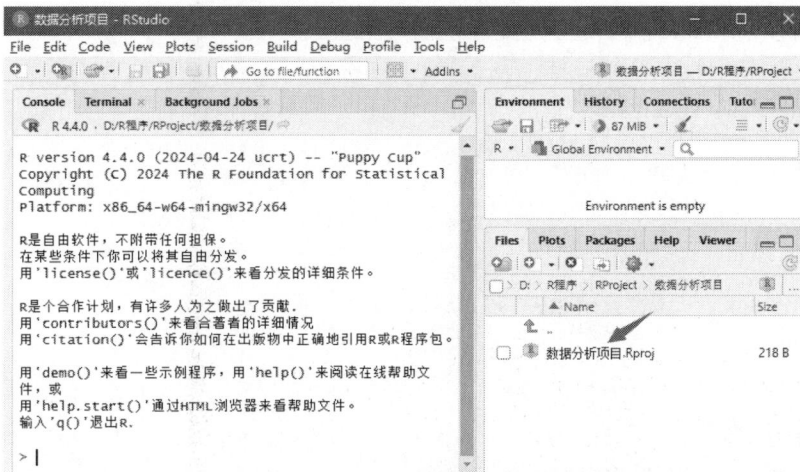

图 1.9　"数据分析项目"工程

1.4.3 新建项目文件夹

开发本项目前应首先在工程（如"数据分析项目.Rproj"）所在文件夹中新建一个项目文件夹（如"学生成绩统计分析"文件夹），以保存项目所需的 R 脚本文件，实现过程如下。

（1）运行 RStudio，选择 File→Open Project 菜单项，选择已经创建好的工程（如"数据分析项目.Rproj"），然后在资源管理窗口中单击 Files 面板中的新建文件夹按钮，如图 1.10 所示。

图 1.10　单击 Files 面板中的新建文件夹按钮

（2）打开 New Folder 对话框，输入"学生成绩统计分析"，如图 1.11 所示，然后单击 OK 按钮，项目文件夹就创建完成了。

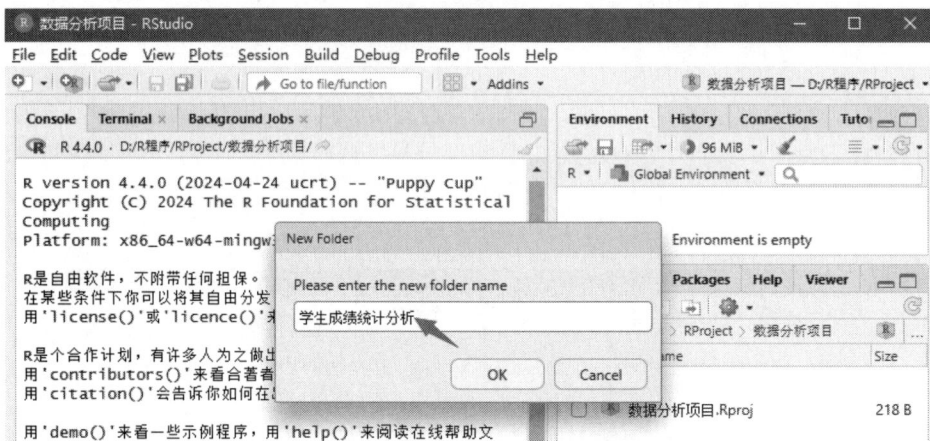

图 1.11　创建"学生成绩统计分析"项目文件夹

1.5　数　据　准　备

1.5.1 数据集介绍

学生成绩统计分析的数据主要来源于某高中学生成绩表，包括"成绩表.xlsx"和"测试成绩.xlsx"，如

图 1.12 所示。

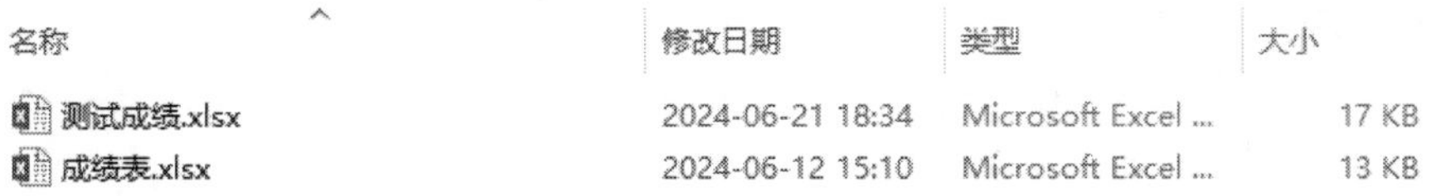

名称	修改日期	类型	大小
测试成绩.xlsx	2024-06-21 18:34	Microsoft Excel ...	17 KB
成绩表.xlsx	2024-06-12 15:10	Microsoft Excel ...	13 KB

图 1.12　学生成绩统计分析的数据文件

部分数据截图如图 1.13 和图 1.14 所示。

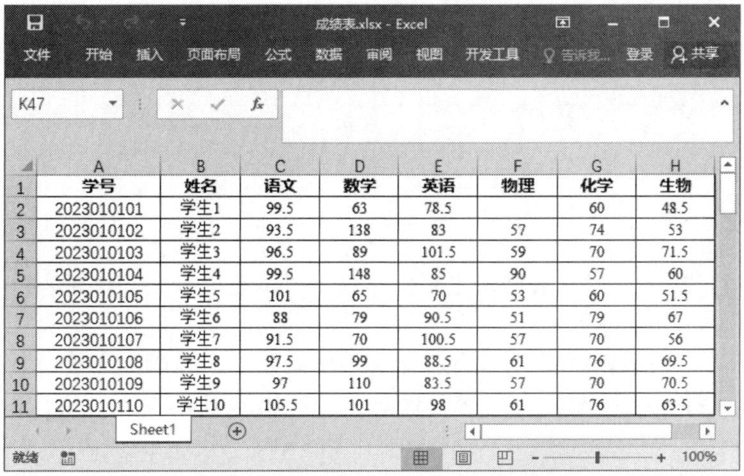

学号	姓名	语文	数学	英语	物理	化学	生物
2023010101	学生1	99.5	63	78.5		60	48.5
2023010102	学生2	93.5	138	83	57	74	53
2023010103	学生3	96.5	89	101.5	59	70	71.5
2023010104	学生4	99.5	148	85	90	57	60
2023010105	学生5	101	65	70	53	60	51.5
2023010106	学生6	88	79	90.5	51	79	67
2023010107	学生7	91.5	70	100.5	57	70	56
2023010108	学生8	97.5	99	88.5	61	76	69.5
2023010109	学生9	97	110	83.5	57	70	70.5
2023010110	学生10	105.5	101	98	61	76	63.5

图 1.13　“成绩表.xlsx”部分数据截图

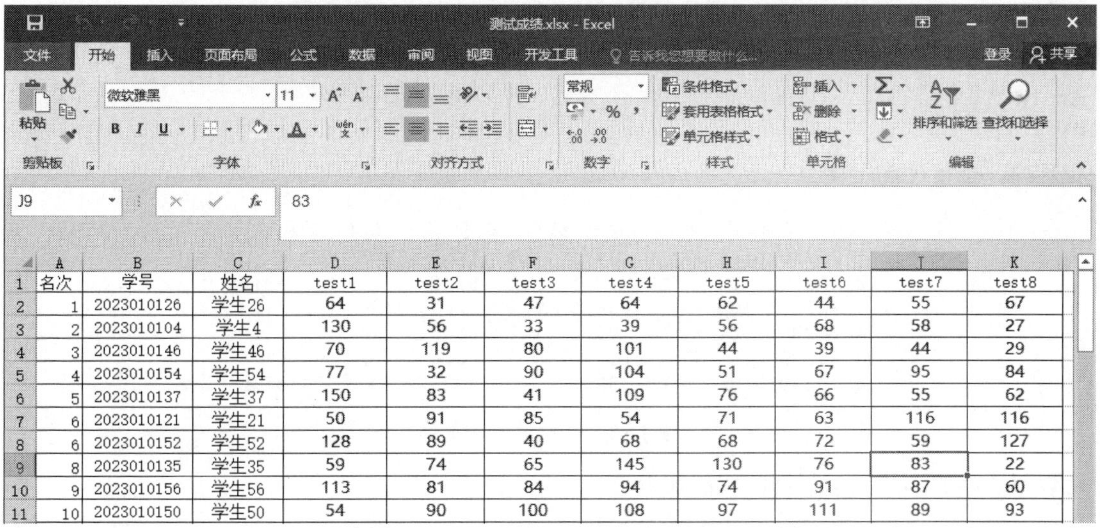

名次	学号	姓名	test1	test2	test3	test4	test5	test6	test7	test8
1	2023010126	学生26	64	31	47	64	62	44	55	67
2	2023010104	学生4	130	56	33	39	56	68	58	27
3	2023010146	学生46	70	119	80	101	44	39	44	29
4	2023010154	学生54	77	32	90	104	51	67	95	84
5	2023010137	学生37	150	83	41	109	76	66	55	62
6	2023010121	学生21	50	91	85	54	71	63	116	116
6	2023010152	学生52	128	89	40	68	68	72	59	127
8	2023010135	学生35	59	74	65	145	130	76	83	22
9	2023010156	学生56	113	81	84	94	74	91	87	60
10	2023010150	学生50	54	90	100	108	97	111	89	93

图 1.14　“测试成绩.xlsx”部分数据截图

说明

“成绩表.xlsx”和“测试成绩.xlsx”位于资源包项目所在的文件夹，开发本项目前应首先将它们复制到项目文件夹中，如图 1.15 所示。

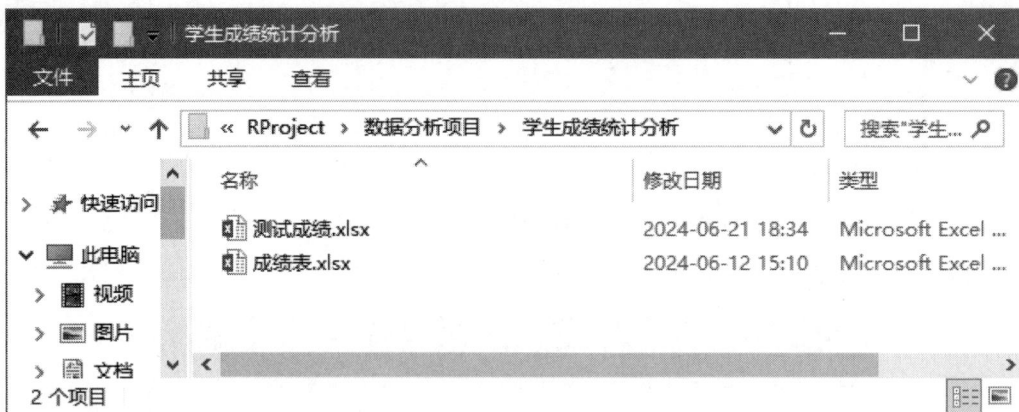

图 1.15　将数据文件复制到项目文件夹

1.5.2　读取数据

在了解了数据集后，接下来读取数据，主要使用 openxlsx 包的 read.xlsx()函数，实现过程如下（源码位置：资源包\Code\01\view_data.R）。

（1）在项目文件夹（"学生成绩统计分析"文件夹）中新建一个 R 脚本文件，命名为 view_data.R。

（2）使用 openxlsx 包的 read.xlsx()函数读取 Excel 文件，代码如下：

```
# 加载程序包
library(openxlsx)
# 读取 Excel 文件
df <- read.xlsx("学生成绩统计分析/成绩表.xlsx",sheet=1)
```

（3）显示前 6 条数据，代码如下：

```
# 显示前 6 条数据
head(df)
```

运行程序，结果如图 1.16 所示。

```
          学号    姓名   语文  数学   英语  物理  化学  生物
1 2023010101   学生1   99.5    63   78.5    NA    60  48.5
2 2023010102   学生2   93.5   138   83.0    57    74  53.0
3 2023010103   学生3   96.5    89  101.5    59    70  71.5
4 2023010104   学生4   99.5   148   85.0    90    57  60.0
5 2023010105   学生5  101.0    65   70.0    53    60  51.5
6 2023010106   学生6   88.0    79   90.5    51    79  67.0
```

图 1.16　显示前 6 条数据

还可以以表格的形式显示数据，代码如下：

```
View(df)
```

运行程序，结果如图 1.17 所示。

比起图 1.16，图 1.17 中的数据看上去更清晰更直观。不仅如此，通过数据查看器还可以实现数据筛选和排序。例如，筛选"数学"成绩 100～120 的数据，第 1 步单击 Filter，第 2 步单击"数学"文本框，第 3 步在直方图中单击数据区间，如 100-120，如图 1.18 所示，之后将显示筛选结果，如图 1.19 所示。

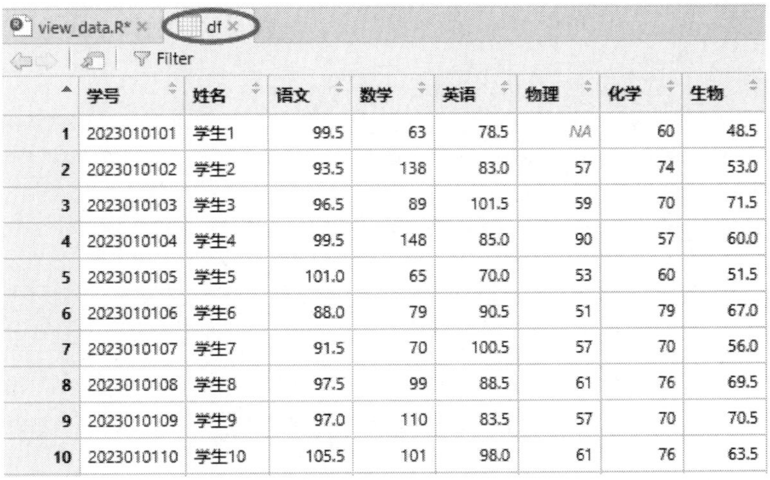

图 1.17　在数据查看器中显示数据

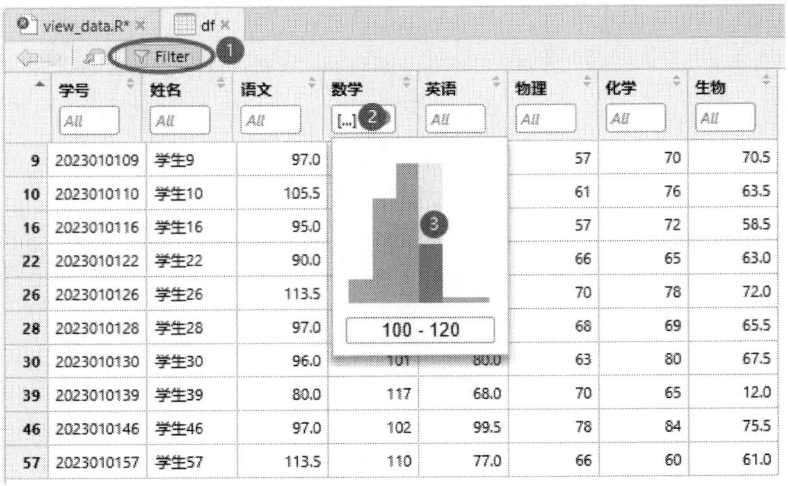

图 1.18　筛选"数学"成绩 100～120 的数据

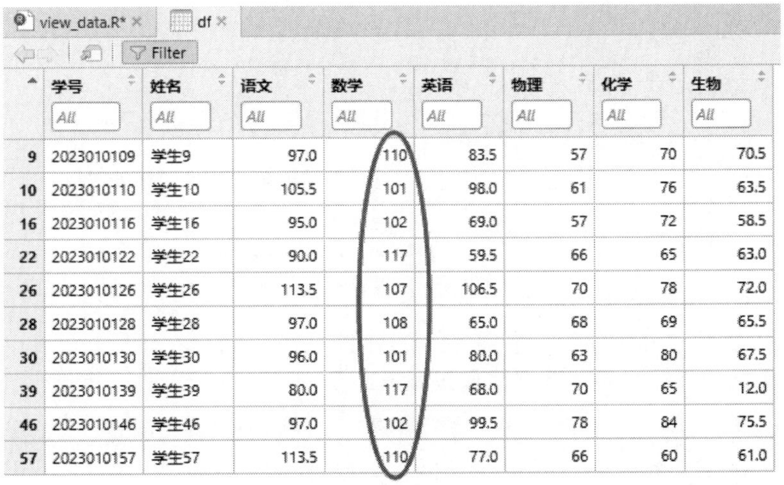

图 1.19　筛选结果

也可以在右侧的 Environment 面板中单击 ▦ 图标启动数据查看器，如图 1.20 所示。

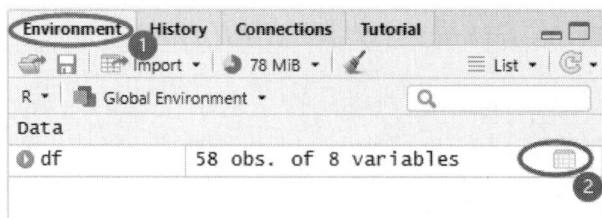

图 1.20　启动数据查看器

1.6　数据预处理

1.6.1　查看数据

查看数据概况，包括行数、列数、所有列名以及数据集中每个变量的数据类型，以便更清晰地了解数据，主要使用 nrow() 函数、ncol() 函数、names() 函数和 sapply() 函数，代码如下（源码位置：资源包\Code\01\view_data.R）：

```
# 行数
nrow(df)
# 列数
ncol(df)
# 查看所有列名
names(df)
# 查看数据集中每个变量的数据类型
sapply(df, class)
```

运行程序，结果如图 1.21 所示。

图 1.21　查看数据

从运行结果得知：数据共 58 行 8 列，以及所有的列名和数据类型。

接下来使用 str() 函数查看数据整体概况，代码如下：

```
str(df)
```

运行程序，结果如图 1.22 所示。

```
'data.frame':   58 obs. of  8 variables:
 $ 学号: num  2.02e+09 2.02e+09 2.02e+09 2.02e+09 2.02e+09 ...
 $ 姓名: chr  "学生1" "学生2" "学生3" "学生4" ...
 $ 语文: num  99.5 93.5 96.5 99.5 101 ...
 $ 数学: num  63 138 89 148 65 79 70 99 110 101 ...
 $ 英语: num  78.5 83 101.5 85 70 ...
 $ 物理: num  NA 57 59 90 53 51 57 61 57 61 ...
 $ 化学: num  60 74 70 57 60 79 70 76 70 76 ...
 $ 生物: num  48.5 53 71.5 60 51.5 67 56 69.5 70.5 63.5 ...
```

图 1.22　查看数据整体概况

从运行结果得知：数据共 58 行 8 列，以及所有的列名、数据类型和具体数据。

1.6.2　缺失值查看与处理

1. 缺失值识别

下面使用 is.na()函数查看缺失值，代码如下（源码位置：资源包\Code\01\view_data.R）：

```
is.na(df)
```

运行程序，结果如图 1.23 所示。

```
   学号  姓名  语文  数学  英语  物理  化学  生物
1  FALSE FALSE FALSE FALSE FALSE TRUE  FALSE FALSE
2  FALSE FALSE FALSE FALSE FALSE FALSE FALSE FALSE
3  FALSE FALSE FALSE FALSE FALSE FALSE FALSE FALSE
4  FALSE FALSE FALSE FALSE FALSE FALSE FALSE FALSE
5  FALSE FALSE FALSE FALSE FALSE FALSE FALSE FALSE
6  FALSE FALSE FALSE FALSE FALSE FALSE FALSE FALSE
7  FALSE FALSE FALSE FALSE FALSE FALSE FALSE FALSE
8  FALSE FALSE FALSE FALSE FALSE FALSE FALSE FALSE
9  FALSE FALSE FALSE FALSE FALSE FALSE FALSE FALSE
10 FALSE FALSE FALSE FALSE FALSE FALSE FALSE FALSE
11 FALSE FALSE FALSE FALSE FALSE FALSE FALSE FALSE
12 FALSE FALSE FALSE FALSE FALSE FALSE FALSE FALSE
13 FALSE FALSE FALSE FALSE FALSE FALSE FALSE FALSE
14 FALSE FALSE FALSE FALSE FALSE FALSE FALSE FALSE
15 FALSE FALSE FALSE FALSE FALSE FALSE FALSE FALSE
16 FALSE FALSE FALSE FALSE FALSE FALSE FALSE FALSE
17 FALSE FALSE FALSE FALSE FALSE FALSE FALSE FALSE
18 FALSE FALSE FALSE FALSE FALSE FALSE FALSE FALSE
19 FALSE FALSE FALSE FALSE FALSE FALSE FALSE FALSE
20 FALSE FALSE FALSE FALSE FALSE FALSE TRUE  FALSE
```

图 1.23　使用 is.na()函数查看缺失值

从运行结果得知：TRUE 表示数据存在缺失，FALSE 表示数据不存在缺失。如果数据很少，缺失值一目了然，例如“物理”和“化学”存在缺失值。但是如果数据量较大，看起来就不是很方便了，此时需要借助 table()函数，代码如下：

```
table(is.na(df))
```

运行程序，结果如下：

```
FALSE  TRUE
  459     5
```

table()函数帮我们统计了数据不缺失和缺失的个数，值分别为 459 和 5，也就是说学生成绩表有 5 个缺失值，具体这 5 个缺失值在哪里尚且不清楚，此时需要进一步分析。

2. 缺失值探索分析

下面对缺失值进行探索分析，主要使用 VIM 包的 aggr()函数对缺失值进行统计与可视化，以直观观察数据缺失情况，代码如下（源码位置：资源包\Code\01\view_data.R）：

```
library(VIM)                                          # 加载 VIM 包
val=aggr(df,prop = FALSE,number=TRUE,cex.axis=.7)     # 缺失值可视化
val                                                   # =缺失值统计
```

运行程序，结果如下：

```
Missings in variables:
 Variable Count
     物理    3
     化学    1
     生物    1
```

可视化效果如图 1.24 所示。

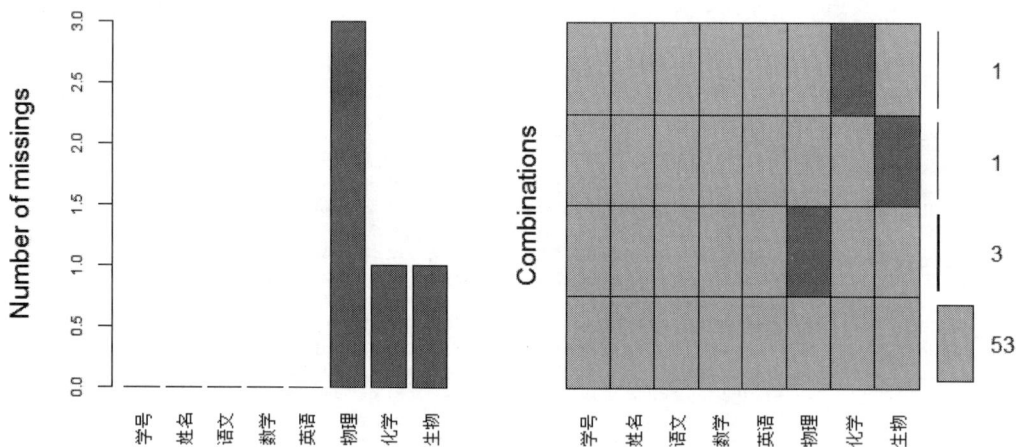

图 1.24　使用 aggr()函数对缺失值进行统计并可视化

从运行结果得知："物理"有 3 个缺失值，"生物"和"化学"各有一个缺失值。下面对缺失值进行填充处理。

3. 缺失值填充

通过上述检测发现部分学科成绩缺失，可能是因为某种原因学生没有参加考试，此时我们使用特定数值（即 0）进行填充，方法是将缺失值替换为 0，代码如下（源码位置：资源包\Code\01\view_data.R）：

```
df[is.na(df)] <- 0                          # 将缺失值替换为 0
table(is.na(df))                            # 再次统计缺失值
write.xlsx(df,"学生成绩统计分析/成绩表 1.xlsx") # 写入 Excel 文件
```

1.6.3　描述性统计量

描述性统计量主要查看学生成绩的最小值、最大值、第一四分位数、中位数、平均数等，主要使用 summary()函数，代码如下（源码位置：资源包\Code\01\view_data.R）：

```
summary(df)
```

运行程序，结果如图 1.25 所示。

```
          学号                  姓名                  语文                  数学                  英语
Min.    :2.023e+09    Length:58        Min.    : 80.00    Min.    : 43.00    Min.    : 48.50
1st Qu. :2.023e+09    Class :character 1st Qu.: 93.50     1st Qu.: 75.25     1st Qu.: 78.00
Median  :2.023e+09    Mode  :character Median : 97.00     Median : 85.50     Median : 87.25
Mean    :2.023e+09                     Mean   : 97.14     Mean   : 86.95     Mean   : 85.51
3rd Qu. :2.023e+09                     3rd Qu.:100.88     3rd Qu.: 98.50     3rd Qu.: 97.75
Max.    :2.023e+09                     Max.   :113.50     Max.   :148.00     Max.   :110.50

          物理                  化学                  生物
Min.    :30.00    Min.    :24.00    Min.    :12.00
1st Qu.:54.00     1st Qu.:60.00     1st Qu.:52.50
Median :61.00     Median :70.00     Median :59.00
Mean   :60.51     Mean   :68.54     Mean   :59.21
3rd Qu.:69.00     3rd Qu.:78.00     3rd Qu.:68.00
Max.   :99.00     Max.   :90.00     Max.   :83.00
NA's   :3         NA's   :1         NA's   :1
```

图 1.25　描述性统计量

从运行结果得知：对于数值型数据，summary()函数给出的统计信息包括最小值（Min）、第一四分位数（1st Qu）、中位数（Median）、平均值（Mean）、第三四分位数（3rd Qu）和最大值（Max）。例如，语文最低分 80，平均分 97.14，最高分 113.5。同时，summary()函数也可以对缺失值进行统计，例如，物理"NA's   :3"表示有 3 个缺失值。

1.7　数据统计分析

1.7.1　综合排名

综合排名包括各科成绩排名以及语文、数学、英语总分排名和总分排名，实现过程如下（源码位置：资源包\Code\01\rank_data.R）。

（1）在项目文件夹下新建一个 R 脚本文件，命名为 rank_data.R。

（2）使用 openxlsx 包的 read.xlsx()函数读取 Excel 文件，代码如下：

```
# 加载程序包
library(openxlsx)
# 读取 Excel 文件
df <- read.xlsx("学生成绩统计分析/成绩表 1.xlsx",sheet=1)
```

（3）分别计算语文、数学、英语总分和排名，主要使用 rank()函数，然后使用 View()函数以表格形式显示数据，代码如下：

```
# 各科成绩排名
df$语文排名 <- round(rank(-df$语文,ties.method='min'),0)
df$数学排名 <- round(rank(-df$数学,ties.method='min'),0)
df$英语排名 <- round(rank(-df$英语,ties.method='min'),0)
df$物理排名 <- round(rank(-df$物理,ties.method='min'),0)
df$化学排名 <- round(rank(-df$化学,ties.method='min'),0)
df$生物排名 <- round(rank(-df$生物,ties.method='min'),0)
# 计算语数英总分和排名
df$语数英总分 <- df$语文+df$数学+df$英语
df$语数英排名 <- round(rank(-df$语数英总分,ties.method='min'),0)
# 计算总分和排名
df$总分 <- df$语文+df$数学+df$英语+df$物理+df$化学+df$生物
df$总分排名 <- round(rank(-df$总分,ties.method='min'),0)
# 以表格形式显示数据
View(df)
```

运行程序，结果如图 1.26 所示。

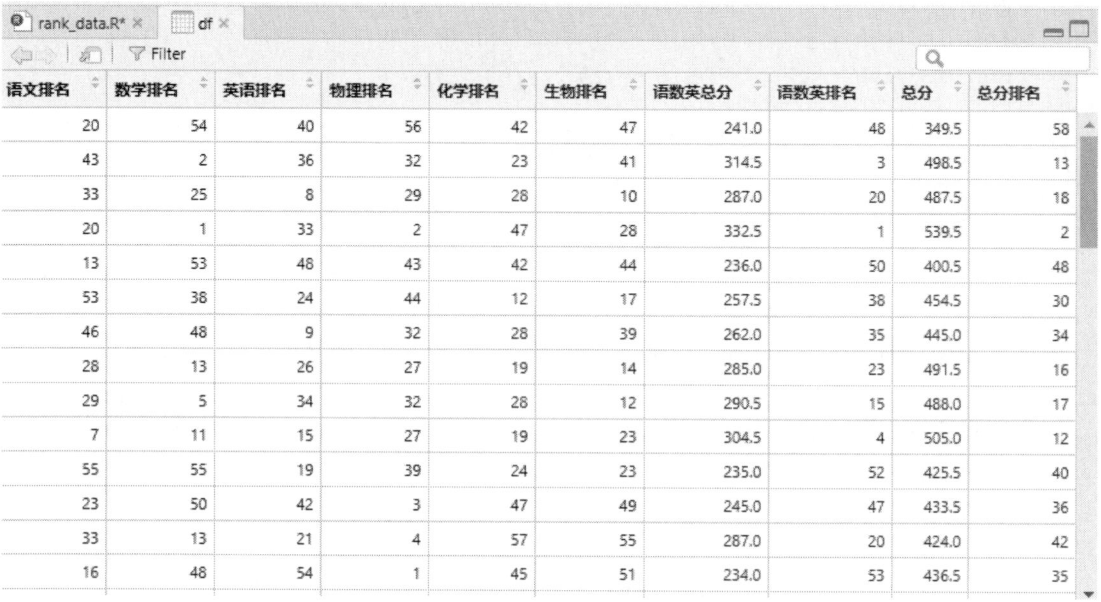

语文排名	数学排名	英语排名	物理排名	化学排名	生物排名	语数英总分	语数英排名	总分	总分排名
20	54	40	56	42	47	241.0	48	349.5	58
43	2	36	32	23	41	314.5	3	498.5	13
33	25	8	29	28	10	287.0	20	487.5	18
20	1	33	2	47	28	332.5	1	539.5	2
13	53	48	43	42	44	236.0	50	400.5	48
53	38	24	44	12	17	257.5	38	454.5	30
46	48	9	32	28	39	262.0	35	445.0	34
28	13	26	27	19	14	285.0	23	491.5	16
29	5	34	32	28	12	290.5	15	488.0	17
7	11	15	27	19	23	304.5	4	505.0	12
55	55	19	39	24	23	235.0	52	425.5	40
23	50	42	3	47	49	245.0	47	433.5	36
33	13	21	4	57	55	287.0	20	424.0	42
16	48	54	1	45	51	234.0	53	436.5	35

图 1.26　综合排名（部分数据截图）

从运行结果得知：通过语文、数学、英语总分的排名和总分排名可以看出有些学生存在偏科现象。

（4）将计算结果和排名写入 Excel 文件中，代码如下：

```
write.xlsx(df,"学生成绩统计分析/排名.xlsx")
```

运行程序，计算结果和排名将写入 Excel 文件中，打开 Excel 文件，结果如图 1.27 所示。

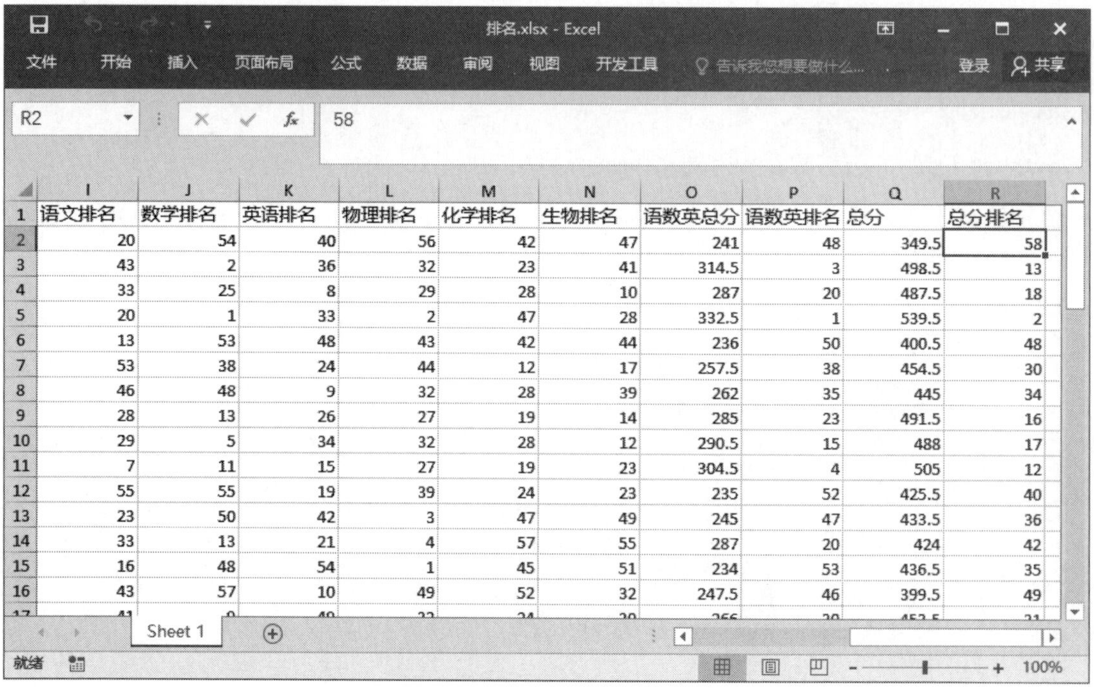

	I	J	K	L	M	N	O	P	Q	R
1	语文排名	数学排名	英语排名	物理排名	化学排名	生物排名	语数英总分	语数英排名	总分	总分排名
2	20	54	40	56	42	47	241	48	349.5	58
3	43	2	36	32	23	41	314.5	3	498.5	13
4	33	25	8	29	28	10	287	20	487.5	18
5	20	1	33	2	47	28	332.5	1	539.5	2
6	13	53	48	43	42	44	236	50	400.5	48
7	53	38	24	44	12	17	257.5	38	454.5	30
8	46	48	9	32	28	39	262	35	445	34
9	28	13	26	27	19	14	285	23	491.5	16
10	29	5	34	32	28	12	290.5	15	488	17
11	7	11	15	27	19	23	304.5	4	505	12
12	55	55	19	39	24	23	235	52	425.5	40
13	23	50	42	3	47	49	245	47	433.5	36
14	33	13	21	4	57	55	287	20	424	42
15	16	48	54	1	45	51	234	53	436.5	35
16	43	57	10	49	52	32	247.5	46	399.5	49

图 1.27　排名.xlsx

1.7.2 直方图分析各科成绩

通过绘制各科成绩直方图查看各科成绩的分布情况，主要使用 hist()函数，实现过程如下（源码位置：资源包\Code\01\hist_data.R）。

（1）在项目文件夹下新建一个 R 脚本文件，命名为 hist_data.R。

（2）使用 openxlsx 包的 read.xlsx()函数读取 Excel 文件，代码如下：

```
# 加载程序包
library(openxlsx)
# 读取 Excel 文件
df <- read.xlsx("学生成绩统计分析/成绩表 1.xlsx",sheet=1)
```

（3）使用 par()函数创建 2 行 3 列的绘图区域，然后使用 hist()函数绘制各科成绩直方图，代码如下：

```
#2 行 3 列的绘图区域
par(mfrow = c(2,3))
# 绘制各科成绩直方图
hist(df$语文,main="",xlab="语文")
hist(df$数学,main="",xlab="数学")
hist(df$英语,main="",xlab="英语")
hist(df$物理,main="",xlab="物理")
hist(df$化学,main="",xlab="化学")
hist(df$生物,main="",xlab="生物")
```

运行程序，结果如图 1.28 所示。

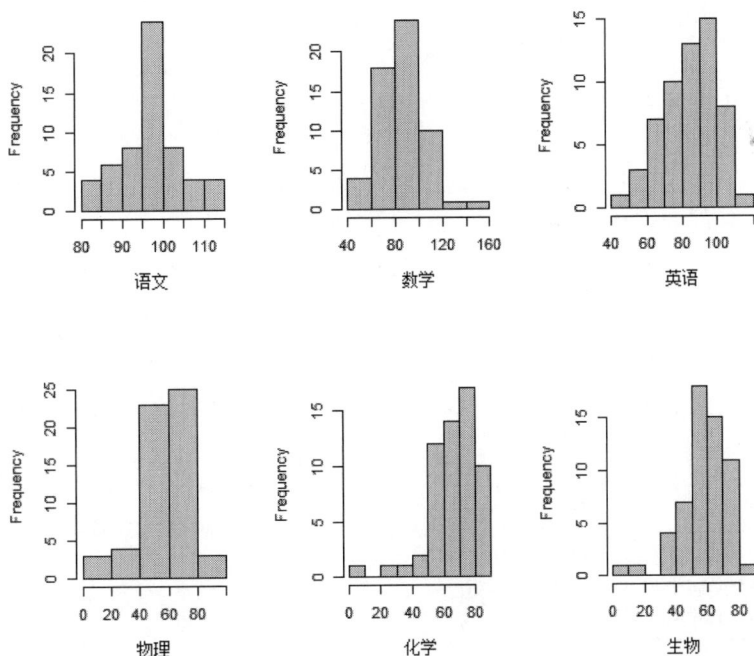

图 1.28 直方图分析各科成绩

（4）通过偏度系数判断偏度，主要使用 timeDate 模块的 skewness()函数进行计算，代码如下：

```
# 计算偏度系数（正值为右偏，负值为左偏）
df1 <- df[,3:8]
```

```
n1 <- timeDate::skewness(df1)
n1
```

运行程序，结果如下：

语文	数学	英语	物理	化学	生物
-0.1335115	0.6028185	-0.4783041	-1.1768642	-1.6404522	-1.4271909

从运行结果得知："数学"成绩呈右偏态分布，即直方图右侧缺失，说明高分段学生缺失，试卷有难度。其他学科呈左偏态分布，即直方图左侧缺失，说明低分段学生较少，试卷难度适中。

说明

负偏态分布，也称为左偏态，指的是在一个不对称或偏斜的次数分布中，次数分布的高峰偏右，而长尾则从右逐渐延伸于左端。这种分布的特点是偏态系数小于零，意味着众数位于较大分数或量数的一侧（右侧），而长尾则位于较小分数或量数的一侧（左侧）。在学生的学业成绩分布中，负偏态分布表明高分人数很多，低分人数很少，这通常意味着测试的难度较低，考试要求低于教学要求，或者学生的基础较好。因此，当学生成绩呈现负偏态分布时，说明测验的整体难度相对偏易。

此外，负偏态分布的原因可能包括试题难度过小，导致部分学生成绩过高，从而使总分的分布呈现负偏态。这种情况下，测验的整体难度被认为是正常的。然而，需要注意的是，负偏态分布并不总是意味着测验难度过低，它也可能反映试题难度介于过大和过小之间，导致一部分学生不能正常发挥。因此，在解释负偏态分布时，需要综合考虑试题的难度设置和学生的实际表现。

1.7.3 箱形图分析各科成绩

通过绘制箱形图分析各科成绩，主要使用 boxplot()函数，实现过程如下（源码位置：资源包\Code\01\box_data.R）。

（1）在项目文件夹下新建一个 R 脚本文件，命名为 box_data.R。

（2）使用 openxlsx 包的 read.xlsx()函数读取 Excel 文件，代码如下：

```
# 加载程序包
library(openxlsx)
# 读取 Excel 文件
df <- read.xlsx("学生成绩统计分析/成绩表 1.xlsx",sheet=1)
```

（3）使用 par()函数创建 2 行 3 列的绘图区域，然后使用 boxplot()函数绘制各科成绩箱形图，代码如下：

```
#2 行 3 列的绘图区域
par(mfrow = c(2,3))
# 绘制各科成绩箱形图
boxplot(df$语文,main="",xlab="语文")
boxplot(df$数学,main="",xlab="数学")
boxplot(df$英语,main="",xlab="英语")
boxplot(df$物理,main="",xlab="物理")
boxplot(df$化学,main="",xlab="化学")
boxplot(df$生物,main="",xlab="生物")
```

运行程序，结果如图 1.29 所示。

从运行结果得知：语文、英语和物理成绩比较平均。另外，语文、数学、物理、化学和生物均存在异常值。

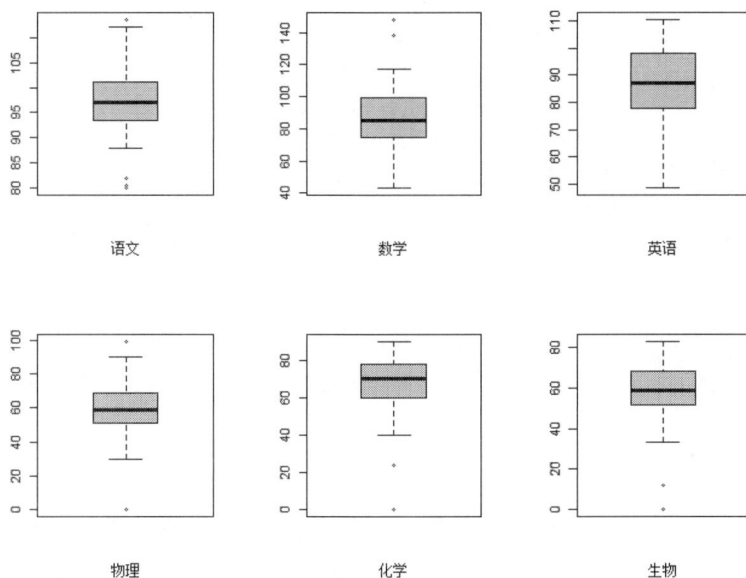

图 1.29　箱形图分析各科成绩

1.7.4　各科最高分和最低分状况分析

对各科最高分和最低分状况进行分析时，首先使用 max()函数和 min()函数分别计算各科成绩的最高分和最低分。需要注意的是，在求得物理、化学和生物 3 科的最小值后，应排除分数为 0 的数据，因为在1.6.2 节中我们将物理、化学和生物 3 科的缺失值填充为 0 了。然后绘制各科成绩最高分和最低分柱形图。实现过程如下（源码位置：资源包\Code\01\max_min_data.R）。

（1）在项目文件夹下新建一个 R 脚本文件，命名为 max_min_data.R。

（2）使用 openxlsx 包的 read.xlsx()函数读取 Excel 文件，代码如下：

```
# 加载程序包
library(openxlsx)
# 读取 Excel 文件
df <- read.xlsx("学生成绩统计分析/成绩表 1.xlsx",sheet=1)
```

（3）使用 max()函数和 min()函数分别计算各科成绩最高分和最低分，并排除物理、化学和生物 3 科分数为 0 的数据，代码如下：

```
# 计算各科成绩最高分和最低分
y1_max <- max(df$语文)
y1_min <- min(df$语文)
y2_max <- max(df$数学)
y2_min <- min(df$数学)
y3_max <- max(df$英语)
y3_min <- min(df$英语)
y3_max <- max(df$英语)
y3_min <- min(df$英语)
y4_max <- max(df$物理)
# 最低分排除分数为 0 的数据
y4_min <- min(df[df$物理!=0,'物理'])
y5_max <- max(df$化学)
y5_min <- min(df[df$化学!=0,'化学'])
y6_max <- max(df$生物)
y6_min <- min(df[df$生物!=0,'生物'])
```

（4）通过求得的各科成绩的最高分和最低分创建 6*2 的矩阵，代码如下：

```
# 创建 6*2 的矩阵
datas <- matrix(c(y1_max,y2_max,y3_max,y4_max,y5_max,y6_max,
                  y1_min,y2_min,y3_min,y4_min,y5_min,y6_min),6,2,
                dimnames =list(names(df[,3:8])))
# 矩阵行列转置
datas <-t(datas)
datas
```

运行程序，结果如下：

```
        语文  数学   英语   物理   化学   生物
[1,] 113.5   148   110.5    99    90     83
[2,]  80.0    43    48.5    30    24     12
```

（5）使用 barplot()函数绘制各科成绩最高分和最低分柱形图，代码如下：

```
# 绘制柱形图
# 自定义画布大小
par(pin=c(5,4))
# 绘制柱形图
p=barplot(height = datas,
          col = c('darkorange','deepskyblue'),  # 每个柱形的颜色
          beside=TRUE,                           # 分组柱形图,即多柱形图
          border=FALSE,                          # 无边框
          ylim=c(0,160))                         # y 轴坐标轴范围
# 添加文本标签
text(p,datas+5,labels=datas)
```

运行程序，结果如图 1.30 所示。

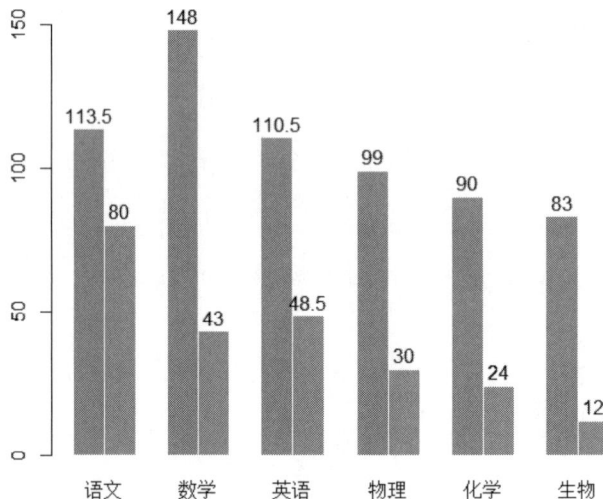

图 1.30　柱形图分析各科最高分和最低分状况

从运行结果得知：除了语文，其他各科成绩最高分和最低分差距还是比较大的。

1.7.5　各科中上等成绩统计分析

各科中上等成绩统计分析，主要统计各科成绩超过平均分的人数。通常来讲，如果学生的成绩在班级里达到或超过了平均分，那么其基本就属于中上等学生，即使是在平均分上下，不是幅度相差太大都可以

算得上是中上等学生。例如，一个班级有 50 个人，那么成绩达到平均分也就是 25 名左右，只要成绩排在 25～30 名都算是中等成绩。成绩高于平均分，只能说明成绩处于中等偏上的水平，属于比较不错的学习成绩。

下面实现各科中上等成绩统计分析。首先使用 apply() 函数计算平均分，然后使用 length() 函数和 mean() 函数统计各科成绩大于平均分的人数，最后使用 barplot() 函数绘制柱形图，实现过程如下（源码位置：资源包\Code\01\mean_data.R）。

（1）在项目文件夹下新建一个 R 脚本文件，命名为 mean_data.R。

（2）使用 openxlsx 包的 read.xlsx() 函数读取 Excel 文件，然后抽取数据，代码如下：

```
# 加载程序包
library(openxlsx)
# 读取 Excel 文件
df <- read.xlsx("学生成绩统计分析/成绩表 1.xlsx",sheet=1)
# 抽取数据
df1 <- df[,3:8]
```

（3）使用 apply() 函数计算平均分，然后使用 length() 函数和 mean() 函数统计各科成绩大于平均分的人数，代码如下：

```
# 各科成绩平均分
mean1 <- apply(df1, 2, mean)
# 统计各科成绩大于平均分的学生人数
x1=paste(length(df1$语文[df1$语文>mean(df1$语文)]),"人")
x2=paste(length(df1$数学[df1$数学>mean(df1$数学)]),"人")
x3=paste(length(df1$英语[df1$英语>mean(df1$英语)]),"人")
x4=paste(length(df1$物理[df1$物理>mean(df1$物理)]),"人")
x5=paste(length(df1$化学[df1$化学>mean(df1$化学)]),"人")
x6=paste(length(df1$生物[df1$生物>mean(df1$生物)]),"人")
```

（4）使用 barplot() 函数绘制柱形图，代码如下：

```
# 绘制柱形图
p=barplot(mean1,                      # 柱子高度
          ylim=c(0,150),              # y 轴范围
          ylab = "平均分")            # y 轴标签
# 添加文本标签
text(p,mean1+5,labels=c(x1,x2,x3,x4,x5,x6))
```

运行程序，结果如图 1.31 所示。

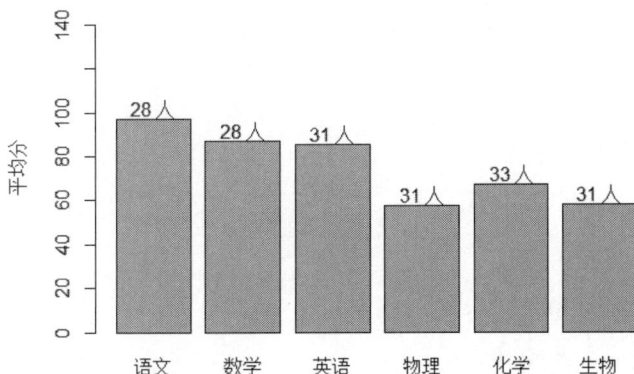

图 1.31　柱形图分析各科中上等学生人数

从运行结果得知：通过查看前面数据得知有 58 名学生，那么基本上各科中上等学生均占到了一半。

1.7.6 语数英成绩等级状况分析

根据某高中班级考试情况，语数英考试成绩按位次由高到低分为 A、B、C、D、E 五个等级。各等级人数所占比例依次为：A 等级 15%，B 等级 30%，C 等级 30%，D、E 等级共 25%，E 等级为不合格。首先通过 quantile()函数获取各个等级的分数，然后使用 cut()函数按分数段分割数据并标记等级，最后按等级统计人数并绘制饼形图。实现过程如下（源码位置：资源包\Code\01\level_data.R）。

（1）在项目文件夹下新建一个 R 脚本文件，命名为 level_data.R。

（2）使用 openxlsx 包的 read.xlsx()函数读取 Excel 文件，代码如下：

```
# 加载程序包
library(openxlsx)
library(dplyr)
# 读取 Excel 文件
df <- read.xlsx("学生成绩统计分析/成绩表 1.xlsx",sheet=1)
```

（3）通过 quantile()函数获取各个等级的分数，代码如下：

```
a <- quantile(df$语文,probs = c(0.15, 0.3,0.75,0.9,1))
a
b <- quantile(df$数学,probs = c(0.15, 0.3,0.75,0.9,1))
b
c <- quantile(df$英语,probs = c(0.15, 0.3,0.75,0.9,1))
c
```

（4）使用 cut()函数按分数段分割数据并标记等级，代码如下：

```
# 按分数段分割数据并标记等级
df$语文等级 <- cut(df$语文,breaks=c(-Inf, 90, 95,101,106,Inf),
            labels = c("E","D","C","B","A"), right=FALSE)
df$数学等级 <- cut(df$数学,breaks=c(-Inf, 69,77,99, 109,Inf),
            labels = c("E","D","C","B","A"), right=FALSE)
df$英语等级 <- cut(df$英语,breaks=c(-Inf, 69,79,98, 103, Inf),
            labels = c("E","D","C","B","A"), right=FALSE)
```

（5）使用 summarise()函数结合 group_by()函数实现按等级统计人数，代码如下：

```
# 统计各等级人数
df1<- summarise(group_by(df,语文等级),人数=length(语文等级))
df2<- summarise(group_by(df,数学等级),人数=length(数学等级))
df3<- summarise(group_by(df,英语等级),人数=length(英语等级))
```

（6）获取人数、设置饼形图颜色和计算百分比，然后创建 1 行 3 列的绘图区域，最后绘制饼形图，代码如下：

```
# 获取人数
x1 = df1$人数
x2 = df2$人数
x3 = df3$人数
# 饼形图颜色
mycolors1 <- topo.colors(5)
# 计算百分比
pct1 <- paste(round(100*x1/sum(x1), 1), "%")
pct2 <- paste(round(100*x2/sum(x2), 1), "%")
pct3 <- paste(round(100*x3/sum(x3), 1), "%")
# 创建 1 行 3 列的绘图区域
par(mfrow = c(1,3))
# 绘制饼形图
pie(x1,labels = paste(df1$语文等级,pct1),col=mycolors1)
```

```
pie(x2,labels = paste(df2$数学等级,pct2),col=mycolors1)
pie(x3,labels = paste(df3$英语等级,pct3),col=mycolors1)
```

运行程序，结果如图 1.32 所示。

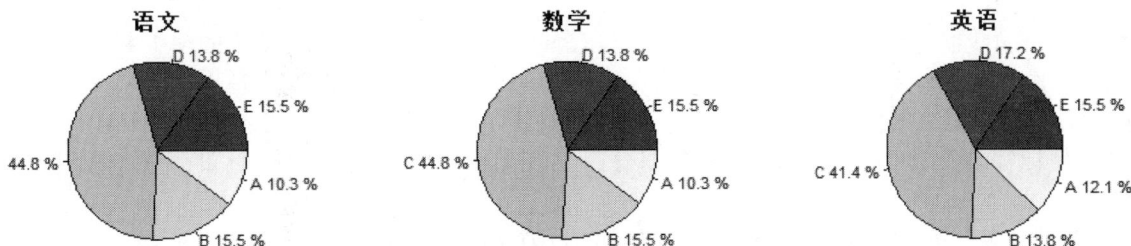

图 1.32　饼形图分析语数英成绩等级状况

1.7.7　成绩波动情况分析

成绩波动情况分析，主要通过学生的 8 次测试成绩排名来分析学生成绩的波动幅度，从而得到成绩从稳定到不稳定的学生名单。首先使用 apply() 函数计算 8 次测试成绩的标准差，然后使用 sort() 函数按标准差升序排序，实现过程如下（源码位置：资源包\Code\01\fluctuate_data.R）：

（1）在项目文件夹下新建一个 R 脚本文件，命名为 fluctuate_data.R。

（2）使用 openxlsx 包的 read.xlsx() 函数读取 Excel 文件，代码如下：

```
# 加载 openxlsx 包
library(openxlsx)
# 读取 Excel 文件
df <- read.xlsx("学生成绩统计分析/测试成绩.xlsx",sheet=1)
```

（3）通过计算 8 次测试成绩的标准差得到波动幅度，然后使用 sort() 函数按照标准差升序排序，代码如下：

```
# 波动幅度
df['标准差'] <- apply(df[,4:10],1,sd)
# 按照标准差升序排序
View(df[order(df[,"标准差"]),])
```

运行程序，结果如图 1.33 所示。

	名次	学号	姓名	test1	test2	test3	test4	test5	test6	test7	test8	标准差
9	9	2023010156	学生56	113	81	84	94	74	91	87	60	12.40200
1	1	2023010126	学生26	64	31	47	64	62	44	55	67	12.42118
22	22	2023010141	学生41	110	153	104	121	134	134	119	108	16.65333
12	12	2023010110	学生10	93	102	72	124	77	105	109	74	18.26524
10	10	2023010150	学生50	54	90	100	108	97	111	89	93	18.97116
29	29	2023010129	学生29	123	145	160	161	155	121	171	267	19.38212
56	56	2023010120	学生20	316	310	331	324	376	332	324	343	21.55502
34	34	2023010107	学生7	208	191	152	160	189	211	199	189	22.85774
6	6	2023010121	学生21	50	91	85	54	71	63	116	116	23.30747
28	28	2023010151	学生51	141	137	188	195	186	147	161	142	24.39262
58	58	2023010101	学生1	537	483	502	473	520	506	538	491	25.07892
4	4	2023010154	学生54	77	32	90	104	51	67	95	84	25.64965

图 1.33　按照标准差升序排序

从运行结果得知：标准差越小发挥越稳定，例如排名第 1 和第 9 的学生发挥最为稳定。

1.7.8　个人成绩排名分析

通过 1.7.7 节我们得到了学生成绩的波动情况和名单，接下来看一下排名第 1 的学生 8 次测试成绩排名和升降情况。首先使用 subset() 函数检索"名次"等于 1 的数据，然后创建 2 行 1 列的绘图区域，使用 plot() 函数分别绘制测试成绩排名折线图和排名升降折线图，其中排名升降折线图应使用 diff() 函数计算差分，也就是计算本次排名与上一次排名的差分。实现过程如下（源码位置：资源包\Code\01\TOP1_data.R）。

（1）在项目文件夹下新建一个 R 脚本文件，命名为 TOP1_data.R。

（2）使用 openxlsx 包的 read.xlsx() 函数读取 Excel 文件，代码如下：

```
# 加载 openxlsx 包
library(openxlsx)
# 读取 Excel 文件
df <- read.xlsx("学生成绩统计分析/测试成绩.xlsx",sheet=1)
```

（3）使用 subset() 函数筛选名次等于 1 的数据并使用 t() 函数实现行列转置，代码如下：

```
# 筛选名次等于 1 的数据
df <- subset(df,名次==1)
# 行列转置
df1 <- t(df[,4:11])
```

（4）绘制测试成绩排名折线图，代码如下：

```
# x 轴和 y 轴数据
x1 <- names(df1[,1])
y1 <- df1
# 创建 2 行 1 列的绘图区域
par(mfrow = c(2,1))
# 绘制测试成绩排名折线图
plot(y1,type="l",lwd=2,col="blue",xlab="",ylab="测试成绩排名",xaxt="n",ylim = c(0,100))
# 添加标记
points(y1,pch=21,bg=2)
# 设置 x 轴标签
axis(side=1,at=1:8,labels=x1)
```

（5）绘制排名升降折线图，代码如下：

```
# 使用 diff() 函数计算差分
y2=diff(df1)
#x 轴数据
x2 <- names(df1[-1,1])
# 绘制排名升降折线图
plot(y2,type="l",lwd=2,col="red",xlab="",xaxt="n",ylab="排名升降情况")
# 添加标记
points(y2,pch=21,bg=2)
# 设置 x 轴标签
axis(side=1,at=1:7,labels=x2)
```

运行程序，结果如图 1.34 所示。

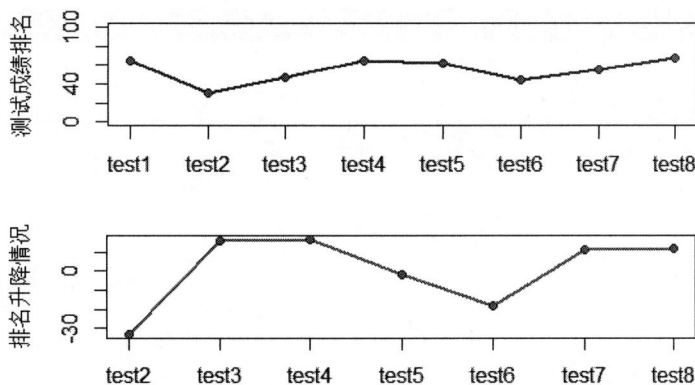

图 1.34　折线图分析 TOP1 学生测试成绩和排名升降情况

1.8　项　目　运　行

通过前述步骤，设计并完成了"学生成绩统计分析"项目的开发。"学生成绩统计分析"项目文件夹中包括 11 个 R 脚本文件和两个 Excel 文件，如图 1.35 所示。

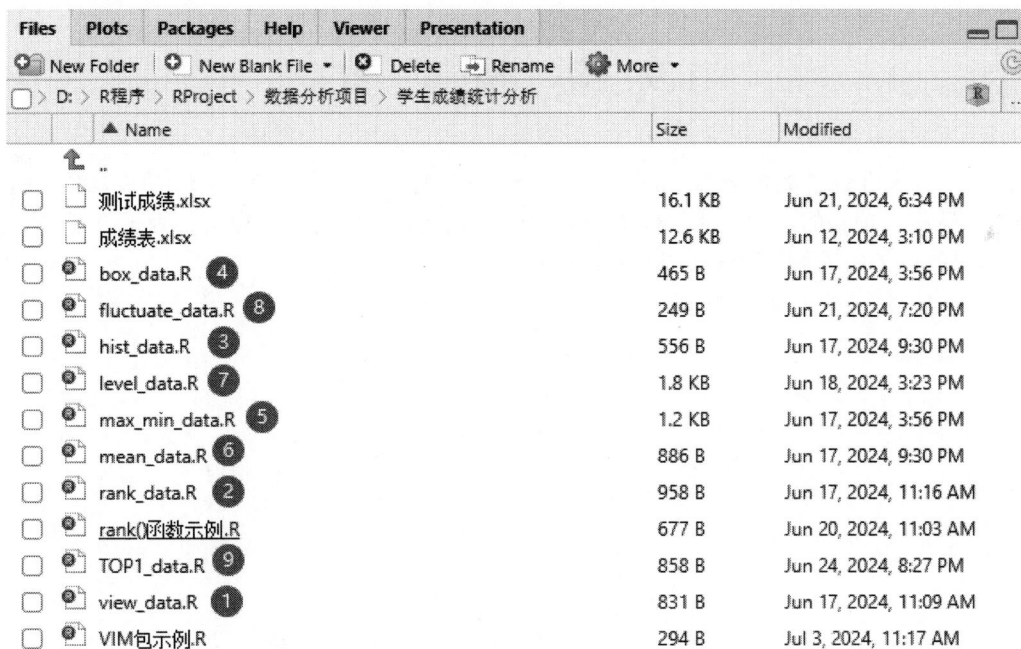

图 1.35　项目文件夹

下面按照开发过程运行脚本文件，检验一下我们的开发成果。例如，运行 view_data.R，首先单击 Files 面板，然后在列表中单击 view_data.R，在代码编辑窗口中单击 Run 按钮，运行光标所在行，如图 1.36 所示，或者单击 Source 按钮，运行所有行。

其他脚本文件按照图 1.35 给出的顺序运行，这里就不再赘述了。

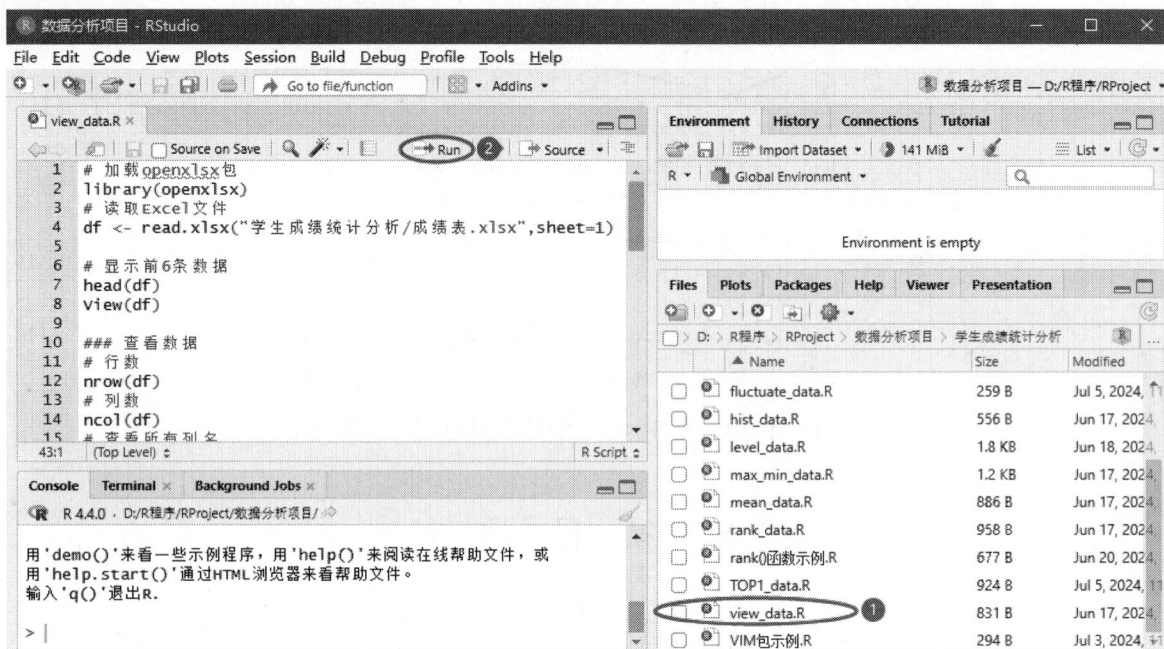

图 1.36 运行 view_data.R

1.9 源码下载

虽然本章详细地讲解了如何通过 openxlsx 包、数据计算、分组统计和基本绘图实现"学生成绩统计分析"项目的各个功能，但给出的代码都是代码片段，而非源码。为了方便读者学习，本书提供了用以下载源码的二维码，扫描右侧二维码即可下载。

源码下载

第2章

汽车数据可视化分析系统

——分组统计 + 基本绘图 + ggplot2 + 相关性分析

随着汽车产业的快速发展，技术不断的升级，汽车的功能越来越多，越来越智能化。那么新增的功能是否在给用户带来便捷的同时，也会增加油耗呢？带着这个问题，我们来学习如何实现汽车数据的可视化与相关性分析。

本项目的核心功能及实现技术如下：

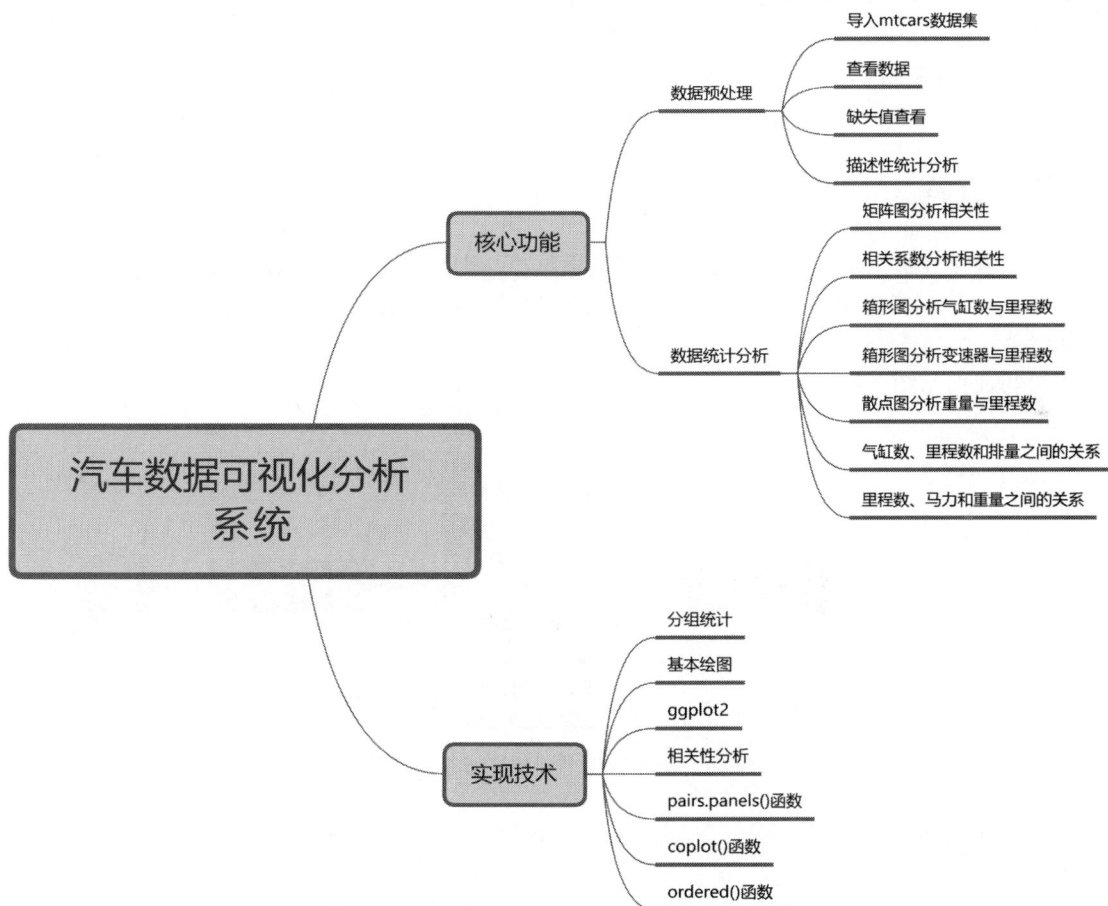

项目微视频

2.1 开 发 背 景

现如今，汽车产业已经逐步从机械时代迈入智能网联时代，汽车的设计越来越注重高科技，如手机

APP 远程控制、智能辅助驾驶、语音控制、电子刹车、自动驻车、自动大灯等。那么，这些高科技功能是否会增加汽车的油耗，则有待于对汽车性能相关数据进行分析和探索才能得到答案。

本章将主要使用 R 语言自带的数据集 mtcars 进行数据可视化分析，通过不同的图表来探索分析该数据集中汽车性能相关数据之间的关系，包括矩阵图、相关系数、箱形图、散点图等，通过这些可视化方法学习如何实现汽车数据的可视化与相关性分析，从而快速提升 R 语言数据分析技能。

2.2 系 统 设 计

2.2.1 开发环境

本项目的开发及运行环境如下：

- ☑ 操作系统：推荐 Windows 10、11 及以上版本。
- ☑ 编程语言：R 语言。
- ☑ 开发环境：RStudio。
- ☑ 第三方 R 包：psych、ggplot2、graphics。

2.2.2 分析流程

汽车数据可视化分析系统使用了 R 语言自带的数据集，因此首先需要了解数据集，然后进行数据预处理工作，即导入 mtcars 数据集、查看数据、缺失值查看与描述性统计分析，以确保数据质量，最后进行数据统计分析。

本项目分析流程如图 2.1 所示。

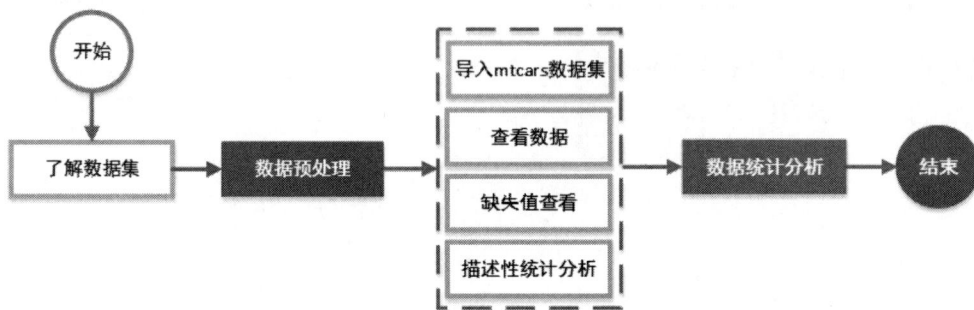

图 2.1 汽车数据可视化分析系统流程

2.2.3 功能结构

本项目的功能结构已经在章首页中给出。本项目实现的具体功能如下：

- ☑ 数据预处理：导入 mtcars 数据集、查看数据、缺失值查看以及描述性统计分析。
- ☑ 数据统计分析：包括矩阵图分析相关性、相关系数分析相关性、箱形图分析气缸数与里程数、箱形图分析变速器与里程数、散点图分析重量与里程数，气缸数、里程数和排量之间的关系以及里程数、马力和重量之间的关系。

2.3 技术准备

2.3.1 技术概览

汽车数据可视化分析系统通过 R 语言自带的 mtcars 数据集实现了对汽车数据的分组统计、可视化与相关性分析，其中主要使用了分组统计、基本绘图函数、第三方 R 包 ggplot2 和相关性分析，这些知识在《R 语言数据分析从入门到精通》一书中有详细讲解，对这些知识不太熟悉的读者可以参考该书对应的内容。

另外，在描述性统计分析过程中，为了实现按照分类变量统计数据使用了 ordered()函数；为了绘制更加详细的矩阵图以更好地分析数据之间的关系，本项目还使用了第三方 R 包 psych 提供的 pairs.panels()函数，以及通过第三方 R 包 graphics 中的 coplot()函数实现了将多个相关图表整合到同一张图中，从而更加直观地展示数据之间的关系。

下面对这三部分内容进行详细介绍并进行举例说明，以确保读者顺利完成本项目，同时拓展相关知识以便更好地利用 R 语言进行数据分析。

2.3.2 ordered()函数的应用

R 语言中的 ordered()函数用于创建有序变量，这种变量允许指定类别之间的特定顺序，对于统计分析来说非常重要。ordered()函数的语法格式如下：

```
ordered(x, levels, labels)
```

参数说明：
- ☑ x：要转换为有序变量的向量或数据框列。
- ☑ levels：可选参数，用于指定有序变量的顺序水平。
- ☑ labels：可选参数，用于指定有序变量的标签。

ordered()函数的基本使用步骤如图 2.2 所示。

图 2.2　ordered()函数的基本使用步骤

下面通过具体的示例介绍 ordered()函数的应用。

首先创建一个向量，然后使用 ordered()函数将其转换为有序变量，通过 levels 参数指定类别顺序，通过 labels 参数指定类别标签，代码如下：

```
# 创建向量
var1 <- c(1,2,3,4,5,4,2,3,1,5)
# 使用 ordered()函数转换为有序变量
ordered_var1 <- ordered(var1,levels=c(1,2,3,4,5),
                        labels=c("1 星","2 星","3 星","4 星","5 星"))
print(ordered_var1)
```

运行程序，结果如下：

```
[1] 1 星 2 星 3 星 4 星 5 星 4 星 2 星 3 星 1 星 5 星
Levels: 1 星 < 2 星 < 3 星 < 4 星 < 5 星
```

ordered()函数也可以用于将字符串向量转换为有序的因子向量。例如，使用 ordered()函数将包含尺码的字符串向量转换为一个有序的因子向量，并指定因子的顺序水平，代码如下：

```
var2 <- c("S", "M", "L","XL")
ordered_var2 <- ordered(var2,levels=c(1,2,3,4))
print(ordered_var2)
```

运行程序，结果如下：

```
Levels: 1 < 2 < 3 < 4
```

2.3.3 详解 pairs.panels()函数

pairs.panels()函数是第三方 R 包 psych 中一个功能强大的函数，主要通过散点图和变量分布图组合成矩阵图，以展示数据集中数值型变量两两之间的关系，从而为数据分析工作提供直观的参考。pairs.panels()函数的语法格式如下：

```
pairs.panels(x, smooth = TRUE, scale = FALSE, density=TRUE,ellipses=TRUE,digits = 2,method="pearson", pch = 20,
lm=FALSE,cor=TRUE,jiggle=FALSE,factor=2,hist.col="cyan",show.points=TRUE,rug=TRUE,breaks="Sturges",cex.cor=1,wt=
NULL,smoother=FALSE,stars=FALSE,ci=FALSE,alpha=.05,hist.border="black" ,...)
```

参数说明：
- ☑ x：数据，数据框或矩阵。
- ☑ smooth：布尔型，是否显示平滑曲线。默认值为 TRUE，表示显示平滑曲线。
- ☑ scale：布尔型，是否对数据标准化。默认值为 FALSE，表示不对数据标准化。
- ☑ density：布尔型，是否绘制密度曲线。默认值为 TRUE，表示绘制密度曲线。
- ☑ ellipses：布尔型，是否绘制相关椭圆。默认值为 TRUE，表示绘制相关椭圆。
- ☑ digits：要显示的位数。
- ☑ method：相关性方法参数，参数值为 pearson、spearman 和 kendall。
- ☑ pch：标记符号，默认值为 20，表示点。
- ☑ lm：布尔型，是否绘制线性拟合平滑曲线。
- ☑ cor：布尔型，是否显示相关系数。默认值为 TRUE，表示显示相关系数。
- ☑ jiggle：布尔型，是否为数据点添加抖动。默认值为 FALSE，表示不添加。
- ☑ factor：抖动因子，参数值为 1～5。
- ☑ hist.col：对角线上直方图的颜色。
- ☑ show.points：布尔型，是否显示数据点。如果参数值为 FALSE，则不显示数据点，只显示平滑曲线和相关椭圆。
- ☑ rug：布尔型，是否在直方图下画短线。默认值为 TRUE，表示画短线。
- ☑ breaks：如果指定参数值，则允许控制直方图中的断点数量。
- ☑ cex.cor：用于更改相关性中文本的大小。
- ☑ wt：如果指定该参数，则使用权重矩阵对相关性进行加权。
- ☑ smoother：布尔型，是否添加平滑曲线。如果参数值为 TRUE，则添加平滑曲线。
- ☑ stars：布尔型，是否使用星号标记相关性的重要性。
- ☑ ci：布尔型，是否绘制置信区间。默认值为 FALSE，表示不绘制置信区间。
- ☑ alpha：置信区域的 alpha 值，默认值为 0.05。
- ☑ hist.border：参数值设置为 NA，表示直方图值之间没有直线。

例如，绘制一个简单的矩阵图，代码如下。

```
library(psych)          # 加载程序包
pairs.panels(attitude)
```

运行程序，结果如图 2.3 所示。

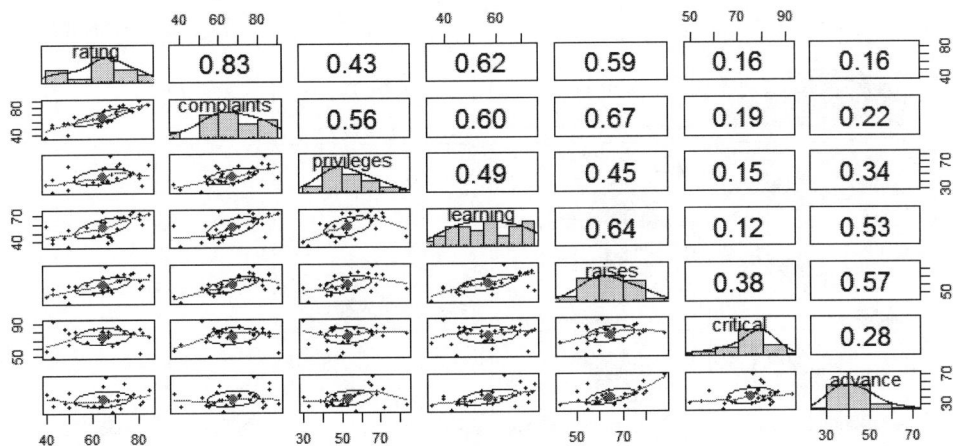

图 2.3　一个简单的矩阵图

从运行结果得知：矩阵图分为三部分，下面分别进行介绍。

☑　对角线上方：在矩阵图中，对角线上方为相关系数矩阵。

☑　对角线：在矩阵图中，对角线为每个变量数值分布的直方图。

☑　对角线下方：在矩阵图中，对角线下方为散点图，每个散点图中的椭圆表示两个变量的相关性，椭圆越扁，变量之间的相关性越强；每个散点图中的曲线为局部回归曲线；每个散点图中位于椭圆中心的点为两个变量均值所确定的点。

下面将对角线下方的散点图按颜色分组，主要设置 bg 参数，代码如下：

```
data(iris)                                          # 导入 iris 数据集
pairs.panels(iris[1:4],bg=c("red","yellow","blue")[iris$Species],pch=21)  # 绘制矩阵图
```

运行程序，结果如图 2.4 所示。

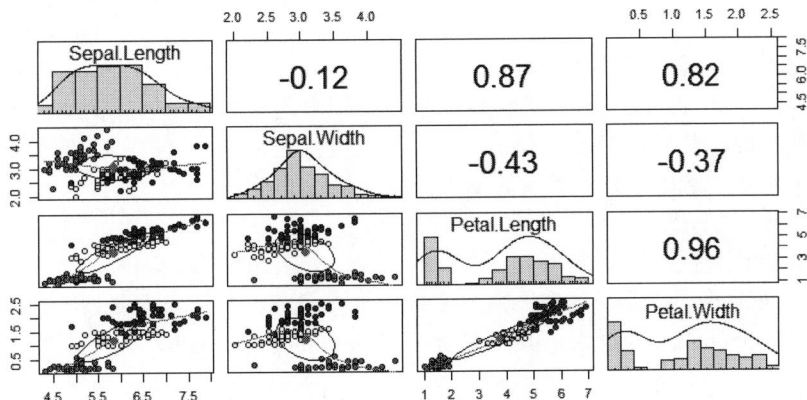

图 2.4　按颜色分组的矩阵图

下面将对角线下方的散点图设置不同的标记符号，同时为对角线上的直方图设置颜色和使用星号标记对角线上方系数相关性的重要性，代码如下：

```
pairs.panels(iris[1:4],bg=c("red","yellow","blue")[iris$Species],
             pch=21+as.numeric(iris$Species),hist.col="red",stars=TRUE)
```

运行程序，结果如图 2.5 所示。

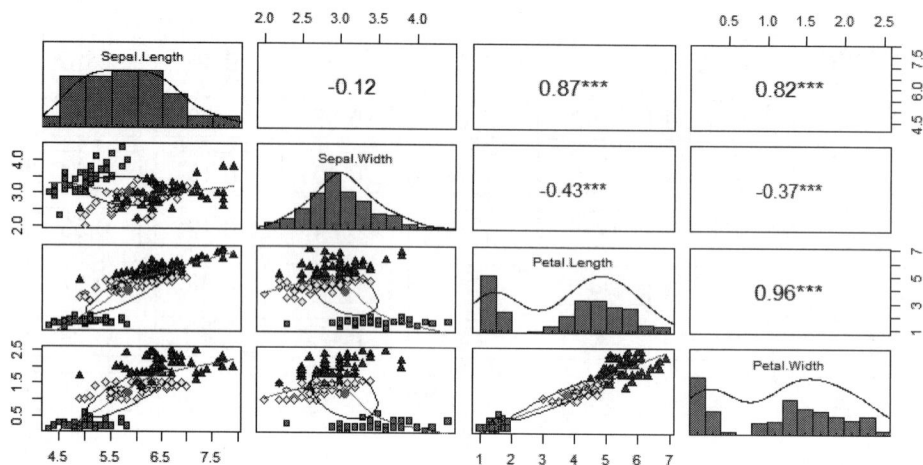

图 2.5 设置不同标记符号的矩阵图

2.3.4 了解 coplot()函数

coplot()函数是第三方 R 包绘图库 graphics 中一个非常实用的绘图函数，主要用于绘制多个相关图表并整合到同一张图中，从而更加直观地展示数据之间的关系。语法格式如下：

```
coplot(formula, data, given.values, panel = points, rows, columns,show.given = TRUE, col = par("fg"), pch = par("pch"),bar.bg
= c(num = gray(0.8), fac = gray(0.95)),xlab = c(x.name, paste("Given :", a.name)),ylab = c(y.name, paste("Given :",
b.name)),subscripts = FALSE,axlabels = function(f) abbreviate(levels(f)),number = 6, overlap = 0.5, xlim, ylim, ...)
```

主要参数说明：

☑ formula：描述条件作用图形式的公式。形式为 y ~ x| A，表明 y 与 x 的关系曲线应以变量 A 为条件；形式为 y ~ x| A * b，表明 y 与 x 的关系曲线应以两个变量 A 和 b 为条件。以上变量可以是数字或因子。

☑ data：包含公式中任何变量的数据框。

☑ given.values：一个向量或因子，包含要在条件绘图中固定的变量值。例如，如果有一个名为 a 的变量，设置其固定值为 1，那么 given.values 参数值就是 a = 1。

☑ panel：一个函数，给出了要在显示的每个面板中执行的操作。

☑ rows：指定面板的行数。

☑ columns：指定面板的列数。

☑ show.given：布尔型，指定是否在图中显示给定的变量值，默认值为 TRUE。

例如，R 语言自带的 quakes 数据集，其中包含变量 lat、long 和 depth，接下来使用以下代码创建一个条件绘图。

```
require(graphics)                         # 加载程序包
coplot(lat ~ long | depth, data = quakes) # 绘制条件图
```

运行程序，结果如图 2.6 所示。

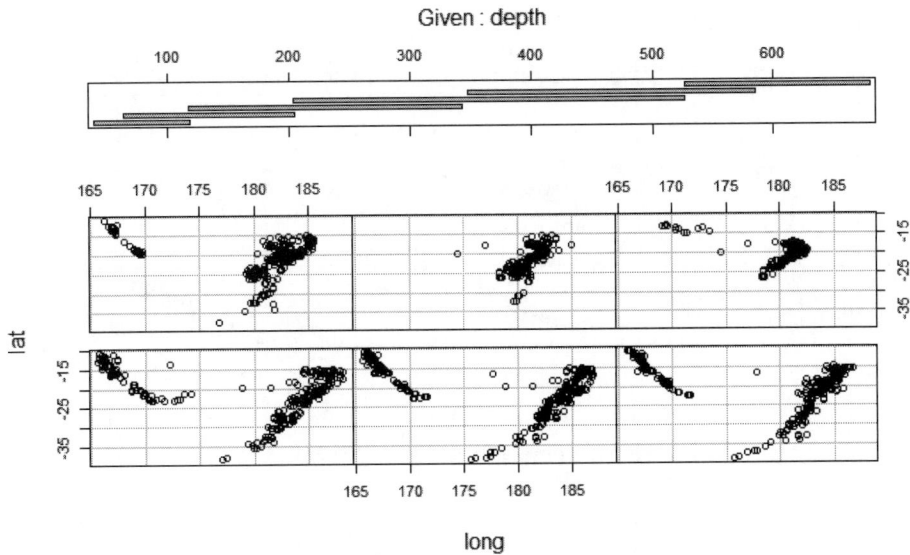

图 2.6　创建一个条件绘图

下面使用 co.intervals()函数将 depth 分为 4 个区间，然后绘制条件图，代码如下：

```
given.depth <- co.intervals(quakes$depth, number = 4, overlap = .1)
coplot(lat ~ long | depth, data = quakes, given.values = given.depth, rows = 1)
```

运行程序，结果如图 2.7 所示。

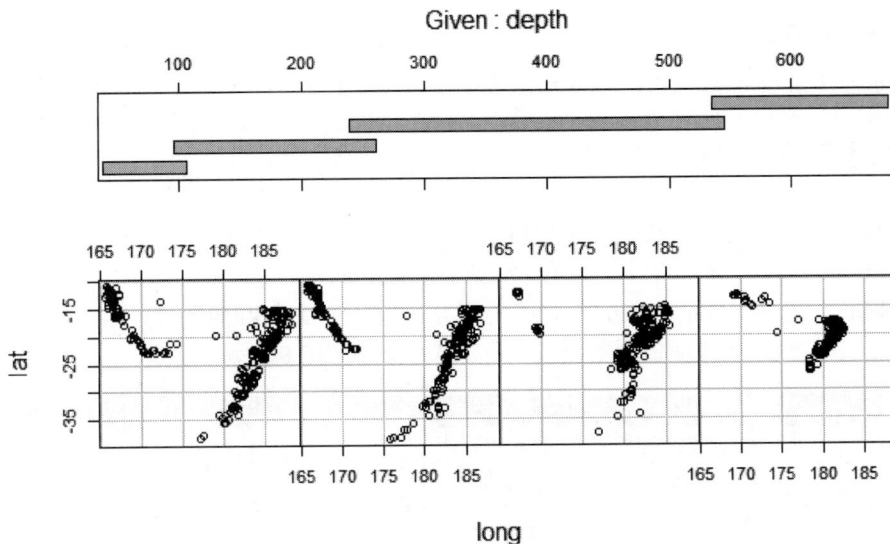

图 2.7　设置 4 个区间的条件绘图

图 2.7 默认面板为 4 列，下面通过 columns 参数设置面板为 2 列，代码如下：

```
coplot(lat ~ long | depth, data = quakes, given.values = given.depth,columns = 2)
```

运行程序，结果如图 2.8 所示。

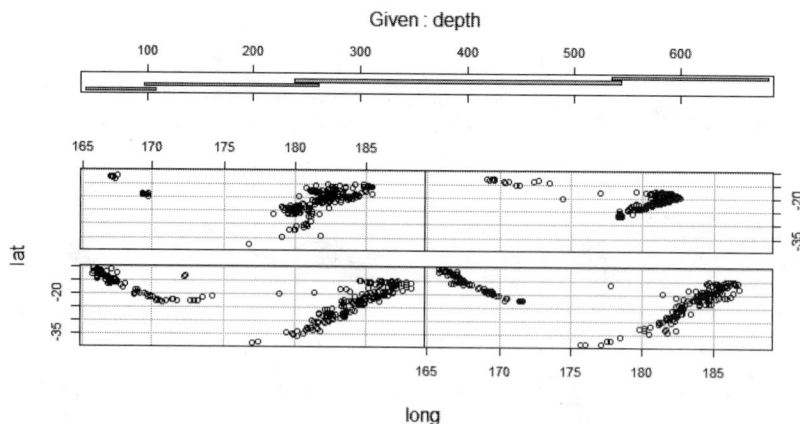

图 2.8 设置面板为 2 列的条件绘图

2.4 前 期 工 作

2.4.1 安装第三方 R 包

本项目所需的第三方 R 包前面已经进行了介绍，这里应逐一进行安装。例如，安装第三方 R 包 psych，在 RStudio 代码编辑窗口中输入如下代码：

```
install.packages("psych")
```

在代码编辑窗口中单击 Run 按钮，运行光标所在行，即可安装 psych 包。

2.4.2 新建项目文件夹

在开发本项目前应在工程（如数据分析项目.Rproj）所在文件夹中新建一个项目文件夹（如"汽车数据可视化分析系统"），以保存项目所需的 R 脚本文件，实现过程如下。

（1）运行 RStudio，选择"File→Open Project"菜单项，选择已经创建好的工程（如数据分析项目.Rproj），然后在资源管理窗口中单击 Files 面板中的新建文件夹按钮，如图 2.9 所示。

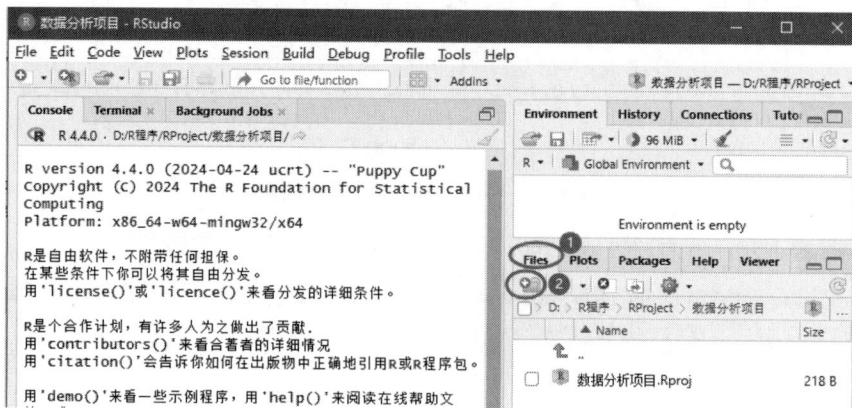

图 2.9 单击 Files 面板中的新建文件夹按钮

（2）打开 New Folder 对话框，输入"汽车数据可视化分析系统"，如图 2.10 所示，然后单击 OK 按钮，项目文件夹就创建完成了。

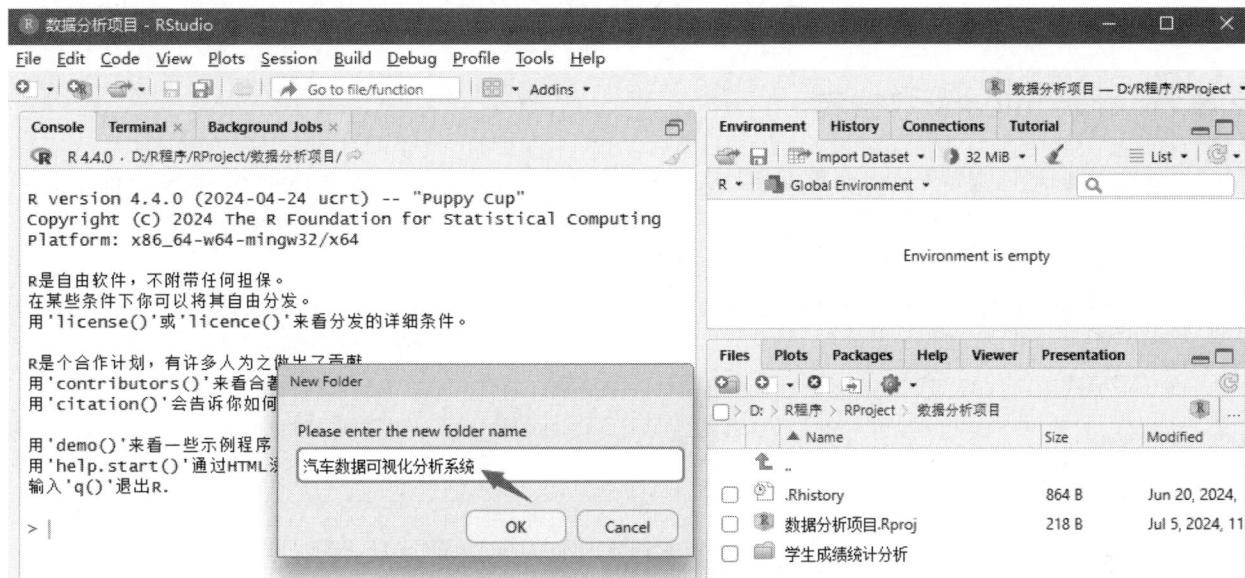

图 2.10　创建汽车数据可视化分析系统项目文件夹

2.5　数据集介绍

本项目数据集来源于 R 语言内置数据集 mtcars，其中的数据摘自 1974 年的《美国汽车趋势》杂志，包括 32 辆汽车（1973—1974 年型号）的油耗和汽车设计与性能的 11 个方面，有里程数、气缸数、排量、总马力、后轴比率和重量等，字段说明如表 2.1 所示。

表 2.1　mtcars 数据集

字段	中文解释	说明
mpg	里程数	汽车每加仑油行驶的里程（英里数）
cyl	气缸数	功率更大的汽车通常具有更多的汽缸
disp	排量	发动机气缸的总容积
hp	总马力	汽车产生的功率的量度
drat	后轴比率	驱动轴的转动与车轮的转动如何对应。较高的值会降低燃油效率
wt	重量	重量（1000 磅）
qsec	加速度	1/4 英里时间：汽车的速度和加速度
vs	发动机缸体	表示车辆的发动机形状是"V"形还是更常见的直形
am	变速器类型	表示汽车的变速器类型，自动挡为 0，手动挡为 1
gear	前进挡的数量	跑车往往具有更多的挡位
carb	化油器的数量	与更强大的发动机相关

2.6 数据预处理

2.6.1 导入 mtcars 数据集

下面使用 data()函数导入 mtcars 数据集，实现过程如下（源码位置：资源包\Code\02\view_data.R）。

（1）在项目文件夹下新建一个 R 脚本文件，命名为 view_data.R。

（2）加载程序包，使用 data()函数导入 mtcars 数据集，代码如下：

```
library(datasets)   # 加载程序包
data(mtcars)        # 导入 mtcars 数据集
```

（3）显示数据，代码如下：

```
print(mtcars)
```

运行程序，结果如图 2.11 所示。

```
                     mpg cyl  disp  hp drat    wt  qsec vs am gear carb
Mazda RX4           21.0   6 160.0 110 3.90 2.620 16.46  0  1    4    4
Mazda RX4 Wag       21.0   6 160.0 110 3.90 2.875 17.02  0  1    4    4
Datsun 710          22.8   4 108.0  93 3.85 2.320 18.61  1  1    4    1
Hornet 4 Drive      21.4   6 258.0 110 3.08 3.215 19.44  1  0    3    1
Hornet Sportabout   18.7   8 360.0 175 3.15 3.440 17.02  0  0    3    2
Valiant             18.1   6 225.0 105 2.76 3.460 20.22  1  0    3    1
Duster 360          14.3   8 360.0 245 3.21 3.570 15.84  0  0    3    4
Merc 240D           24.4   4 146.7  62 3.69 3.190 20.00  1  0    4    2
Merc 230            22.8   4 140.8  95 3.92 3.150 22.90  1  0    4    2
Merc 280            19.2   6 167.6 123 3.92 3.440 18.30  1  0    4    4
Merc 280C           17.8   6 167.6 123 3.92 3.440 18.90  1  0    4    4
Merc 450SE          16.4   8 275.8 180 3.07 4.070 17.40  0  0    3    3
Merc 450SL          17.3   8 275.8 180 3.07 3.730 17.60  0  0    3    3
Merc 450SLC         15.2   8 275.8 180 3.07 3.780 18.00  0  0    3    3
Cadillac Fleetwood  10.4   8 472.0 205 2.93 5.250 17.98  0  0    3    4
Lincoln Continental 10.4   8 460.0 215 3.00 5.424 17.82  0  0    3    4
Chrysler Imperial   14.7   8 440.0 230 3.23 5.345 17.42  0  0    3    4
Fiat 128            32.4   4  78.7  66 4.08 2.200 19.47  1  1    4    1
Honda Civic         30.4   4  75.7  52 4.93 1.615 18.52  1  1    4    2
Toyota Corolla      33.9   4  71.1  65 4.22 1.835 19.90  1  1    4    1
Toyota Corona       21.5   4 120.1  97 3.70 2.465 20.01  1  0    3    1
Dodge Challenger    15.5   8 318.0 150 2.76 3.520 16.87  0  0    3    2
AMC Javelin         15.2   8 304.0 150 3.15 3.435 17.30  0  0    3    2
Camaro Z28          13.3   8 350.0 245 3.73 3.840 15.41  0  0    3    4
Pontiac Firebird    19.2   8 400.0 175 3.08 3.845 17.05  0  0    3    2
Fiat X1-9           27.3   4  79.0  66 4.08 1.935 18.90  1  1    4    1
Porsche 914-2       26.0   4 120.3  91 4.43 2.140 16.70  0  1    5    2
Lotus Europa        30.4   4  95.1 113 3.77 1.513 16.90  1  1    5    2
Ford Pantera L      15.8   8 351.0 264 4.22 3.170 14.50  0  1    5    4
Ferrari Dino        19.7   6 145.0 175 3.62 2.770 15.50  0  1    5    6
Maserati Bora       15.0   8 301.0 335 3.54 3.570 14.60  0  1    5    8
Volvo 142E          21.4   4 121.0 109 4.11 2.780 18.60  1  1    4    2
```

图 2.11 显示数据

2.6.2 查看数据

下面查看数据整体概况，包括行数、列数、列名、数据类型和数据，以便更清晰地了解数据，主要使用 str()函数，代码如下（源码位置：资源包\Code\02\view_data.R）：

```
str(mtcars)
```

运行程序，结果如图 2.12 所示。

```
'data.frame':   32 obs. of  11 variables:
 $ mpg : num  21 21 22.8 21.4 18.7 18.1 14.3 24.4 22.8 19.2 ...
 $ cyl : num  6 6 4 6 8 6 8 4 4 6 ...
 $ disp: num  160 160 108 258 360 ...
 $ hp  : num  110 110 93 110 175 105 245 62 95 123 ...
 $ drat: num  3.9 3.9 3.85 3.08 3.15 2.76 3.21 3.69 3.92 3.92 ...
 $ wt  : num  2.62 2.88 2.32 3.21 3.44 ...
 $ qsec: num  16.5 17 18.6 19.4 17 ...
 $ vs  : num  0 0 1 1 0 1 0 1 1 1 ...
 $ am  : num  1 1 1 0 0 0 0 0 0 0 ...
 $ gear: num  4 4 4 3 3 3 3 4 4 4 ...
 $ carb: num  4 4 1 1 2 1 4 2 2 4 ...
```

图 2.12　查看数据整体概况

从运行结果得知：数据有 32 行 11 列，可以查看所有的列名、数据类型和数据。

2.6.3　缺失值查看

下面使用 table()函数和 is.na()函数查看并统计缺失值，代码如下（源码位置：资源包\Code\02\view_data.R）：

```
table(is.na(mtcars))
```

运行程序，结果如下：

```
FALSE
  352
```

从运行结果得知：数据不缺失个数为 352，也就是说数据不存在缺失值，数据质量优。

2.6.4　描述性统计分析

描述性统计分析主要是为了快速查看统计信息，包括最小值、第 1 四分位数、中位数、平均数、第 3 四分位数和最大值，主要使用 summary()函数实现，代码如下（源码位置：资源包\Code\02\view_data.R）：

```
summary(mtcars)
```

运行程序，结果如图 2.13 所示。

```
      mpg             cyl             disp             hp
 Min.   :10.40   Min.   :4.000   Min.   : 71.1   Min.   : 52.0
 1st Qu.:15.43   1st Qu.:4.000   1st Qu.:120.8   1st Qu.: 96.5
 Median :19.20   Median :6.000   Median :196.3   Median :123.0
 Mean   :20.09   Mean   :6.188   Mean   :230.7   Mean   :146.7
 3rd Qu.:22.80   3rd Qu.:8.000   3rd Qu.:326.0   3rd Qu.:180.0
 Max.   :33.90   Max.   :8.000   Max.   :472.0   Max.   :335.0
      drat             wt             qsec             vs
 Min.   :2.760   Min.   :1.513   Min.   :14.50   Min.   :0.0000
 1st Qu.:3.080   1st Qu.:2.581   1st Qu.:16.89   1st Qu.:0.0000
 Median :3.695   Median :3.325   Median :17.71   Median :0.0000
 Mean   :3.597   Mean   :3.217   Mean   :17.85   Mean   :0.4375
 3rd Qu.:3.920   3rd Qu.:3.610   3rd Qu.:18.90   3rd Qu.:1.0000
 Max.   :4.930   Max.   :5.424   Max.   :22.90   Max.   :1.0000
       am             gear             carb
 Min.   :0.0000   Min.   :3.000   Min.   :1.000
 1st Qu.:0.0000   1st Qu.:3.000   1st Qu.:2.000
 Median :0.0000   Median :4.000   Median :2.000
 Mean   :0.4062   Mean   :3.688   Mean   :2.812
 3rd Qu.:1.0000   3rd Qu.:4.000   3rd Qu.:4.000
 Max.   :1.0000   Max.   :5.000   Max.   :8.000
```

图 2.13　描述性统计分析

从运行结果得知：所有变量的最小值、第1四分位数、中位数、平均数、第3四分位数和最大值都被计算出来了。

下面按变速器类型统计不同车型的平均里程数、总马力和重量，主要使用aggregate()函数实现分组统计描述性统计量，代码如下：

```
myvars<-c("mpg","hp","wt")                              # 抽取数据
aggregate(mtcars[myvars],by=list(am=mtcars$am),mean)    # 分组统计描述性统计量
```

运行程序，结果如下：

	am	mpg	hp	wt
1	0	17.14737	160.2632	3.768895
2	1	24.39231	126.8462	2.411000

从运行结果得知：自动挡车型平均里程数为17.14737，手动挡车型平均里程数为24.39231，说明手动挡更省油。

对于分类变量而言，如发动机缸体（vs）、变速箱（am）等，我们更需要了解的是分类变量中不同值的数量，如汽车发动机缸体（vs）V型的有多少辆、直型的有多少辆。

下面实现按照分类变量统计数据。首先使用factor()函数将变量vs和am转换为因子，使用ordered()函数将变量cyl、gear和carb转换为有序变量，然后使用within()函数修改数据框，最后使用summary()函数对修改后的数据框进行描述性统计分析，代码如下：

```
# 使用within()函数修改数据框
mtcars2 <- within(mtcars, {
  # 使用factor()函数将变量转换为因子
  vs <- factor(vs, labels = c("V 型", "直型"))
  am <- factor(am, labels = c(自动挡, "手动挡"))
  # 使用ordered()函数将变量转换为有序变量
  cyl  <- ordered(cyl)
  gear <- ordered(gear)
  carb <- ordered(carb)
})
# 描述性统计分析
summary(mtcars2)
```

运行程序，结果如图 2.14 所示。

```
      mpg          cyl      disp            hp            drat            wt
 Min.   :10.40    4:11   Min.   : 71.1   Min.   : 52.0   Min.   :2.760   Min.   :1.513
 1st Qu.:15.43    6: 7   1st Qu.:120.8   1st Qu.: 96.5   1st Qu.:3.080   1st Qu.:2.581
 Median :19.20    8:14   Median :196.3   Median :123.0   Median :3.695   Median :3.325
 Mean   :20.09           Mean   :230.7   Mean   :146.7   Mean   :3.597   Mean   :3.217
 3rd Qu.:22.80           3rd Qu.:326.0   3rd Qu.:180.0   3rd Qu.:3.920   3rd Qu.:3.610
 Max.   :33.90           Max.   :472.0   Max.   :335.0   Max.   :4.930   Max.   :5.424
      qsec          vs          am         gear      carb
 Min.   :14.50   V型 :18   自动挡:19    3:15     1: 7
 1st Qu.:16.89   直型:14   手动挡:13    4:12     2:10
 Median :17.71                          5: 5     3: 3
 Mean   :17.85                                   4:10
 3rd Qu.:18.90                                   6: 1
 Max.   :22.90                                   8: 1
```

图 2.14　按照分类变量统计数据

从运行结果得知：cyl、vs、am、gear和carb分类变量中各个值的数量都被统计出来了。例如，32辆汽车中，4缸11辆、6缸7辆、8缸14辆；发动机缸体V型18辆，直型14辆；自动挡19辆，手动挡13辆。

2.7 数据统计分析

2.7.1 矩阵图分析相关性

矩阵图分析相关性主要通过 pairs()函数对 mtcars 数据集绘制散点图矩阵，分析两两变量之间的关系，实现过程如下（源码位置：资源包\Code\02\pairs_data.R）。

（1）在项目文件夹下新建一个 R 脚本文件，命名为 pairs_data.R。

（2）加载程序包，使用 data()函数导入 mtcars 数据集，代码如下：

```
library(datasets)  # 加载程序包
data(mtcars)       # 导入 mtcars 数据集
```

（3）使用 pairs()函数绘制散点图矩阵，代码如下：

```
pairs(mtcars)
```

运行程序，结果如图 2.15 所示。

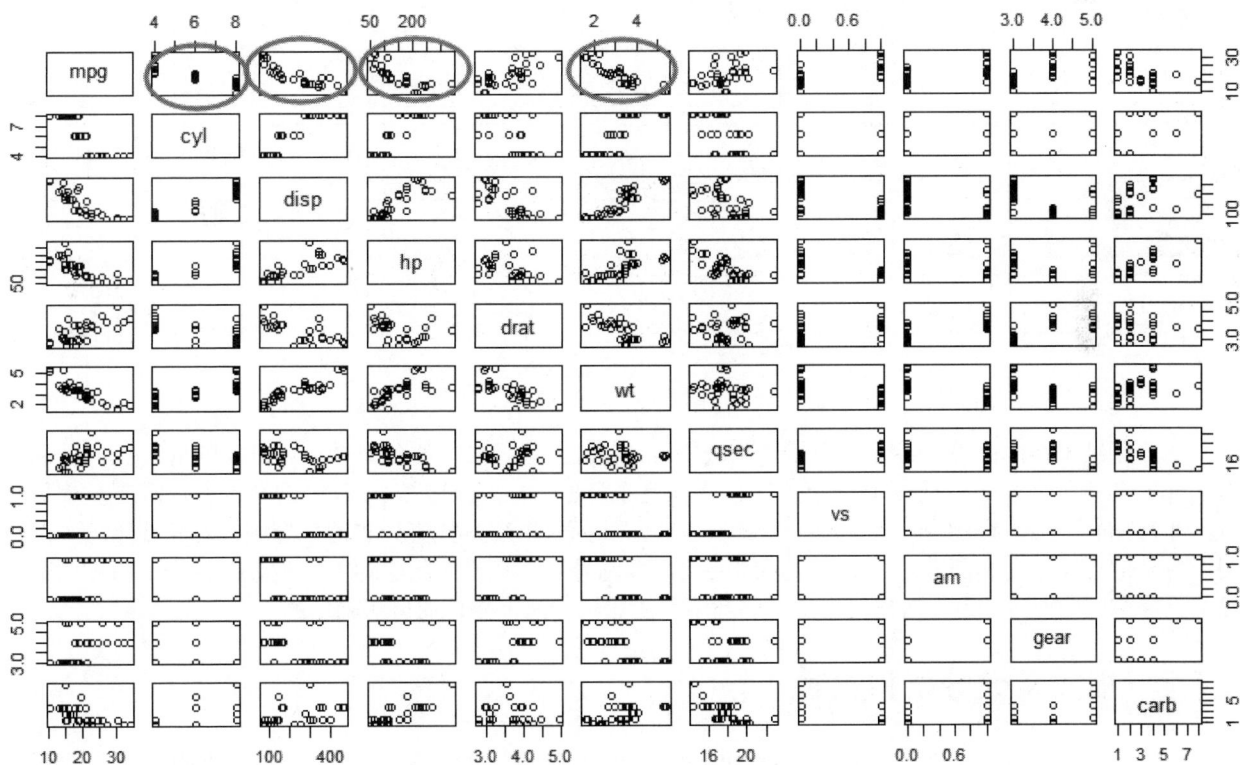

图 2.15 散点图矩阵

从运行结果得知：虽然散点图矩阵中的散点图非常多，但大致可以看出 mpg（里程数）与 cyl（气缸数）、disp（排量）、hp（总马力）和 wt（重量）存在一定的线性关系。

（4）使用第三方 R 包 psych 中的 pairs.panels()函数绘制更加详尽的矩阵图，代码如下：

```
library(psych)                      # 加载程序包
pairs.panels(mtcars,cex.cor = 0.8)  # pairs.panels()函数绘制矩阵图
```

运行程序，结果如图 2.16 所示。

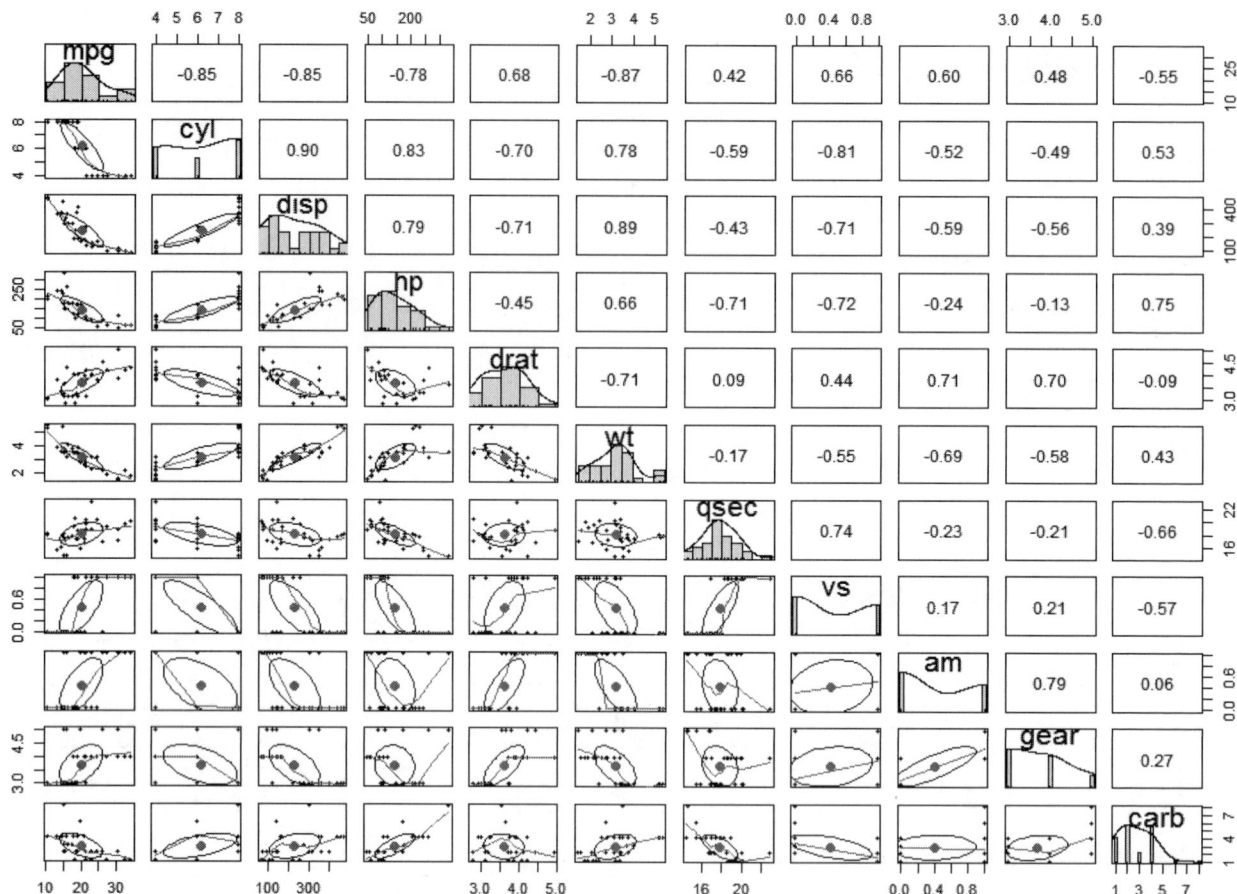

图 2.16　矩阵图

从运行结果得知：对角线上方为相关系数矩阵，mpg（里程数）与气缸数（cyl）、排量（disp）、总马力（hp）和重量（wt）有较强的负相关性，也就是说气缸数、排量、总马力和重量越大，汽车里程数越少，即每加仑油英里数越少，表示汽车越耗油；对角线为每个变量数值分布的直方图；对角线下方为散点图，每个散点图中的椭圆表示两个变量的相关性，椭圆越扁，变量之间的相关性越强；每个散点图中的曲线都为局部回归曲线；每个散点图中位于椭圆中心的点都为两个变量均值所确定的点。

2.7.2　相关系数分析相关性

相关系数的优点是可以通过数字对变量的关系进行度量，并且带有方向性，1 表示正相关，−1 表示负相关，越靠近 0 相关性越弱。缺点是无法利用这种关系对数据进行预测。下面使用 cor()函数计算相关系数，实现过程如下（源码位置：资源包\Code\02\cor_data.R）。

（1）在项目文件夹下新建一个 R 脚本文件，命名为 cor_data.R。

（2）加载程序包，使用 data()函数导入 mtcars 数据集，代码如下：

```
library(datasets)  # 加载程序包
data(mtcars)       # 导入 mtcars 数据集
```

（3）使用 cor()函数计算相关系数，代码如下：

```
cor(mtcars)
```

运行程序，结果如图 2.17 所示。

```
            mpg       cyl      disp        hp       drat        wt       qsec        vs        am      gear       carb
mpg   1.0000000 -0.8521620 -0.8475514 -0.7761684  0.68117191 -0.8676594  0.41868403  0.6640389  0.59983243  0.4802848 -0.55092507
cyl  -0.8521620  1.0000000  0.9020329  0.8324475 -0.69993811  0.7824958 -0.59124207 -0.8108118 -0.52260705 -0.4926866  0.52698829
disp -0.8475514  0.9020329  1.0000000  0.7909486 -0.71021393  0.8879799 -0.43369788 -0.7104159 -0.59122704 -0.5555692  0.39497686
hp   -0.7761684  0.8324475  0.7909486  1.0000000 -0.44875912  0.6587479 -0.70822339 -0.7230967 -0.24320426 -0.1257043  0.74981247
drat  0.6811719 -0.6999381 -0.7102139 -0.4487591  1.00000000 -0.7124406  0.09120476  0.4402785  0.71271113  0.6996101 -0.09078980
wt   -0.8676594  0.7824958  0.8879799  0.6587479 -0.71244065  1.0000000 -0.17471588 -0.5549157 -0.69249526 -0.5832870  0.42760594
qsec  0.4186840 -0.5912421 -0.4336979 -0.7082234  0.09120476 -0.1747159  1.00000000  0.7445354 -0.22986086 -0.2126822 -0.65624923
vs    0.6640389 -0.8108118 -0.7104159 -0.7230967  0.44027846 -0.5549157  0.74453544  1.0000000  0.16834512  0.2060233 -0.56960714
am    0.5998324 -0.5226070 -0.5912270 -0.2432043  0.71271113 -0.6924953 -0.22986086  0.1683451  1.00000000  0.7940588  0.05753435
gear  0.4802848 -0.4926866 -0.5555692 -0.1257043  0.69961013 -0.5832870 -0.21268223  0.2060233  0.79405876  1.0000000  0.27407284
carb -0.5509251  0.5269883  0.3949769  0.7498125 -0.09078980  0.4276059 -0.65624923 -0.5696071  0.05753435  0.2740728  1.00000000
```

图 2.17 相关系数

从运行结果得知：mpg（里程数）与 mpg（里程数）自身的相关性是 1，与 cyl（气缸数）、disp（排量）、hp（总马力）和 wt（重量）存在着负相关性，并且相关性较强。

2.7.3 箱形图分析气缸数与里程数

汽车气缸数分为 4 缸、6 缸和 8 缸。下面使用 boxplot()函数绘制箱形图分析 mtcars 数据集中不同气缸数的平均里程数，实现过程如下（源码位置：资源包\Code\02\cyl_mpg_data.R）。

（1）在项目文件夹下新建一个 R 脚本文件，命名为 cyl_mpg_data.R。

（2）加载程序包，使用 data()函数导入 mtcars 数据集，代码如下：

```
library(datasets)  # 加载程序包
data(mtcars)       # 导入 mtcars 数据集
```

（3）使用 boxplot()函数绘制箱形图分析气缸数与里程数，代码如下：

```
boxplot(mpg ~ cyl, data = mtcars, xlab = "气缸数",
        ylab = "里程数", main = "气缸数与里程数分析图")
```

（4）使用 points()函数在箱形图中添加平均里程数标记，代码如下：

```
points(1:3,mpg_mean,pch=24,bg=2)
```

运行程序，结果如图 2.18 所示。

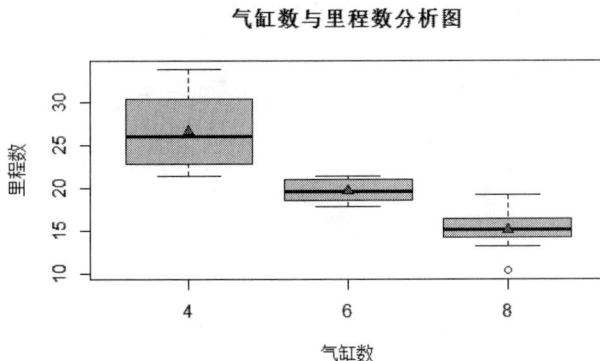

图 2.18 箱形图分析气缸数与里程数

从运行结果得知：不同气缸数的平均里程数不同，气缸数越少平均里程数越高，说明汽车越省油。

2.7.4 箱形图分析变速器与里程数

汽车变速器分为自动挡和手动挡。下面使用 boxplot()函数绘制箱形图并分析 mtcars 数据集中自动挡和手动挡的平均里程数，通过这一分析可以判断是否自动挡的汽车更费油，实现过程如下（源码位置：资源包\Code\02\am_mpg_data.R）。

（1）在项目文件夹下新建一个 R 脚本文件，命名为 am_mpg_data.R。

（2）加载程序包，使用 data()函数导入 mtcars 数据集，代码如下：

```
library(datasets)   # 加载程序包
data(mtcars)        # 导入 mtcars 数据集
```

（3）使用 boxplot()函数绘制箱形图，代码如下：

```
boxplot(mpg ~ am, data = mtcars, xlab = "变速器",
        ylab = "里程数", main = "变速器与里程数分析图")
```

运行程序，结果如图 2.19 所示。

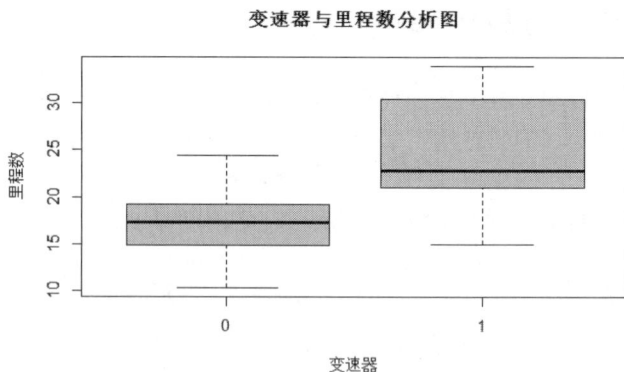

图 2.19 箱形图分析变速器与里程数

（4）在箱形图中添加一条回归线进一步分析是否自动挡更费油，使用 abline()函数实现，代码如下：

```
abline(lm(mpg~am,data=mtcars),col="red",lwd=3)
```

运行程序，结果如图 2.20 所示。

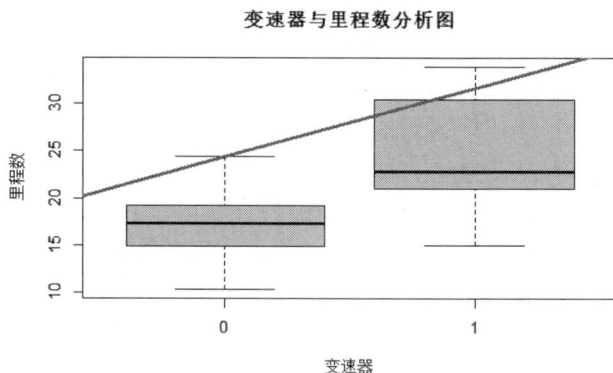

图 2.20 添加回归线的箱形图

从运行结果得知：随着变速器的增加（0～1 即从自动挡到手动挡），每加仑汽油行驶的英里数也在增加，说明自动挡更费油。

2.7.5 散点图分析重量与里程数

下面使用第三方 R 包 ggplot2 中的 geom_point()函数和 geom_smooth()函数绘制线性拟合散点图，分析 mtcars 数据集中重量与里程数的相关性，实现过程如下（源码位置：资源包\Code\02\wt_mpg_data.R）。

（1）在项目文件夹下新建一个 R 脚本文件，命名为 wt_mpg_data.R。

（2）加载程序包，使用 data()函数导入 mtcars 数据集，代码如下：

```
# 加载程序包
library(datasets)
# 导入 mtcars 数据集
data(mtcars)
```

（3）加载第三方 R 包 ggplot2，然后使用 ggplot()函数绘制线性拟合散点图，代码如下：

```
# 加载程序包
library(ggplot2)
df <- mtcars
# 绘制线性拟合散点图
ggplot(df, aes(wt, mpg))+
  geom_point(shape=21,size=4)+
  geom_smooth(method = lm,formula = y ~ x)+
  # 设置标题和子标题
  labs(title = "重量与里程数分析图")
```

运行程序，结果如图 2.21 所示。

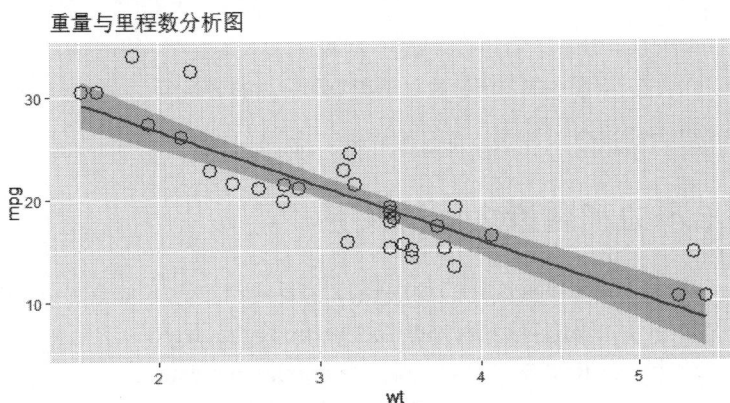

图 2.21　散点图分析重量与里程数

从运行结果得知：重量与里程数存在一定的线性关系，并且重量越小里程数越多，说明汽车越省油。

2.7.6 气缸数、里程数和排量之间的关系

下面使用第三方 R 包 graphics 中的 coplot()函数绘制条件图。首先根据不同气缸数对 mtcars 数据集进行分组，并在不同分组条件下绘制里程数和排量散点图，实现过程如下（源码位置：资源包\Code\02\cyl_mpg_disp_data.R）。

（1）在项目文件夹下新建一个 R 脚本文件，命名为 cyl_mpg_disp_data.R。

（2）加载程序包，使用 coplot()函数绘制条件图，代码如下：

```
# 加载程序包
require(graphics)
# 设置画布背景颜色
par(bg="cornsilk")
# coplot()函数绘制气缸数、里程数和排量的关系图
coplot(mpg ~ disp | as.factor(cyl),data = mtcars,
        pch = 21, bg = "green3",rows = 1)
# 图形设备参数恢复默认值
opar <- par(no.readonly = T)
par(opar)
```

运行程序，结果如图 2.22 所示。

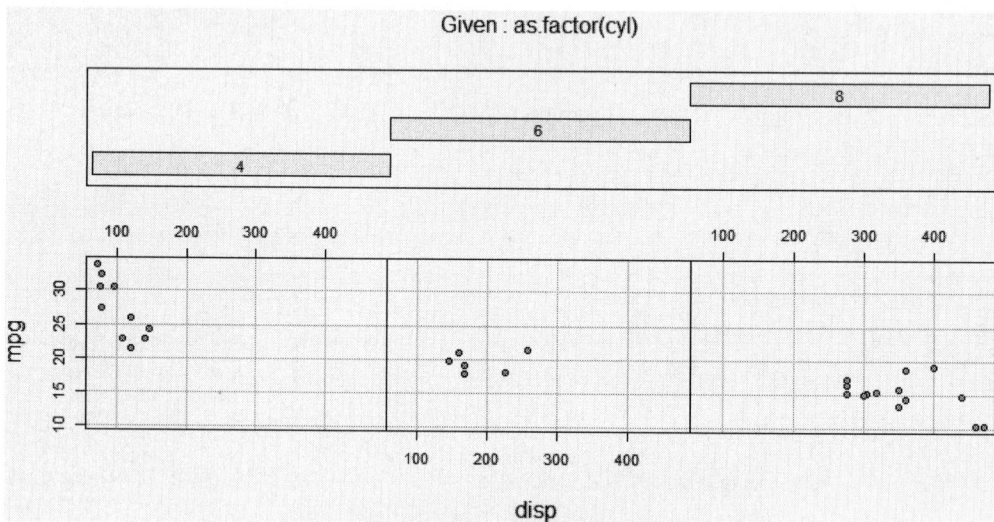

图 2.22　气缸数、里程数和排量的关系图

从运行结果得知：气缸数默认分成 3 组，4 缸汽车较其他气缸数的汽车排量小并且里程数多。

2.7.7　里程数、总马力和重量之间的关系

通过气泡图分析里程数、总马力和重量之间的关系，主要使用第三方 R 包 ggplot2 中的 geom_point()函数绘制气泡图，实现过程如下（源码位置：资源包\Code\02\mpg_hp_wt_data.R）。

（1）在项目文件夹下新建一个 R 脚本文件，命名为 mpg_hp_wt_data.R。

（2）加载程序包，使用 geom_point()函数绘制气泡图分析里程数、总马力和重量之间的关系，代码如下：

```
# 加载程序包
library(ggplot2)
df <- mtcars
# 绘制气泡图
ggplot(df, aes(x=hp, y=mpg, size=wt)) +
  geom_point(shape=16, color="blue", alpha=0.5)
```

运行程序，结果如图 2.23 所示。

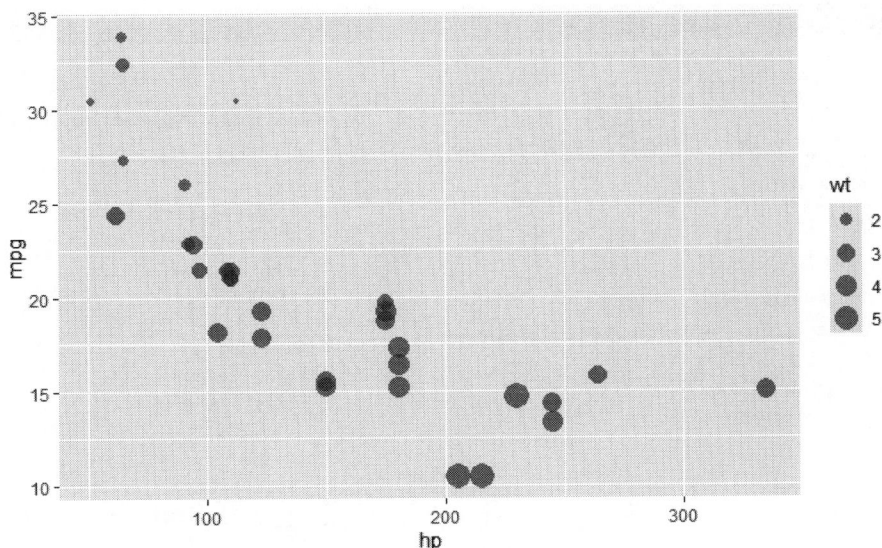

图 2.23 气泡图分析里程数、总马力和重量之间的关系

从运行结果得知：重量较轻、总马力较小的汽车里程数越多，说明汽车越省油。

2.8 项目运行

通过前述步骤，设计并完成了"汽车数据可视化分析系统"项目的开发，项目文件夹中包括 11 个 R 脚本文件，如图 2.24 所示。

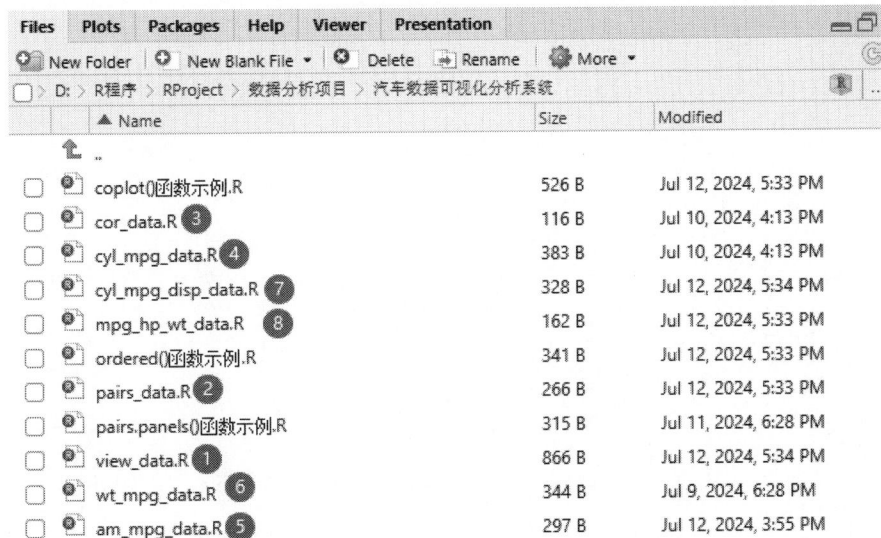

图 2.24 项目文件夹

下面按照开发过程运行脚本文件，检验一下我们的开发成果。例如，运行 view_data.R，首先单击 Files 面板，然后在列表中单击 view_data.R，在代码编辑窗口中单击 Run 按钮，运行光标所在行，如图 2.25 所示。或者单击 Source 按钮，运行所有行。

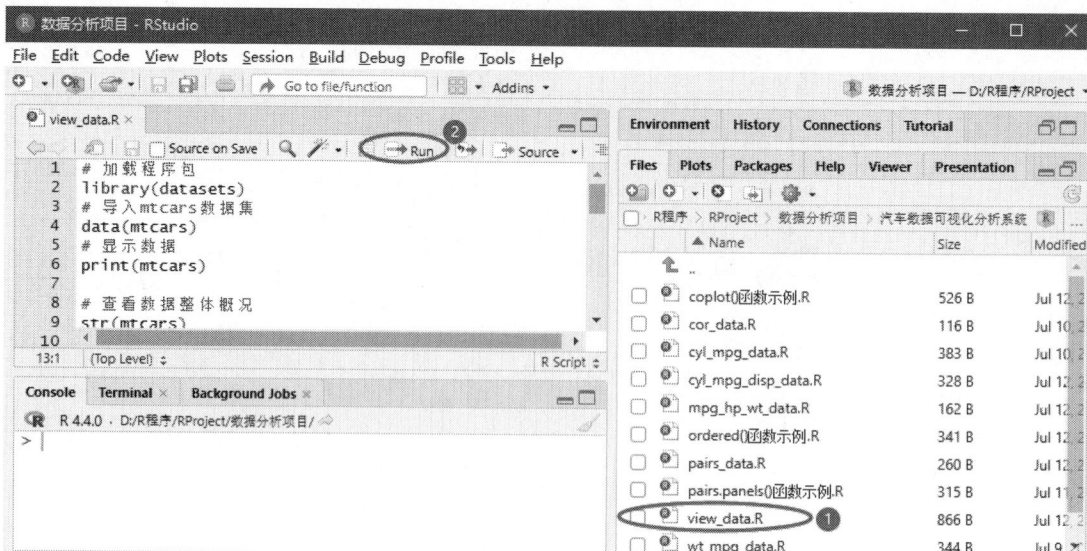

图 2.25　运行 view_data.R

其他脚本文件按照图 2.24 给出的顺序运行，这里不再赘述。

2.9　源 码 下 载

　　虽然本章详细地讲解了如何通过分组统计、基本绘图、ggplot2 等实现汽车数据可视化与相关性分析，但给出的代码都是代码片段，而非源码。为了方便读者学习，本书提供了用以下载源码的二维码，扫描右侧二维码即可下载。

源码下载

## 第 3 章

泰坦尼克号数据集分析实战

——数据计算 + 分组统计 + ggplot2 + pie+reshape2

泰坦尼克号沉船事件相信读者并不陌生，通过对泰坦尼克号数据集中乘客相关数据的基本统计分析和生存情况分析，可以帮助我们了解历史事件、探索社会背景、研究生存率与因素，以及提升数据分析项目的实践技能。

本项目的核心功能及实现技术如下：

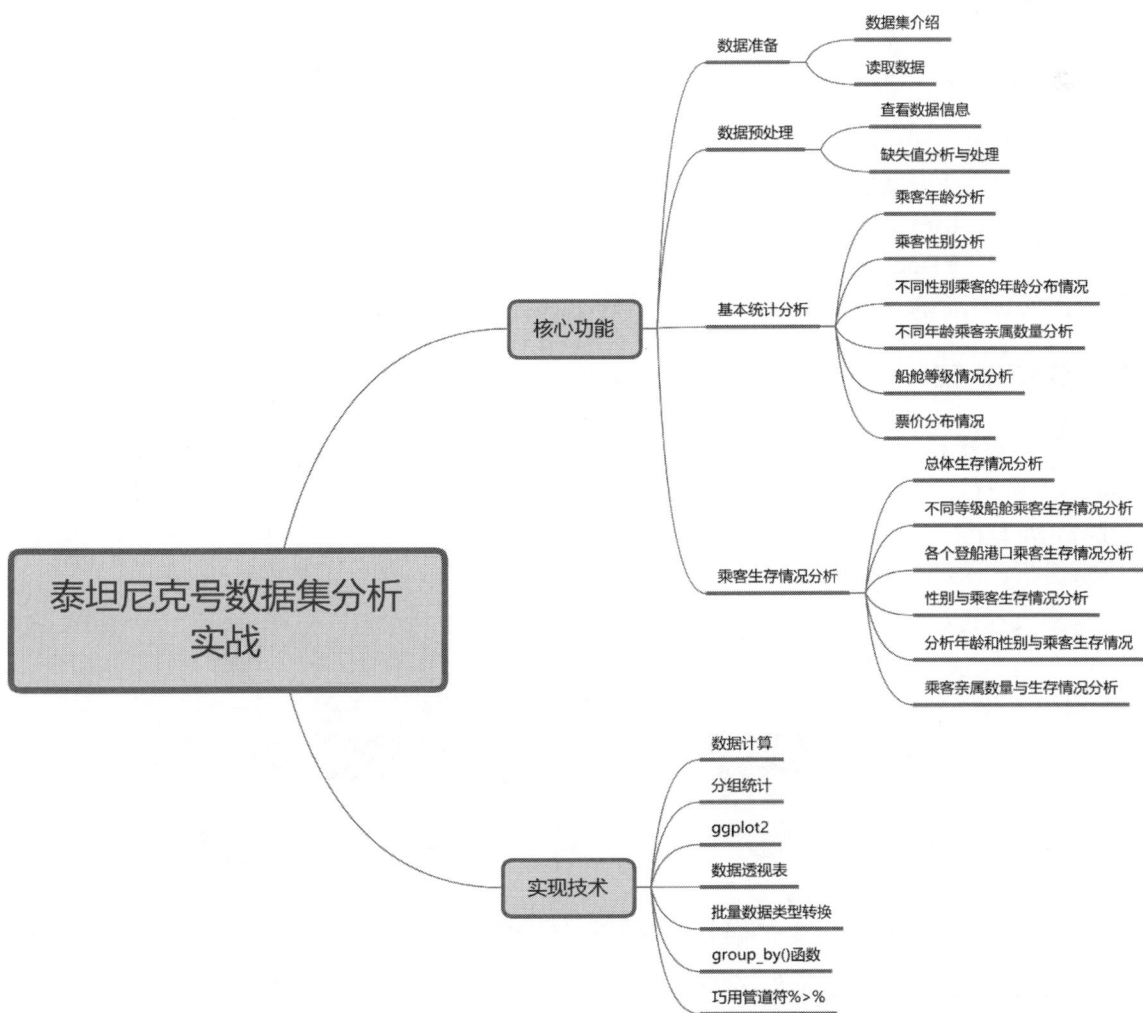

项目微视频

3.1 开 发 背 景

1912 年 4 月 10 日，泰坦尼克号从英国南安普敦出发驶向美国纽约，1912 年 4 月 14 日，泰坦尼克号与一座冰山相撞，并于 4 月 15 日沉没。由于船上没有足够的救生设备，因而导致 2224 名船员和乘客中的 1500 多人遇难。那么，幸存者是运气好，还是有一定的因素和规律呢？

本着这个问题，我们拿到了泰坦尼克号数据集（titanic.csv），开启泰坦尼克号数据集分析实战，通过对该数据集中乘客相关数据的基本统计分析和乘客生存情况分析，了解具备哪些特征的乘客更容易存活。该项目非常适合作为数据分析入门的练手项目。

3.2 系 统 设 计

3.2.1 开发环境

本项目的开发及运行环境如下：
- ☑ 操作系统：推荐 Windows 10、11 及以上版本。
- ☑ 编程语言：R 语言。
- ☑ 开发环境：RStudio。
- ☑ 第三方 R 包：pastecs、ggplot2、dplyr、reshape2。

3.2.2 分析流程

泰坦尼克号数据集分析实战首要任务是数据准备，了解数据集中各个字段的含义和其中的内容；然后进行数据预处理工作，包括查看数据信息和缺失值分析与处理，以确保数据质量；最后进行基本统计分析和乘客生存情况分析。

本项目分析流程如图 3.1 所示。

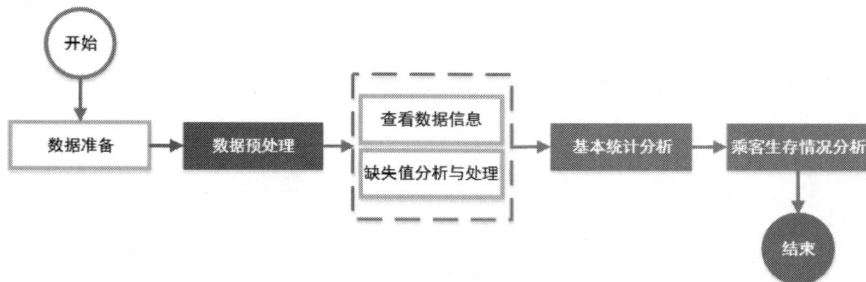

图 3.1 泰坦尼克号数据集分析流程

3.2.3 功能结构

本项目的功能结构已经在章首页中给出。本项目实现的具体功能如下：

☑ 数据准备：对数据进行简单的预览，了解数据内容。

☑ 数据预处理：首先查看数据基本信息，包括行数、列数、所有列名以及数据集中每个变量的数据类型，然后分析缺失值并对缺失值进行处理。

☑ 基本统计分析：包括乘客年龄分析、乘客性别分析、不同性别乘客的年龄分布情况、不同年龄乘客亲属数量分析、船舱等级情况分析和票价分布情况。

☑ 乘客生存情况分析：包括总体生存情况分析、不同等级船舱乘客生存情况分析、各个登船港口乘客生存情况分析、性别与乘客生存情况分析、年龄和性别与乘客生存情况分析和乘客亲属数量与生存情况分析。

3.3 技 术 准 备

3.3.1 技术概览

分析机器学习和数据分析领域的经典案例泰坦尼克号数据集，首先读取 csv 文件中的泰坦尼克号数据，然后对缺失值进行分析和处理，最后进行数据统计分析并绘制相应的图表分析泰坦尼克号乘客相关数据以及乘客生存情况，其中主要使用数据计算、分组统计、第三方 R 包 ggplot2、数据透视表等，这些知识就不进行详细的介绍了，在《R 语言数据分析从入门到精通》一书中有详细的讲解，对这些知识不太熟悉的读者可以参考该书对应的内容。

在泰坦尼克号数据集分析实战项目中，我们用得最多的就是数据分组统计分析，主要使用 dplyr 包的 group_by()函数结合 summarise()函数，因此再次对 group_by()函数进行了详解。另外，由于泰坦尼克号数据集中的字段存在较多且不符合数据分析要求的数据类型，为了方便快捷地分析数据，使用了批量数据类型转换。在代码细节处理上，为了使代码整洁、高效，很多地方使用了管道符%>%。下面对以上三部分内容进行详细的介绍和举例，以确保读者顺利完成本项目，同时巩固 R 语言基础知识，以便更好地利用 R 语言进行数据分析。

3.3.2 批量数据类型转换

在 R 语言中，通过 summary()函数可以获取描述性统计量，包括最小值、最大值、四分位数和数值型变量的均值、因子向量和逻辑型向量的频数统计以及一些数据分析方法的描述性统计量（如方差分析、回归分析），它是一个使用率非常高且非常实用的函数。但遗憾的是对于字符型数据，summary()函数却无法统计，如果打算使用 summary()函数进行统计，应首先将字符型字段转换为因子类型，主要使用 as.factor()函数实现，基本转换格式如下：

```
df$column_name <- as.factor(df$column_name)    # 将字符型字段转换为因子类型
```

如果涉及多个字段，上述代码实现起来非常麻烦，此时可以进行批量数据类型转换，有以下三种方法：

方法一：知道需要转换的字段在哪几列，示例代码如下：

```
# 1,2 代表第 1 列，第 2 列
for(i in c(1,2)){
  df[,i]<-as.factor(df[,i])
}
```

运行程序，对比效果如图 3.2 所示。

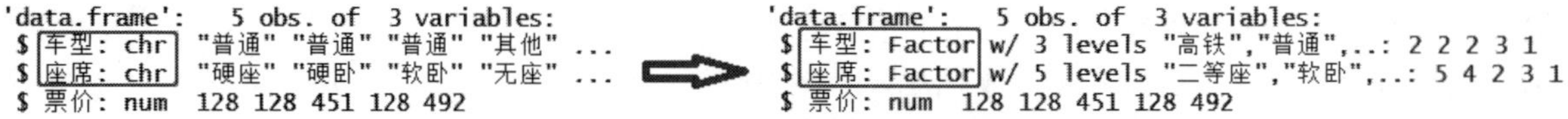

```
'data.frame':    5 obs. of  3 variables:                'data.frame':    5 obs. of  3 variables:
$ 车型: chr "普通" "普通" "普通" "其他" ...          $ 车型: Factor w/ 3 levels "高铁","普通",..: 2 2 2 3 1
$ 座席: chr "硬座" "硬卧" "软卧" "无座" ...    ➡    $ 座席: Factor w/ 5 levels "二等座","软卧",..: 5 4 2 3 1
$ 票价: num 128 128 451 128 492                         $ 票价: num 128 128 451 128 492
```

图 3.2　字符型批量转换为因子类型对比效果

方法二：不知道需要转换的字段在哪列，但是知道字段名，示例代码如下：

```
i <- c("车型","座席")
df[,i]<-lapply(df[,i],as.factor)
```

方法三：将所有字符型字段转换为因子类型，示例代码如下：

```
# 遍历所有字段
for(i in names(df)) {
  if (mode(df[,i]) == 'character')          # 如果字段为字符型
    df[,i] <- as.factor(df[,i])             # 则转换为因子类型
}
```

实现其他数据类型转换，可以将 as.factor() 函数换成相应的函数。例如，将字符型转换为数值型或整型，基本转换格式如下：

```
df$column_name <- as.numeric(df$column_name)      # 将字符型字段转换为数值型
df$column_name <- as.integer(df$column_name)      # 将字符型字段转换为整型
```

说明

由于篇幅有限，这里不做过多介绍，如果需要了解更多数据类型转换相关内容，可以查阅 R 语言提供的帮助。

3.3.3　详解 group_by() 函数

group_by() 函数隶属于 R 语言中的 dplyr 包，主要用于对数据框进行分组，在数据统计分析工作中应用非常广泛。其缺点是 group_by() 函数本身不会产生任何统计结果，常常与 summarise() 函数一起使用，其应用原理类似于 SQL 语句中的 GROUP BY。下面详细介绍 group_by() 函数。

1. 单个字段分组统计

对单个字段分组统计是数据统计分析工作中常用的操作，只需在 group_by() 函数中传递要分组的字段名称，并在 summarise() 函数中传递要对该分组字段执行的操作，如求平均值、记录数、求和等。基本格式如下：

```
data %>%
  group_by(chr) %>%
  summarise(avg = mean(x)) %>%
```

例如，对 mtcars 数据集进行分组统计，按气缸数（cyl）分组统计平均排量（disp）和平均总马力（hp），代码如下：

```
by_cyl <- mtcars %>%
  group_by(cyl) %>%
  summarise(disp = mean(disp),
            hp = mean(hp))
by_cyl
```

2. 多个字段分组统计

group_by() 函数也支持对多个字段进行分组，需要注意的是字段的正确顺序，分组将根据 group_by() 函

数中的第一个字段进行，然后再根据第二个字段进行。

例如，按发动机缸体（vs）和变速器类型（am）分组统计记录数，代码如下：

```
by_vs_am <- mtcars %>%
  group_by(vs, am) %>%
  dplyr::summarise(n = n(),.groups = 'drop')
by_vs_am
```

3. summarise()函数支持的统计计算函数

当 group_by()函数结合 summarise()函数使用时，summarise()函数用于对分组后进行统计计算，其支持的常用的统计计算函数如下：

- ☑ 求和：sum()。
- ☑ 中心值：平均数 mean()、中位数 median()。
- ☑ 离散程度：标准差 sd()、四分位间距 IQR()、绝对偏差的中位数 mad()。
- ☑ 范围：最小值 min()、最大值 max()。
- ☑ 计数：记录数 n()。

3.3.4　巧用管道符%>%

在学习 R 语言的过程中，经常会在代码中发现这样一个符号"%>%"，它的作用究竟是什么呢？这里笔者整理了该符号的用法。

"%>%"这个符号的名称为管道符，顾名思义就像管道一样，它的作用是将上一行代码的输出结果传递给下一行代码，连接起来就像管道一样，如图 3.3 所示，第一行代码结果为 4，传递到下一行 4+4 结果为 8，再传递到下一行 8+2，最后结果为 10，这就是管道符的作用。

```
2^2 %>%
+4 %>%
+2
```

图 3.3　管道符用法示意图

在实际应用中，管道符"%>%"可以省去重复的命名过程，在代码简洁性和可维护性方面是一个非常实用的符号。例如，显示 mtcars 数据集中的前 5 条数据，代码如下：

```
mtcars %>%
  head(5)
```

抽取 mtcars 数据集中 cyl 字段值等于 6 的前 5 条数据，代码如下：

```
mtcars %>%
  subset(.,cyl==6) %>%
  head(5)
```

注意上述代码使用了点"."，当上一行代码的输出结果传递给下一行代码时，不在第一个位置或者需要放在指定的位置时，需要使用点"."占位，也就是说用点来代替上一行代码的 mtcars。

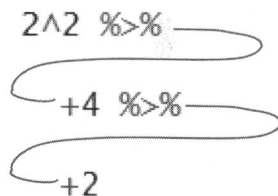

3.4　前　期　工　作

3.4.1　安装第三方 R 包

本项目所需的第三方 R 包前面已经进行了介绍，下面逐一进行安装。例如，安装第三方 R 包 reshape2，代码如下：

```
install.packages("reshape2")
```

在 RStudio 开发环境中安装第三方 R 包。首先将上述代码写在 RStudio 开发环境的代码窗口中，如图 3.4 所示，然后单击 Run 按钮运行代码即可安装。

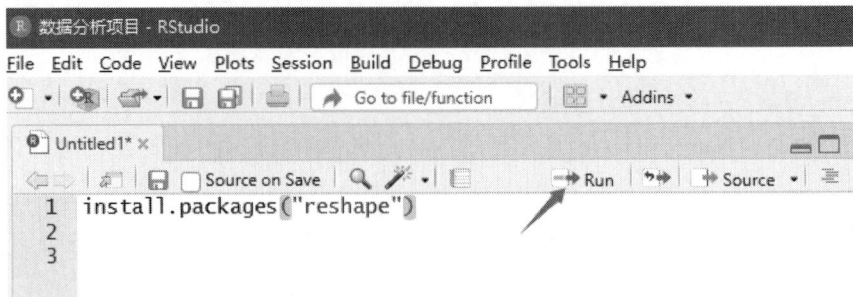

图 3.4 在 RStudio 开发环境中安装第三方 R 包

或者直接使用 library()加载包，R 会自动出现提示对话框，提示你安装包，此时单击 Install 即可进行安装，如图 3.5 所示。

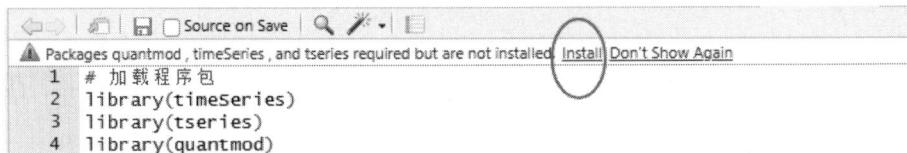

图 3.5 提示安装第三方 R 包

3.4.2 新建项目文件夹

开发本项目前应在工程（如数据分析项目.Rproj）所在文件夹中新建一个项目文件夹（泰坦尼克号数据集分析实战），以保存项目所需的 R 脚本文件，实现过程如下。

（1）运行 RStudio，选择"File→Open Project"菜单项，选择已经创建好的工程（如数据分析项目.Rproj），然后在资源管理窗口中单击 Files 面板中的新建文件夹按钮，如图 3.6 所示。

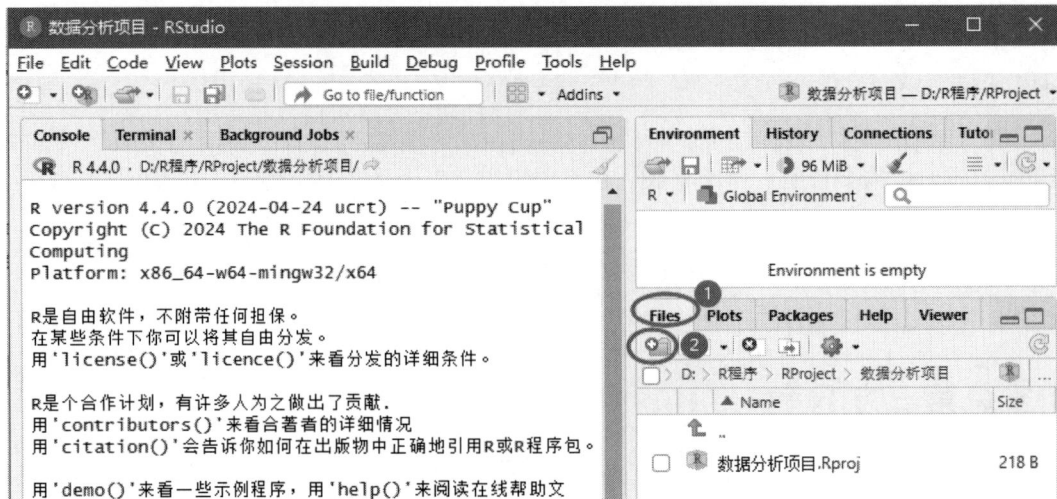

图 3.6 单击 Files 面板中的新建文件夹按钮

（2）打开 New Folder 对话框，输入"泰坦尼克号数据集分析实战"，如图 3.7 所示，然后单击 OK 按钮，项目文件夹就创建完成了。

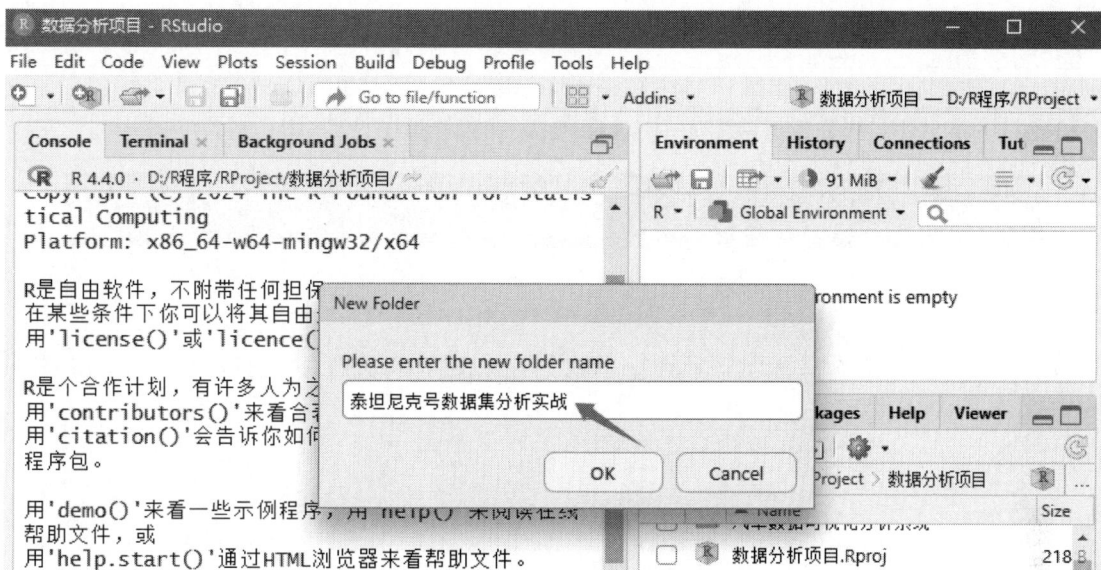

图 3.7　创建泰坦尼克号数据集分析实战项目文件夹

3.5　数　据　准　备

3.5.1　数据集介绍

泰坦尼克号数据集为 titanic.csv，包括 15 个字段，分别为 survived、pclass、sex、age、sibsp、parch、fare、embarked、class、who、adult_male、deck、embark_town、alive 和 alone，字段说明如表 3.1 所示。

表 3.1　titanic 数据集

字段	中文解释	说明
survived	是否幸存	0 代表遇难、1 代表幸存
pclass	船舱等级	1 代表头等舱、2 代表二等舱、3 代表三等舱
sex	性别	male 代表男性、female 代表女性
age	年龄	
sibsp	兄弟姐妹/配偶人数	表示乘客随行兄弟或姐妹的数量
parch	父母/子女人数	表示乘客随行父母或子女的数量
fare	票价	
embarked	登船港口（简称）	主要有 3 个，C=Cherbourg，Q=Queenstown，S=Southampton
class	船舱等级	First 代表头等舱、Second 代表二等舱、Third 代表三等舱
who	什么人	man 代表成年男人、women 代表成年女人、child 代表儿童
adult_male	是否为男性	FALSE 代表不是男性、TRUE 代表是男性
deck	甲板	

字段	中文解释	说明
embark_town	登船港口（全称）	
alive	是否存活	no 代表遇难、yes 代表存活
alone	是否有家属	FALSE 代表没有家属、TRUE 代表有家属

打开 titanic.csv 文件，部分数据截图如图 3.8 所示。

图 3.8　titanic.csv 部分数据截图

说明

titanic.csv 位于项目所在的文件夹，开发本项目前应将其复制到项目文件夹中，如图 3.9 所示。

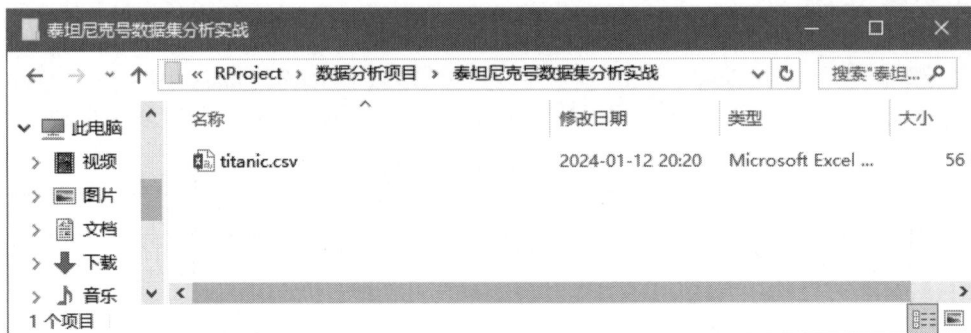

图 3.9　将 titanic.csv 文件复制到项目文件夹

3.5.2　读取数据

在了解了数据集后，接下来读取数据，主要使用 read.table()函数，实现过程如下（源码位置：资源包 \Code\03\01_read_view_data.R）。

（1）在项目文件夹（泰坦尼克号数据分析实战）中新建一个 R 脚本文件，命名为 01_read_view_data.R。

（2）使用 read.table()函数读取 csv 文件，然后使用 View()方法以表格方式显示数据，代码如下：

```
df <- read.table('泰坦尼克号数据集分析实战/titanic.csv',sep = ",",header = TRUE)    # 读取 csv 文件
View(df)                                                                        # 以表格方式显示数据
```

运行程序，结果如图 3.10 所示。

	survived	pclass	sex	age	sibsp	parch	fare	embarked	class	who	adult_male	deck
1	1	1	female	38.00	1	0	71.2833	C	First	woman	FALSE	C
2	1	1	female	35.00	1	0	53.1000	S	First	woman	FALSE	C
3	0	1	male	54.00	0	0	51.8625	S	First	man	TRUE	E
4	1	1	female	58.00	0	0	26.5500	S	First	woman	FALSE	C
5	1	1	male	28.00	0	0	35.5000	S	First	man	TRUE	A
6	0	1	male	19.00	3	2	263.0000	S	First	man	TRUE	C
7	0	1	male	40.00	0	0	27.7208	C	First	man	TRUE	
8	1	1	female	NA	1	0	146.5208	C	First	woman	FALSE	B
9	0	1	male	28.00	0	0	82.1708	C	First	man	TRUE	
10	0	1	male	42.00	0	0	52.0000	S	First	man	TRUE	
11	1	1	female	49.00	1	0	76.7292	C	First	woman	FALSE	D
12	0	1	male	65.00	0	1	61.9792	C	First	man	TRUE	B
13	1	1	male	NA	0	0	35.5000	S	First	man	TRUE	C
14	1	1	female	38.00	0	0	80.0000		First	woman	FALSE	B

图 3.10 在数据查看器中显示数据

从运行结果得知：年龄（age）、登船港口（embarked）和甲板（deck）存在缺失数据。

3.6 数据预处理

3.6.1 查看数据信息

下面查看数据信息，包括行数、列数、所有列名以及数据集中每个变量的数据类型，以便更清晰地了解数据，主要使用 ncow() 函数、ncol() 函数、names() 函数和 sapply() 函数，实现过程如下（源码位置：资源包\Code\03\01_read_view_data.R）。

使用 ncow() 函数、ncol() 函数、names() 函数和 sapply() 函数查看数据信息，代码如下：

```
nrow(df)          # 行数
ncol(df)          # 列数
names(df)         # 查看所有列名
sapply(df, class) # 查看数据集中每个变量的数据类型
```

运行程序，结果如图 3.11 所示。

从运行结果得知：数据一共有 891 行、15 列，其中 survived、pclass、age、sibsp、parch 和 fare 列为数值型和整型变量，其他列为字符型变量。

3.6.2 缺失值分析与处理

缺失值分析与处理主要是对数值型数据和字符型数据中的缺失值进行统计，然后对缺失值进行处理，实现过程如下（源码位置：资源包\Code\03\02_missing_data.R）。

```
> # 行数
> nrow(df)
[1] 891
> # 列数
> ncol(df)
[1] 15
> # 查看所有列名
> names(df)
 [1] "survived"    "pclass"      "sex"        "age"        "sibsp"       "parch"
 [7] "fare"        "embarked"    "class"      "who"        "adult_male"  "deck"
[13] "embark_town" "alive"       "alone"
> # 查看数据集中每个变量的数据类型
> sapply(df, class)
   survived      pclass         sex         age       sibsp       parch        fare
  "integer"   "integer"  "character"   "numeric"   "integer"   "integer"   "numeric"
   embarked       class         who  adult_male        deck embark_town       alive
"character" "character" "character" "character" "character" "character" "character"
      alone
"character"
```

图 3.11　查看数据

（1）在项目文件夹中新建一个 R 脚本文件，命名为 02_missing_data.R。

（2）统计缺失值。首先使用 summary()函数实现描述性统计，由于 summary()函数不支持统计字符型数据，因此这里应先将字符型数据转换为因子，主要使用 for 循环语句结合 if 语句实现，代码如下：

```
df <- read.table('泰坦尼克号数据集分析实战/titanic.csv',sep = ",",header = TRUE)  # 读取 csv 文件
# 批量将字符型字段转换为因子类型
# 遍历所有字段
for(i in names(df)) {
  if (mode(df[,i]) == 'character')                                       # 如果字段为字符型
    df[,i] <- as.factor(df[,i])                                          # 则转换为因子类型
}
summary(df) # 描述性统计
```

运行程序，结果如图 3.12 所示。

```
    survived          pclass          sex          age           sibsp           parch
 Min.   :0.0000   Min.   :1.000   female:314   Min.   : 0.42   Min.   :0.000   Min.   :0.0000
 1st Qu.:0.0000   1st Qu.:2.000   male  :577   1st Qu.:20.12   1st Qu.:0.000   1st Qu.:0.0000
 Median :0.0000   Median :3.000                Median :28.00   Median :0.000   Median :0.0000
 Mean   :0.3838   Mean   :2.309                Mean   :29.70   Mean   :0.523   Mean   :0.3816
 3rd Qu.:1.0000   3rd Qu.:3.000                3rd Qu.:38.00   3rd Qu.:1.000   3rd Qu.:0.0000
 Max.   :1.0000   Max.   :3.000                Max.   :80.00   Max.   :8.000   Max.   :6.0000
                                               NA's   :177
      fare          embarked      class          who        adult_male        deck
 Min.   :  0.00    : 2       First :216   child: 83   Mode :logical        :688
 1st Qu.:  7.91   C:168      Second:184   man  :537   FALSE:354     C      : 59
 Median : 14.45   Q: 77      Third :491   woman:271   TRUE :537     B      : 47
 Mean   : 32.20   S:644                                             D      : 33
 3rd Qu.: 31.00                                                     E      : 32
 Max.   :512.33                                                     A      : 15
                                                                    (Other): 17
      embark_town   alive         alone
            : 2     no :549   Mode :logical
 Cherbourg  :168    yes:342   FALSE:354
 Queenstown : 77              TRUE :537
 Southampton:644
```

图 3.12　描述性统计

从运行结果得知：年龄（age）有 177 条缺失数据，登船港口（embarked）有 2 条缺失数据，甲板（deck）有 688 条缺失数据，登船港口（全称）（embark_town）有 2 条缺失数据。结合我们要分析的内容，下面主要对年龄（age）和登船港口（embarked）的数据缺失情况做进一步分析。

（3）计算缺失率。了解了数据的缺失情况，下面计算缺失率，缺失率是缺失值数量与总观测数量的比例，可以使用以下代码计算年龄和登船港口的缺失率：

```
# 年龄的缺失率
age_missing_rate <- 177/nrow(df)
age_missing_rate
# 登船港口的缺失率
embarked_missing_rate <- 2/nrow(df)
embarked_missing_rate
```

运行程序，结果分别为 0.1986532 和 0.002244669（即 19.86%和 0.22%）。接下来可视化缺失率，通过柱形图观测年龄和登船港口的缺失率，代码如下：

```
barplot(height = c(age_missing_rate,embarked_missing_rate),names.arg = c("年龄","登船港口"))
```

运行程序，结果如图 3.13 所示。

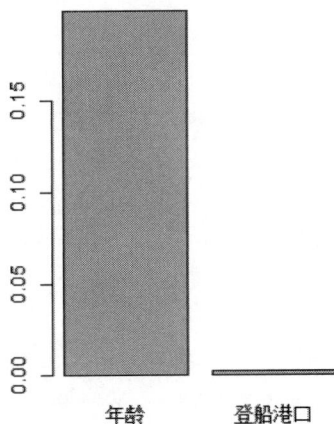

图 3.13　柱形图分析缺失率

（4）对缺失值进行处理。通过上述计算得知年龄（age）的缺失率为 19.86%，可以采用平均值填充的方法；登船港口（embarked）的缺失率为 0.22%，可以使用出现次数最多的值，也就是众数进行填充，主要使用 mean()函数和自定义计算众数的函数 mymode()实现，代码如下：

```
# 缺失值填充
# 年龄缺失值填充为平均值
df$age[is.na(df$age)] <- round(mean(df$age,na.rm = TRUE))
# 自定义计算众数的函数 mymode()
mymode <- function(a) {
  b <- unique(a)
  b[which.max(tabulate(match(a,b)))]
}
# 登船港口缺失值填充为众数
df$embarked[df$embarked==""] <- mymode(df$embarked)
mymode(df$embarked)
```

（5）将填充结果保存到新的 csv 文件，主要使用 write.csv()函数实现，代码如下：

```
write.csv(df,'泰坦尼克号数据集分析实战/titanic1.csv',row.names = FALSE)
```

上述代码需要注意：一定要加上 row.names = FALSE，否则写入数据时会自动加上行索引（如图 3.14 所示），为后续的数据分析工作造成不必要的麻烦。

	A	B	C	D	E	F	G
1		survived	pclass	sex	age	sibsp	parch
2	1	1	1	female	38	1	
3	2	1	1	female	35	1	
4	3	0	1	male	54	0	
5	4	1	1	female	58	0	
6	5	1	1	male	28	0	
7	6	0	1	male	19	3	
8	7	0	1	male	40	0	
9	8	1	1	female	30	1	
10	9	0	1	male	28	1	

图 3.14 写入数据时自动加上行索引

3.7 基本统计分析

3.7.1 乘客年龄分析

乘客年龄分析主要通过描述性统计和直方图分析乘客年龄的分布情况，实现过程如下（源码位置：资源包\Code\03\03_age_analysis.R）。

（1）在项目文件夹下新建一个 R 脚本文件，命名为 03_age_analysis.R。

（2）加载程序包，使用 read.table()函数读取 csv 文件，代码如下：

```
# 加载程序包
library(ggplot2)
library(dplyr)
# 读取 csv 文件
df <- read.table('泰坦尼克号数据集分析实战/titanic1.csv',sep = ",",header = TRUE)
```

（3）进行描述性统计分析。首先对年龄（age）做一个简单的描述性统计分析，主要使用 pastecs 包的 stat.desc()函数实现，代码如下：

```
# 描述性统计分析
age_stat <- round(pastecs::stat.desc(df[c('age')],norm = TRUE),digits = 3)
# 新增说明字段
age_stat$说明  <- c("样本数量",'空值数量','缺失值数量','最小值','最大值',
                   '值域','总和','中位数','平均数','均值标准误差','均值置信区间',
                   '方差','标准差','变异系数','偏度', '偏度除以 2 倍标准误差',
                   '峰度','峰度除以 2 倍标准误差','w 值','p 值')
# 以表格方式显示数据
View(age_stat)
```

说明

在上述代码中，由于使用 stat.desc()函数输出的原始数据中默认使用了科学计数法显示，看起来不美观而且不直观，因此使用了 round()函数设置数据小数点后保留的位数为 3 位。

运行程序，结果如图 3.15 所示。

从运行结果得知：年龄最小的乘客为 0.42 岁，最大的乘客为 80 岁，平均值为 29.759 岁，中位数为 30 岁。接下来，通过直方图进一步分析年龄的分布情况。

（4）分析乘客年龄分布情况。首先使用 ggplot()函数绘制年龄分布直方图，代码如下：

```
# 绘制年龄直方图
ggplot(df,aes(x=age))+
  geom_histogram(bins = 30)
```

运行程序，结果如图 3.16 所示。

	age	说明
nbr.val	891.000	样本数量
nbr.null	0.000	空值数量
nbr.na	0.000	缺失值数量
min	0.420	最小值
max	80.000	最大值
range	79.580	值域
sum	26515.170	总和
median	30.000	中位数
mean	29.759	平均数
SE.mean	0.436	均值标准误差
CI.mean.0.95	0.855	均值置信区间
var	169.067	方差
std.dev	13.003	标准差
coef.var	0.437	变异系数
skewness	0.419	偏度
skew.2SE	2.558	偏度除以2倍标准误差
kurtosis	0.937	峰度
kurt.2SE	2.862	峰度除以2倍标准误差
normtest.W	0.959	w值
normtest.p	0.000	p值

图 3.15　描述性统计分析

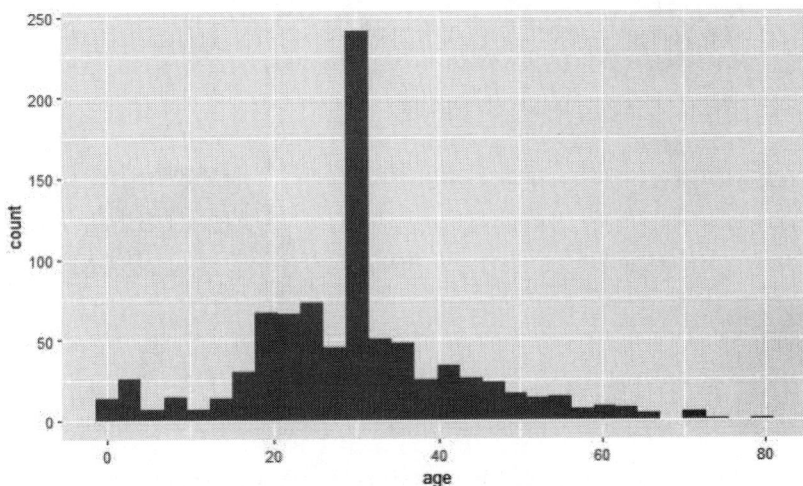

图 3.16　乘客年龄分布直方图

从运行结果得知：乘客年龄主要集中在 20～40 岁，其中 30 岁左右的青年人居多。

（5）了解了乘客年龄的大致分布情况后，下面按年龄分类统计人数。首先按照不同年龄段对乘客年龄进行细分，具体如下：

☑　儿童：0 岁～17 岁。

☑　青年：18 岁～40 岁。

☑　中年：41 岁～59 岁。

☑　老年：59 岁以上。

然后使用 cut()函数将年龄按以上年龄段分割并进行标记，同时添加新的字段"年龄组"来存储所属年龄组信息，最后将结果保存到新的 csv 文件，代码如下：

```
# 按年龄段分割数据并标记所属年龄组
df$年龄组  <- cut(df$age,breaks=c(-Inf,17,40,59,Inf),
            labels = c("儿童","青年","中年","老年"), right=TRUE)
View(df)
# 将结果保存到新的 csv 文件
write.csv(df,'泰坦尼克号数据集分析实战/titanic1.csv',row.names = FALSE)
```

运行程序，结果如图 3.17 所示。

D	E	F	G	H	I	J	K	L	M	N	O	P
age	sibsp	parch	fare	embar	class	who	adult_r	deck	embar	alive	alone	年龄组
38	1	0	71.28	C	First	woman	FALSE	C	Cherbo	yes	FALSE	青年
35	1	0	53.1	S	First	woman	FALSE	C	Southa	yes	FALSE	青年
54	0	0	51.86	S	First	man	TRUE	E	Southa	no	TRUE	中年
58	0	0	26.55	S	First	woman	FALSE	C	Southa	yes	TRUE	中年
28	0	0	35.5	S	First	man	TRUE	A	Southa	yes	TRUE	青年
19	3	2	263	S	First	man	TRUE	C	Southa	no	FALSE	青年
40	0	0	27.72	C	First	man	TRUE		Cherbo	no	TRUE	青年

图 3.17 按年龄段划分年龄组

（6）按照年龄组统计人数并绘制饼形图。首先使用 group_by() 函数按年龄组进行分组，然后用 summarise() 函数计算分组的记录数，最后使用 pie() 函数绘制饼形图，代码如下：

```
df1<- dplyr::summarise(group_by(df,年龄组),人数=length(年龄组))   # 按年龄组统计人数
x = df1$人数                                                      # 获取人数
mycolors1 <- topo.colors(5)                                       # 饼形图颜色
pct <- paste(round(100*x/sum(x), 1), "%")                         # 计算百分比
pie(x,labels = paste(df1$年龄组,pct),col=mycolors1)               # 绘制饼形图
```

运行程序，结果如图 3.18 所示。

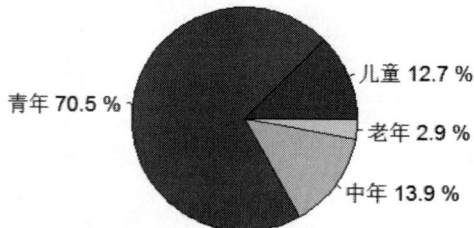

图 3.18 饼形图分析各年龄组人数所占百分比

从运行结果得知：乘客中的青年人占比较大，占到 70.5%。

3.7.2 乘客性别分析

不同性别乘客分析，主要通过柱形图分析男性乘客和女性乘客的人数情况，实现过程如下（源码位置：资源包\Code\03\04_sex_analysis.R）。

（1）在项目文件夹下新建一个 R 脚本文件，命名为 04_sex_analysis.R。

（2）加载程序包，使用 read.table() 函数读取 csv 文件，代码如下：

```
# 加载程序包
library(ggplot2)
library(dplyr)
# 读取 csv 文件
df <- read.table('泰坦尼克号数据集分析实战/titanic1.csv',sep = ",",header = TRUE)
```

（3）按乘客性别统计人数并绘制柱形图。首先使用 group_by() 函数结合 summarise() 函数实现按性别分组统计人数，然后使用 geom_bar() 函数绘制柱形图，代码如下：

```
# 按乘客性别统计人数并绘制柱形图
df1 <-
  group_by(df,sex) %>%       # 按性别分组
  summarise(人数=n())        # 统计人数
# 绘制柱形图
```

```
ggplot(df1, aes(x = sex, y = 人数, fill = sex)) +
  geom_bar(stat = "identity", position = "dodge",width = 0.4)
```

运行程序，结果如图 3.19 所示。

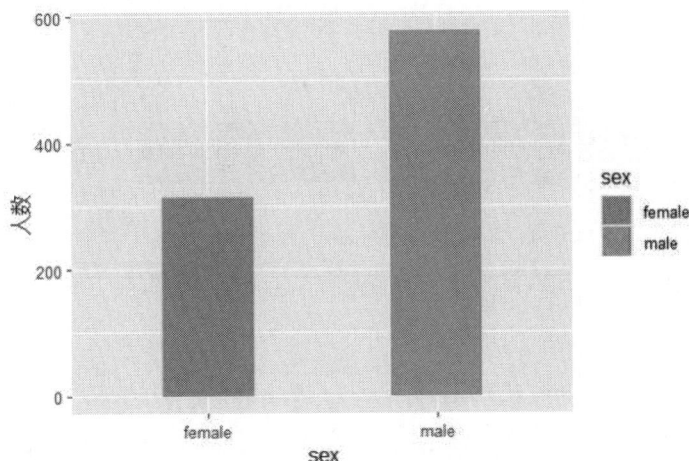

图 3.19　柱形图分析乘客性别人数

从运行结果得知：男性（male）乘客比女性（female）乘客多。

3.7.3　不同性别乘客的年龄分布情况

通过箱形图分析不同性别乘客的年龄分布情况，实现过程如下（源码位置：资源包\Code\03\05_sex_age_analysis.R）。

（1）在项目文件夹下新建一个 R 脚本文件，命名为 05_sex_age_analysis.R。

（2）加载程序包，使用 read.table()函数读取 csv 文件，代码如下：

```
library(ggplot2)                                                    # 加载程序包
df <- read.table('泰坦尼克号数据集分析实战/titanic1.csv',sep = ",",header = TRUE) # 读取 csv 文件
```

（3）绘制箱形图分析不同性别乘客的年龄，主要使用 geom_boxplot()函数实现，代码如下：

```
ggplot(df,aes(x=sex,y=age, fill = sex))+
  geom_boxplot()
```

运行程序，结果如图 3.20 所示。

从运行结果得知：女性（female）年龄与男性（male）年龄的分布比较相近，但是女性年龄下四分位数与中位数距离较大，因此女性年龄的跨度更大一些。

3.7.4　不同年龄乘客亲属数量分析

不同年龄乘客亲属数量分析，主要分析不同年龄乘客的兄弟姐妹/配偶人数和父母/子女人数情况，实现过程如下（源码位置：资源包\Code\03\06_age_relatives_analysis.R）。

（1）在项目文件夹下新建一个 R 脚本文件，命名为 06_age_relatives_analysis.R。

（2）加载程序包，使用 read.table()函数读取 csv 文件，代码如下：

```
library(ggplot2)                                                    # 加载程序包
df <- read.table('泰坦尼克号数据集分析实战/titanic1.csv',sep = ",",header = TRUE) # 读取 csv 文件
```

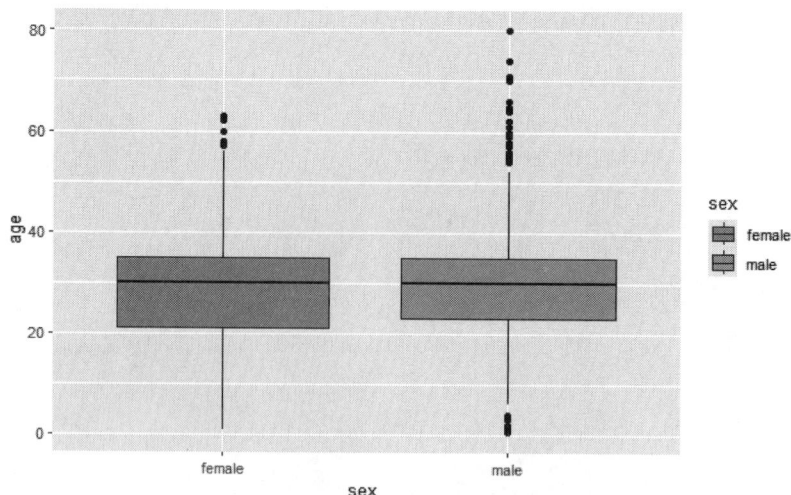

图 3.20　箱形图分析不同性别乘客的年龄分布情况

（3）绘制箱形图分析不同年龄乘客的兄弟姐妹/配偶人数情况，主要使用 geom_boxplot()函数实现。这里需要注意：由于兄弟姐妹/配偶人数字段（sibsp）为数值型，因此在绘制箱形图时，需要将其转换为因子，主要使用 factor()函数实现。代码如下：

```
# 绘制箱形图分析不同年龄乘客的兄弟姐妹/配偶人数情况
ggplot(df,aes(x=sibsp,y=age,fill=factor(sibsp)))+
  geom_boxplot()
```

运行程序，结果如图 3.21 所示。

（4）绘制箱形图分析不同年龄乘客的父母/子女人数情况，主要使用 geom_boxplot()函数实现，代码如下：

```
# 绘制箱形图分析不同年龄乘客的父母/子女人数情况
ggplot(df,aes(x=parch,y=age, fill = factor(parch)))+
  geom_boxplot()
```

运行程序，结果如图 3.22 所示。

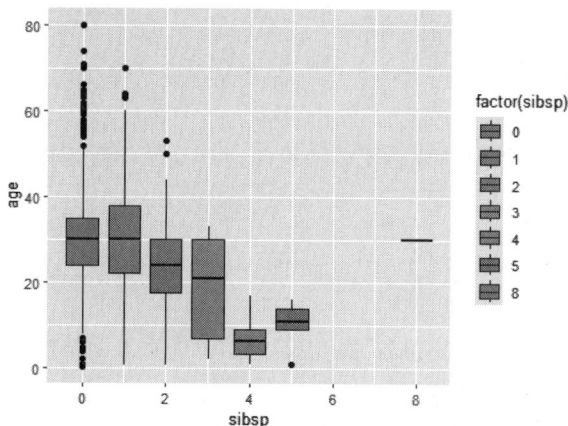

图 3.21　箱形图分析兄弟姐妹/配偶人数

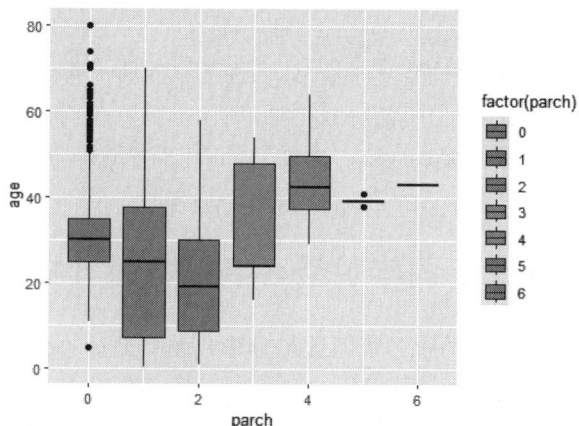

图 3.22　箱形图分析父母/子女人数

从运行结果得知：兄弟姐妹/配偶人数和父母/子女人数为 3 的乘客年龄跨度更大一些。

3.7.5 船舱等级情况分析

通过柱形图分析不同等级船舱中乘客人数的分布情况，实现过程如下（源码位置：资源包\Code\03\07_class_analysis.R）。

（1）在项目文件夹下新建一个 R 脚本文件，命名为 07_class_analysis.R。

（2）加载程序包，使用 read.table()函数读取 csv 文件，代码如下：

```
# 加载程序包
library(ggplot2)
library(dplyr)
# 读取 csv 文件
df <- read.table('泰坦尼克号数据集分析实战/titanic1.csv',sep = ",",header = TRUE)
```

（3）按船舱等级统计乘客人数并绘制柱形图。首先使用 group_by()函数结合 summarise()函数统计不同等级船舱的人数，然后使用 geom_bar()函数绘制柱形图，代码如下：

```
# 按船舱等级统计乘客人数并绘制柱形图
df1 <-
    group_by(df,class) %>%      # 按船舱等级分组
    summarise(人数=n())          # 统计人数
# 绘制柱形图
ggplot(df1, aes(x = class, y = 人数, fill = class)) +
    geom_bar(stat = "identity", position = "dodge",width = 0.4)
```

运行程序，结果如图 3.23 所示。

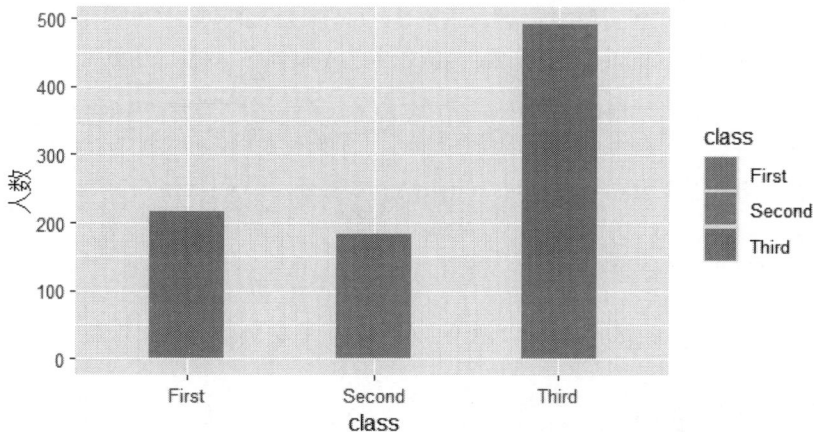

图 3.23　柱形图分析各船舱等级乘客人数

从运行结果得知：三等舱的人数最多。接下来结合船舱等级，绘制箱形图并分析不同船舱乘客的年龄分布情况。

（4）绘制小提琴图分析不同船舱乘客的年龄分布情况，主要使用 geom_violin()函数绘制小提琴图，同时使用 stat_summary()函数实现在小提琴图中添加均值和中位数，代码如下：

```
# 绘制小提琴图分析不同船舱乘客的年龄分布情况
ggplot(df, aes(x = class, y = age))+
    geom_violin(aes(fill = class), trim = TRUE)+
    stat_summary(fun="mean",geom="point",color="white")+      # 添加均值
    stat_summary(fun="median",geom="point",color="black")      # 添加中位数
```

运行程序，结果如图 3.24 所示。

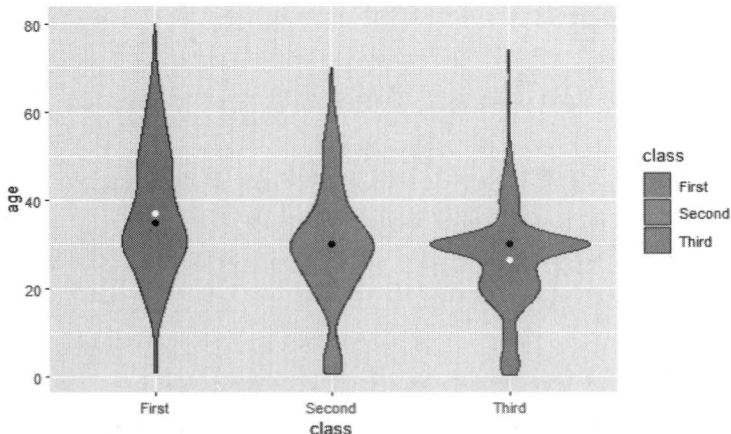

图 3.24　小提琴图分析不同船舱乘客的年龄分布情况

从运行结果得知：三个等级船舱中的乘客年龄总体趋势大致相同，其中头等舱年龄跨度较大，30 岁左右的最多；二、三等舱青年人分布较多。

3.7.6　票价分布情况

票价分布情况分析，主要通过直方图查看乘客购买船票价格的分布情况，实现过程如下（源码位置：资源包\Code\03\08_fare_analysis.R）。

（1）在项目文件夹下新建一个 R 脚本文件，命名为 08_fare_analysis.R。

（2）加载程序包，使用 read.table()函数读取 csv 文件，代码如下：

```
library(ggplot2)                                                          # 加载程序包
df <- read.table('泰坦尼克号数据集分析实战/titanic1.csv',sep = ",",header = TRUE)  # 读取 csv 文件
```

（3）绘制票价直方图，主要使用 geom_histogram()函数实现，代码如下：

```
# 绘制票价直方图
ggplot(df,aes(x=fare))+
    geom_histogram(bins = 30)
```

运行程序，结果如图 3.25 所示。

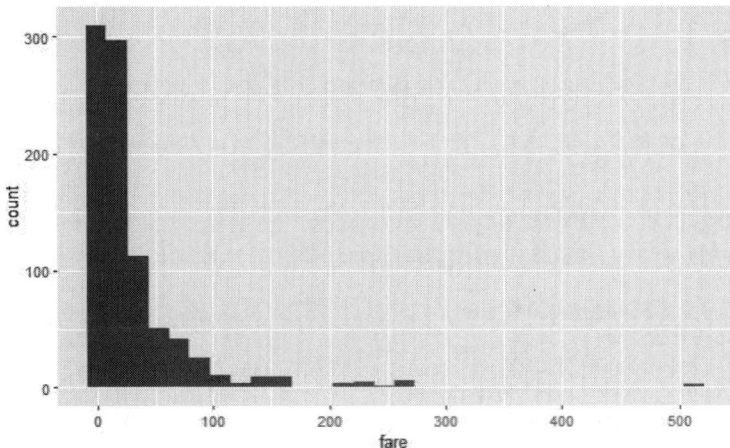

图 3.25　直方图分析票价分布情况

从运行结果得知：大多数乘客购买的船票价格在 100 美元以内。

3.8 乘客生存情况分析

3.8.1 总体生存情况分析

通过饼形图分析乘客总体生存情况，实现过程如下（源码位置：资源包 \Code\03\09_alive_analysis.R）。

（1）在项目文件夹下新建一个 R 脚本文件，命名为 09_alive_analysis.R。

（2）加载程序包，使用 read.table()函数读取 csv 文件，代码如下：

```
library(dplyr)                                                        # 加载程序包
df <- read.table('泰坦尼克号数据集分析实战/titanic1.csv',sep = ",",header = TRUE) # 读取 csv 文件
```

（3）绘制饼形图。首先使用 group_by()函数结合 summarise()函数按是否存活（alive）统计人数，然后使用 pie()函数绘制饼形图，代码如下：

```
# 按是否存活统计人数并绘制饼形图
df1 <-
    group_by(df,alive) %>%                                           # 按是否存活分组
    summarise(人数=n())                                              # 统计人数
x = df1$人数                                                          # 人数
pct <- paste(round(100*x/sum(x), 1), "%")                            # 计算百分比
pie(x,labels = paste(c('遇难者','幸存者'),x,'人',pct),col=c('orange','slateblue')) # 绘制饼形图
```

运行程序，结果如图 3.26 所示。

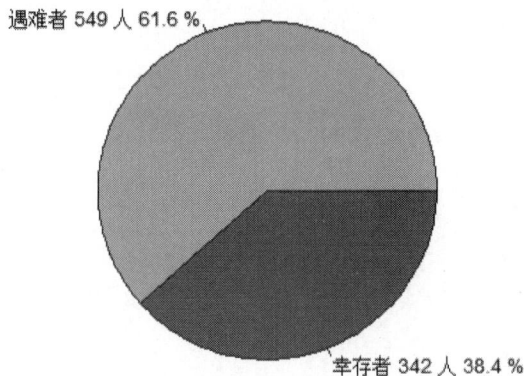

图 3.26 饼形图分析总体生存情况

从运行结果得知：在这次沉船事件中，遇难者 549 人占 61.6%，幸存者 342 人占 38.4%，还不到总人数的一半。

3.8.2 不同等级船舱乘客生存情况分析

通过堆叠柱形图分析不同等级船舱乘客中的幸存者和遇难者情况，实现过程如下（源码位置：资源包 \Code\03\10_class_alive_analysis.R）。

（1）在项目文件夹下新建一个 R 脚本文件，命名为 10_class_alive_analysis.R。

（2）加载程序包，使用 read.table()函数读取 csv 文件，同时抽取船舱等级（class）和是否存活（alive）两个字段，代码如下：

```
# 加载程序包
library(ggplot2)
library(dplyr)
# 读取 csv 文件
df <- read.table('泰坦尼克号数据集分析实战/titanic1.csv',sep = ",",header = TRUE)
# 抽取船舱等级和是否存活两个字段
df1 <- df[c("class","alive")]
```

（3）按船舱等级和是否存活分组统计人数，主要使用 group_by()函数结合 summarise()函数实现，代码如下：

```
group_df <-
    df[c("class","alive")] %>%        # 抽取船舱等级和是否存活两个字段
    group_by(class, alive) %>%        # 按船舱等级和是否存活分组
    summarise(人数 = n(),.groups = 'drop')  # 统计人数
View(group_df)                        # 以表格方式显示数据
```

运行程序，结果如图 3.27 所示。

	class	alive	人数
1	First	no	80
2	First	yes	136
3	Second	no	97
4	Second	yes	87
5	Third	no	372
6	Third	yes	119

图 3.27　按船舱等级和是否存活分组统计人数

（4）绘制堆叠柱形图，主要使用 geom_col()函数实现，代码如下：

```
# 绘制柱形图
ggplot(data=group_df, aes(x=class, y=人数,fill=alive))+
    geom_col(position = 'fill')+
    scale_y_continuous(labels=scales::percent) +   # 设置 y 轴为百分比
    labs(title = "不同等级船舱乘客生存情况分析",    # 设置图表标题和 y 轴标题
    y='生还率')
```

运行程序，结果如图 3.28 所示。

从运行结果得知：头等舱乘客中的幸存者最多，获救的概率最大，并且随着船舱等级的递减，乘客生还率也是递减状态。因此，可以判断船舱等级是影响生还率的重要特征之一。

3.8.3　各个登船港口乘客生存情况分析

1912 年 4 月 10 日，泰坦尼克号从英国南安普敦出发，途经法国瑟堡和爱尔兰昆士敦，计划中的目的地为美国纽约。因此泰坦尼克号的登船港口有三个，即 S、C 和 Q，S 代表 Southampton（英国南安普敦），C 代表 Cherbourg（法国瑟堡），Q 代表 Queenstown（爱尔兰昆士敦）。下面分析各个登船港口乘客的生存情况，实现过程如下（源码位置：资源包\Code\03\11_embarked_alive_analysis.R）。

不同等级船舱乘客生存情况分析

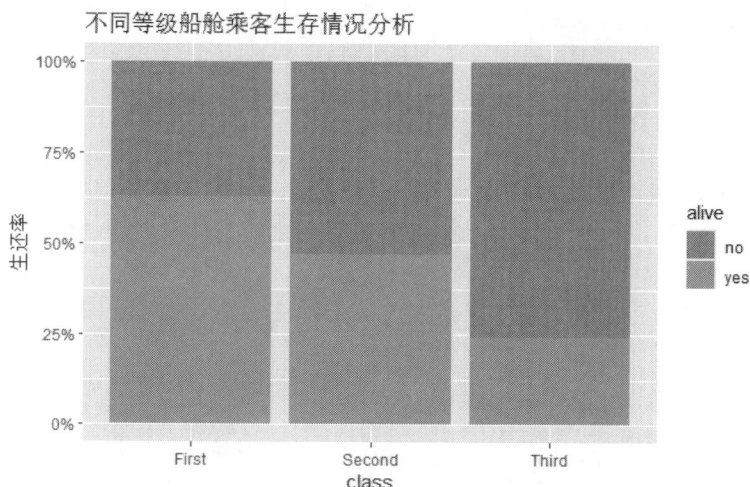

图 3.28　堆叠柱形图分析不同等级船舱乘客生存情况

（1）在项目文件夹下新建一个 R 脚本文件，命名为 11_embarked_alive_analysis.R。

（2）加载程序包，使用 read.table()函数读取 csv 文件，同时抽取登船港口（embarked）、船舱等级（class）和是否存活（alive）3 个字段，代码如下：

```
# 加载程序包
library(ggplot2)
library(dplyr)
library(reshape2)
# 读取 csv 文件
df <- read.table('泰坦尼克号数据集分析实战/titanic1.csv',sep = ",",header = TRUE)
# 抽取登船港口、船舱等级和是否存活 3 个字段
df1 <- df[c("embarked","alive","class")]
```

（3）分组统计各登船港口人数，主要使用 group_by()函数结合 summarise()函数实现，代码如下：

```
# 分组统计各登船港口人数
group_df1 <-
    group_by(df1,embarked) %>%           # 按登船港口分组
    dplyr::summarise(人数  = n())         # 统计人数
View(group_df1)                          # 以表格方式显示数据
```

运行程序，结果如图 3.29 所示。

从运行结果得知：从 S 港口登船的人数为 646，也就是说从出发地英国南安普敦登船的人数最多，从 C 港口登船的人数为 168，从 Q 港口登船的人数为 77。

（4）绘制柱形图分析各个登船港口乘客的生存情况。首先使用 group_by()函数结合 summarise()函数实现按登船港口和是否存活分组统计人数，然后使用 geom_col()函数绘制堆叠柱形图，代码如下：

	embarked	人数
1	C	168
2	Q	77
3	S	646

图 3.29　分组统计各登船港口人数

```
# 按登船港口和是否存活分组统计人数
group_df2 <-
    group_by(df1,embarked,alive) %>%
    dplyr::summarise(人数  = n(),.groups = 'drop')
# 绘制堆叠柱形图
ggplot(data=group_df2, aes(x=embarked, y=人数,fill=alive))+
    geom_col(position = 'fill')+
    # y 轴显示百分比
```

```
scale_y_continuous(labels=scales::percent) +
# 设置图表标题和 y 轴标题
labs(title = "各个登船港口乘客生存情况分析",
     y='生还率')
```

运行程序，结果如图 3.30 所示。

从运行结果得知：从 C 港口（法国瑟堡）登船的生还率最高，从 S 港口（英国南安普敦）登船的生还率最低。由此可见，登船港口与生还率也存在着关系。那么，是什么原因造成的 C 港口登船的生还率较高呢？

（5）分析从 C 港口登船乘客的船舱等级和生存情况，主要使用 reshape2 包提供的数据透视表函数 acast()实现，代码如下：

```
# 数据透视表统计 C 港口登船乘客的船舱等级和生存情况
group_df3 <- acast(df1,class ~ alive,value.var='class',length,subset = .(embarked=="C"))
# 以表格方式显示数据
View(group_df3)
```

运行程序，结果如图 3.31 所示。

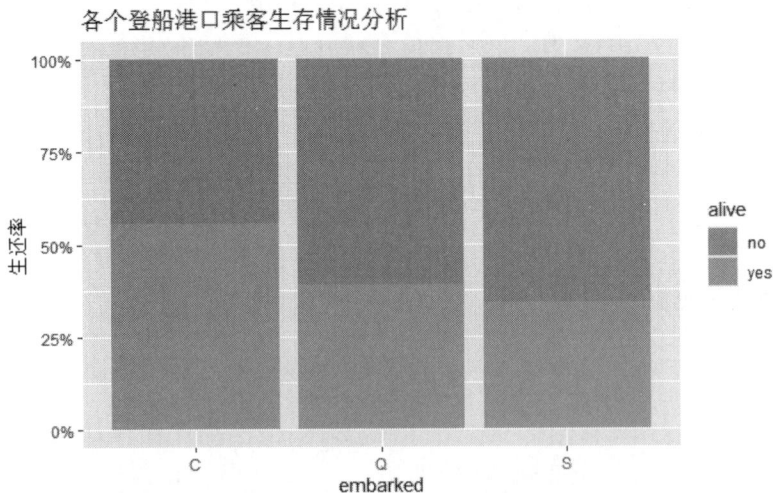

图 3.30　堆叠柱形图分析各个登船港口乘客生存情况

	no	yes
First	26	59
Second	8	9
Third	41	25

图 3.31　按船舱等级统计生存情况

从运行结果得知：从 C 港口登船的乘客中购买头等舱的幸存者最多为 59 人，因此导致生还率较高。这也更进一步证明了船舱等级是影响乘客生还率的重要因素。

3.8.4　性别与乘客生存情况分析

正常情况下，一般我们认为男性的身体素质比女性身体素质好，生存能力也肯定会比女性强。那么在泰坦尼克号事件中，乘客的生存情况是不是也是如此呢？下面就来分析一下性别与乘客生存情况的关系，实现过程如下（源码位置：资源包\Code\03\12_sex_alive_analysis.R）。

（1）在项目文件夹下新建一个 R 脚本文件，命名为 12_sex_alive_analysis.R。

（2）按性别和是否生存分组统计人数，代码如下：

```
# 加载程序包
library(ggplot2)
library(dplyr)
library(reshape2)
```

```
# 读取 csv 文件
df <- read.table('泰坦尼克号数据集分析实战/titanic1.csv',sep = ",",header = TRUE)
# 按性别和是否生存分组统计人数
group_df <-
  group_by(df,sex,alive) %>%
  dplyr::summarise(人数 = n(),.groups = 'drop')
```

（3）绘制柱形图分别统计男性和女性乘客的生存情况，代码如下：

```
# 绘制柱形图
ggplot(group_df,aes(x=sex,y=人数,fill=alive))+
  # 柱子并列
  geom_col(position = position_dodge())+
  # 添加文本标签
  geom_text(aes(label=人数),
            position = position_dodge(width = 0.9),
            hjust=0.2,vjust=1)+
  # 设置图表标题和 y 轴标题
  labs(title = "性别和乘客生存情况分析", y='人数')
```

运行程序，结果如图 3.32 所示。

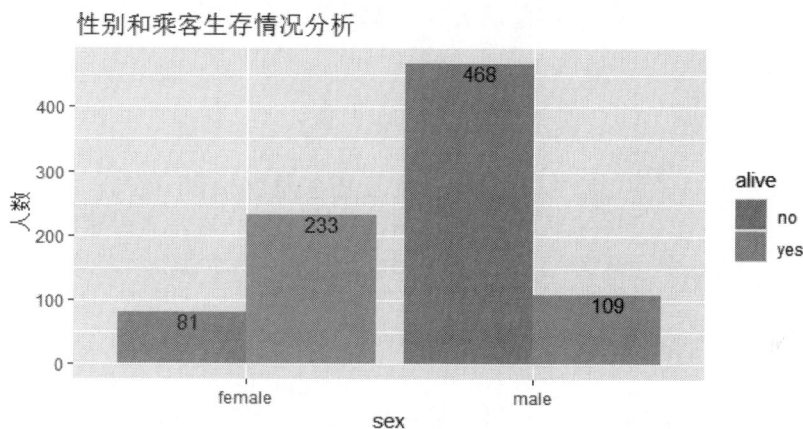

图 3.32 柱形图分析性别和乘客生存情况

从运行结果得知：女性（female）幸存者远远超过男性（male）。

（4）计算生还率。首先使用 reshape2 包的 dcast()函数实现通过数据透视表按性别统计生还人数，然后计算生还率，代码如下：

```
df1 <- dcast(df,sex ~ alive,value.var = "sex",length,margins = 'alive')   # 通过数据透视表，按性别统计生还人数
df1$生还率 <- round(df1$yes/df1$`(all)`,2)                                   # 计算生还率
View(df1)                                                                  # 以表格显示数据
```

运行程序，结果如图 3.33 所示。

	sex	no	yes	(all)	生还率
1	female	81	233	314	0.74
2	male	468	109	577	0.19

图 3.33 按性别统计生还率

（5）绘制生还率柱形图，代码如下：

```
# 绘制柱形图
ggplot(df1,aes(x=sex,y=生还率,fill=sex))+
  geom_col()
```

运行程序，结果如图 3.34 所示。

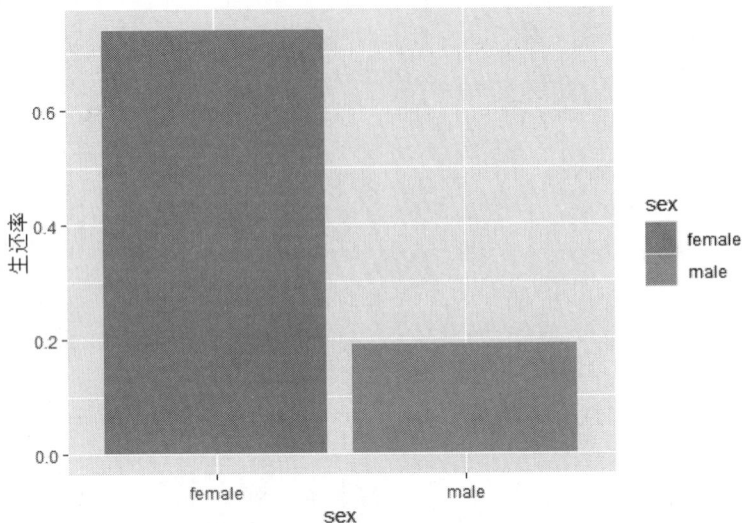

图 3.34 柱形图分析不同性别的生还率

从运行结果得知：事实并非我们想象的那样，女性生还率为 74% 反而更高，而男性仅为 19%。那么，这是什么原因造成的呢？首先，看了《泰坦尼克号》电影你会发现，在危难时刻船长下令"让妇女和儿童优先上救生船"，其次，"女士和儿童优先"也是那个时代的原则，因此使得女性幸存者远远超过男性。

3.8.5 年龄和性别与乘客生存情况分析

下面通过直方图分析年龄和性别与乘客生存情况之间是否也存在着密切的关系。实现过程如下（源码位置：资源包\Code\03\13_age_sex_alive_analysis.R）。

（1）在项目文件夹下新建一个 R 脚本文件，命名为 13_age_sex_alive_analysis.R。

（2）首先筛选幸存者，主要使用 subset() 函数实现，代码如下：

```
# 加载程序包
library(ggplot2)
library(reshape2)
# 读取 csv 文件
df <- read.table('泰坦尼克号数据集分析实战/titanic1.csv',sep = ",",header = TRUE)
# 筛选幸存者
df1 <- subset(df,alive=="yes")
```

（3）绘制直方图观察女性和男性幸存者年龄分布情况，代码如下：

```
# 绘制直方图
ggplot(df1,aes(x=age))+
  geom_histogram(bins = 30)+
  # 按性别分列
  facet_grid(cols = vars(sex))
```

运行程序，结果如图 3.35 所示。

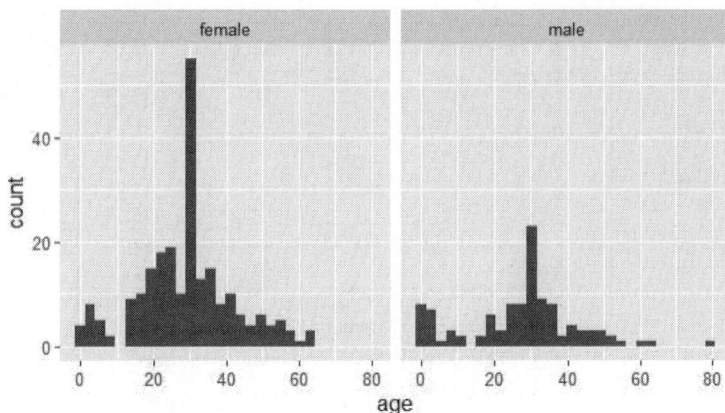

图 3.35　直方图分析不同性别年龄分布情况

从运行结果得知：首先女性幸存者高于男性幸存者，其次无论是女性还是男性，幸存者多集中在儿童和青年人。

（4）通过数据透视表统计并计算女性和男性各年龄组生还率，主要使用 reshape2 包的 dcast() 函数实现，代码如下。

```
df2 <- dcast(df,sex+年龄组 ~ alive,value.var = "sex",length,margins = 'alive') # 通过数据透视表统计生还人数
df2$生还率 <- round(df2$yes/df2$`(all)`,2)                              # 计算生还率
View(df2)                                                           # 以表格显示数据
```

运行程序，结果如图 3.36 所示。

	sex	年龄组	no	yes	(all)	生还率
1	female	儿童	17	38	55	0.69
2	female	老年	0	4	4	1.00
3	female	青年	53	158	211	0.75
4	female	中年	11	33	44	0.75
5	male	儿童	35	23	58	0.40
6	male	老年	19	3	22	0.14
7	male	青年	349	68	417	0.16
8	male	中年	65	15	80	0.19

图 3.36　通过数据透视表统计并计算女性和男性各年龄组生还率

3.8.6　乘客亲属数量与生存情况分析

下面分析乘客亲属数量是否与生存情况有关系，实现过程如下（源码位置：资源包\Code\03\14_relatives_alive_analysis.R）。

（1）在项目文件夹下新建一个 R 脚本文件，命名为 14_relatives_alive_analysis.R。

（2）首先计算亲属数量，亲属数量=SibSp（兄弟姐妹/配偶人数）+parch（父母/子女人数），然后使用 as.factor() 函数将其转换为因子类型，方便后续统计分析，最后创建一个新的字段"亲属数量"用于存储乘客亲属个数信息，代码如下：

```
# 加载程序包
library(ggplot2)
library(dplyr)
```

```
library(reshape2)
df <- read.table('泰坦尼克号数据集分析实战/titanic1.csv',sep = ",",header = TRUE)    # 读取 csv 文件
df$亲属数量 <- as.factor(df$sibsp+df$parch)                                        # 计算亲属数量
View(df)                                                                         # 以表格方式显示数据
write.csv(df,'泰坦尼克号数据集分析实战/titanic1.csv',row.names = FALSE)              # 将结果保存到新的 csv 文件
```

运行程序，结果如图 3.37 所示。

adult_male	deck	embark_town	alive	alone	年龄组	亲属数量
FALSE	C	Cherbourg	yes	FALSE	青年	1
FALSE	C	Southampton	yes	FALSE	青年	1
TRUE	E	Southampton	no	TRUE	中年	0
FALSE	C	Southampton	yes	TRUE	中年	0
TRUE	A	Southampton	yes	TRUE	青年	0
TRUE	C	Southampton	no	FALSE	青年	5

图 3.37　计算亲属数量

（3）绘制柱形图分析乘客亲属数量与生存情况。首先使用 group_by()函数结合 summarise()函数分组统计乘客生存情况，然后使用 geom_col()函数绘制柱形图，代码如下：

```
# 按亲属数量和是否生存分组统计人数
group_df <-
    group_by(df,亲属数量,alive) %>%
    dplyr::summarise(人数  = n(),.groups = 'drop')
# 绘制柱形图
ggplot(group_df,aes(x=亲属数量,y=人数,fill=alive))+
    geom_col(position = position_dodge())+                           # 柱子并列
    # 添加文本标签
    geom_text(aes(label=人数),
            position = position_dodge(width = 0.9),
            vjust=-0.3,size=3)+
    labs(title = "乘客亲属数量与生存情况分析", y='人数')              # 设置图表标题和 y 轴标题
```

运行程序，结果如图 3.38 所示。

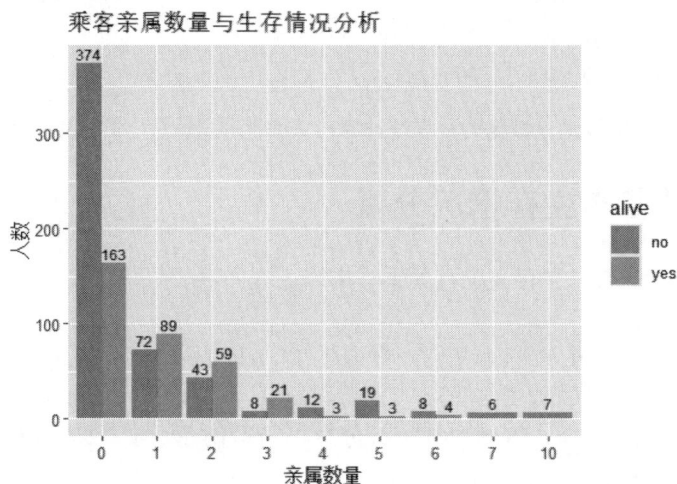

图 3.38　柱形图分析乘客亲属数量与生存情况

（4）计算亲属数量生还率。首先使用数据透视表函数 dcast()实现按亲属数量统计生还人数，然后计算

生还率，代码如下：

```
df1 <- dcast(df,亲属数量 ~ alive,value.var = "亲属数量",length,margins = 'alive')    # 使用数据透视表按亲属数量统计生还人
数
df1$生还率  <- round(df1$yes/df1$`(all)`,2)                                         # 计算生还率
View(df1)                                                                        # 以表格显示数据
```

运行程序，结果如图 3.39 所示。

	亲属数量	no	yes	(all)	生还率
1	0	374	163	537	0.30
2	1	72	89	161	0.55
3	2	43	59	102	0.58
4	3	8	21	29	0.72
5	4	12	3	15	0.20
6	5	19	3	22	0.14
7	6	8	4	12	0.33
8	7	6	0	6	0.00
9	10	7	0	7	0.00

图 3.39　计算亲属数量生还率

（5）绘制亲属数量生还率柱形图。代码如下：

```
ggplot(df1,aes(x=亲属数量,y=生还率,fill=亲属数量))+
  geom_col()
```

运行程序，结果如图 3.40 所示。

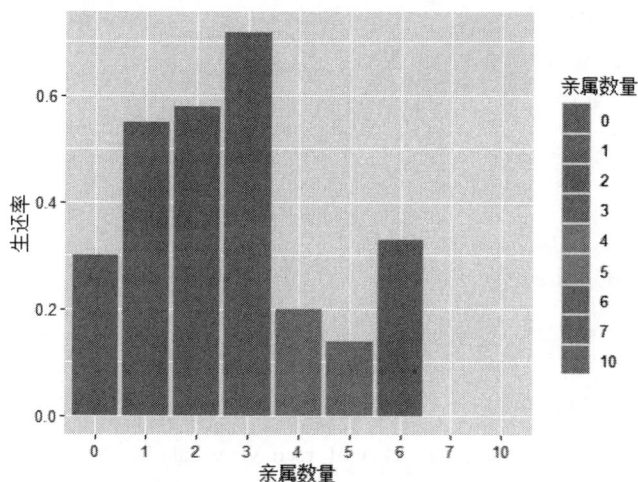

图 3.40　亲属数量生还率柱形图

3.9　项目运行

通过前述步骤，我们设计并完成了"泰坦尼克号数据集分析实战"项目的开发，项目文件夹包括 15 个 R 脚本文件和两个 csv 文件，如图 3.41 所示。

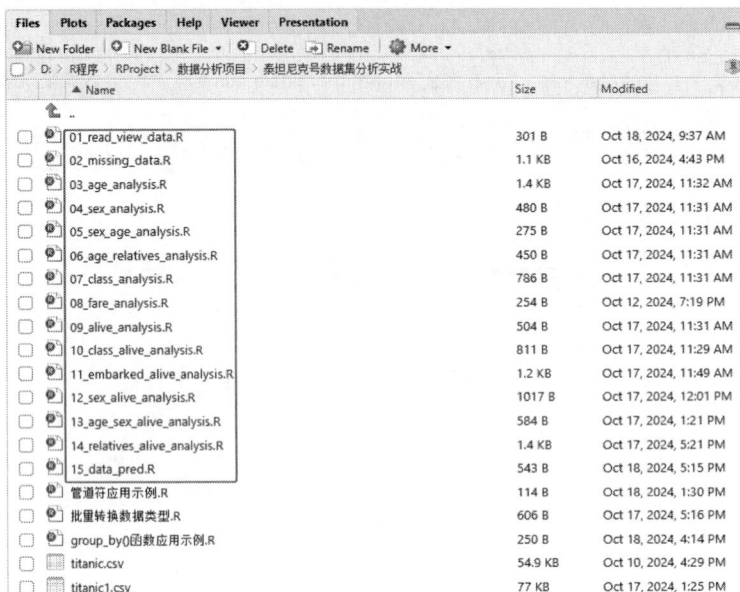

图 3.41　项目文件夹

下面按照脚本文件名前面的序号运行脚本文件，检验一下我们的开发成果。例如，运行 01_read_view_data.R，首先单击 Files 面板，然后在列表中单击 01_read_view_data.R，在代码编辑窗口中单击 Run 按钮，运行光标所在行，如图 3.42 所示，或者单击 Source 按钮，运行所有行。

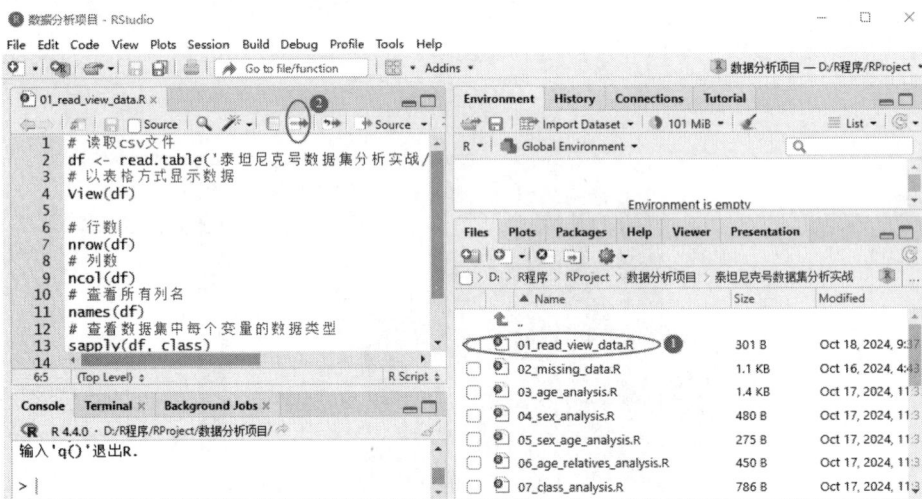

图 3.42　运行 01_read_view_data.R

3.10　源码下载

虽然本章详细地讲解了"泰坦尼克号数据集分析实战"项目的各个功能，但给出的代码都是代码片段，而非源码。为了方便读者学习，本书提供了用以下载源码的二维码，扫描右侧二维码即可下载。

源码下载

## 第 4 章

鸢尾花数据分析与预测

——基本绘图 + ggplot2 + lattice + caret + 随机森林 randomForest 包

鸢尾花数据集是数据分析和机器学习中非常著名的数据集之一。R 语言内置了鸢尾花数据集，通过使用 R 语言分析鸢尾花数据集并进行预测，可以看到 R 语言在数据处理、数据探索、数据可视化和机器学习方面的强大功能。

本项目的核心功能及实现技术如下：

项目微视频

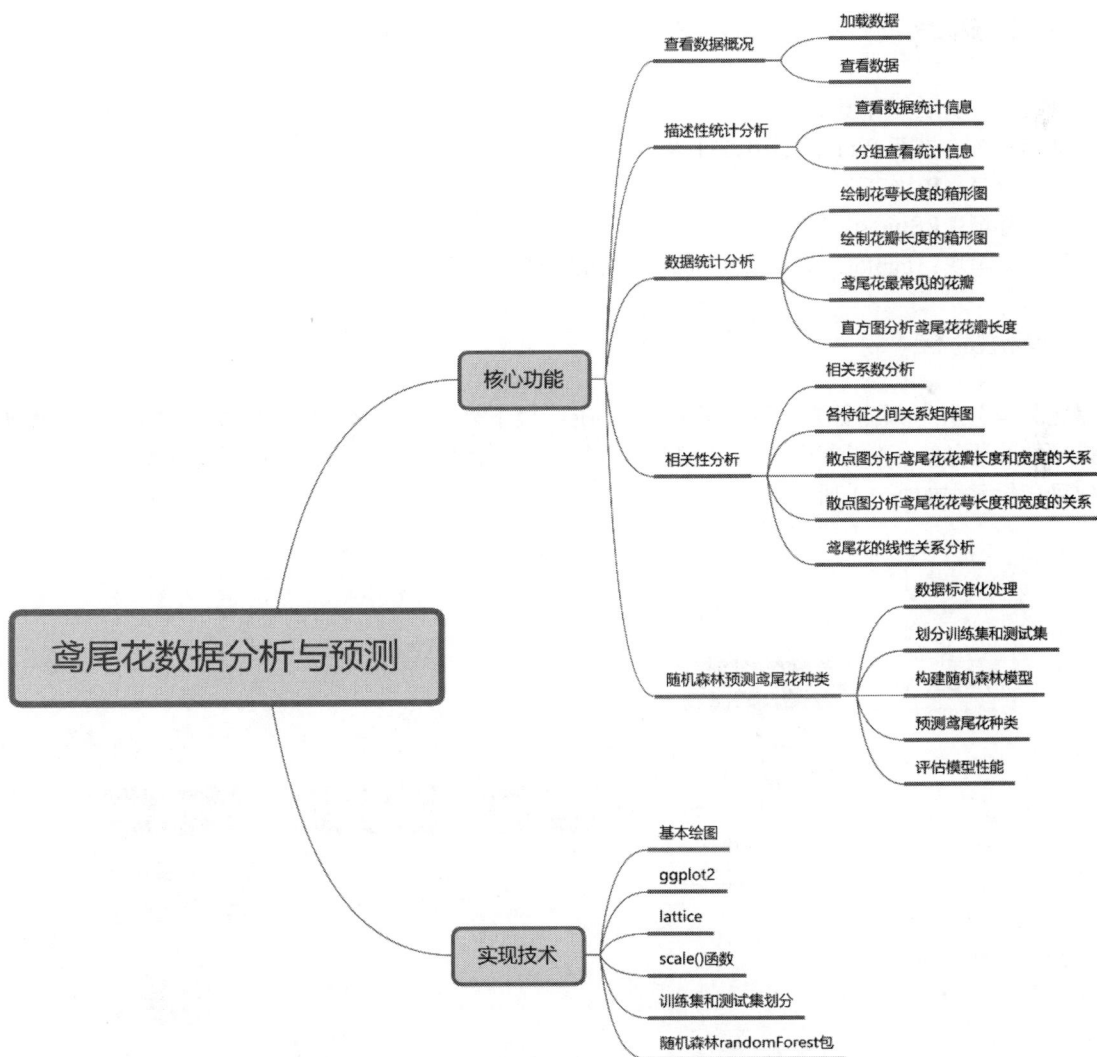

4.1　开　发　背　景

鸢尾花数据集是机器学习和数据分类统计中非常著名的数据集之一，为了方便用户学习，R 语言内置了鸢尾花数据集。通过 R 语言对鸢尾花数据集进行数据统计分析与建模，可以帮助我们更好地理解鸢尾花数据集的特征和关系，并且可以建立随机森林模型进行预测和分类。本项目不仅能够帮助初学者学习和掌握 R 语言的基本操作和数据分析技巧，还可以掌握 R 语言构建随机森林模型的函数和方法，为进一步学习机器学习和数据挖掘提供基础和参考。

4.2　系　统　设　计

4.2.1　开发环境

本项目的开发及运行环境如下：
- ☑　操作系统：推荐 Windows 10、11 及以上版本。
- ☑　编程语言：R 语言。
- ☑　开发环境：RStudio。
- ☑　第三方模块：ggplot2、corrplot、caret、randomForest。

4.2.2　分析流程

鸢尾花数据分析与预测首先需要了解数据集 iris；接下来查看数据概况，即加载数据、查看数据；然后进行描述性统计分析、数据统计分析和相关性分析；最后使用随机森林预测鸢尾花种类。

本项目分析流程如图 4.1 所示。

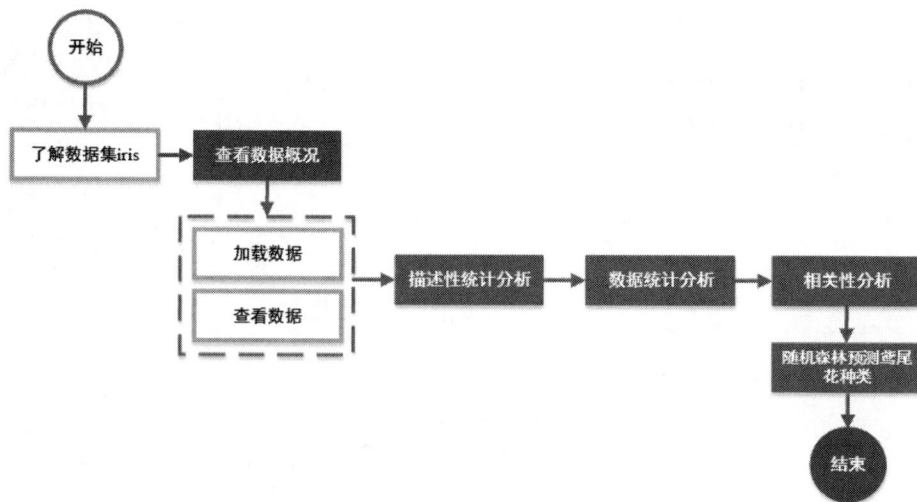

图 4.1　鸢尾花数据分析与预测流程

4.2.3　功能结构

本项目的功能结构已经在章首页中给出。本项目实现的具体功能如下：

☑　查看数据概况：包括加载数据、查看数据。

☑　描述性统计分析：包括查看数据统计信息、分组查看数据统计信息。

☑　数据统计分析：包括绘制花萼长度的箱形图、绘制花瓣长度的箱形图、鸢尾花最常见的花瓣、直方图分析鸢尾花花瓣长度。

☑　相关性分析：包括相关系数分析、各特征之间关系矩阵图、散点图分析鸢尾花花瓣长度和宽度的关系、散点图分析鸢尾花花萼长度和宽度的关系、鸢尾花的线性关系分析。

☑　随机森林预测鸢尾花种类：包括数据标准化处理、划分训练集和测试集、构建随机森林模型、预测鸢尾花种类、评估模型性能。

4.3　技　术　准　备

4.3.1　技术概览

鸢尾花数据分析与预测主要实现了对鸢尾花数据的统计分析、相关性分析，并通过随机森林模型预测鸢尾花种类，其中主要使用了基本绘图、第三方 R 包 ggplot2、lattice 包等，这些知识就不进行详细的介绍了，在《R 语言数据分析从入门到精通》一书中有详细的讲解，对这些知识不太熟悉的读者可以参考该书对应的内容。

通过随机森林模型预测鸢尾花种类首先需要对数据进行标准化处理，主要使用了 scale()函数。然后将数据集划分为训练集和测试集，主要使用了 caret 包的 createDataPartition()函数。最后通过 randomForest 包构建随机森林模型，从而实现鸢尾花种类的预测。下面对这些内容进行详细的介绍并进行举例，以确保读者顺利完成本项目，同时为学习机器学习奠定基础。

4.3.2　scale()函数详解

在机器学习中，经常需要对数据进行标准化处理，以便后续进行数据分析和建模。在 R 语言中可以使用 scale()函数实现数据标准化或中心化，它处理一组数据，默认情况下是将一组数据的每一个数据都减去这组数据的平均值后再除以这组数据的标准差。语法格式如下：

```
scale(x, center = TRUE, scale = TRUE)
```

参数说明：

☑　x：一个数值型向量、矩阵或数据框，是需要进行标准化或中心化处理的数据。

☑　center：一个逻辑值或数值型向量。默认值为 TRUE，表示对数据进行中心化处理（减去均值）。如果为一个数值型向量，则该向量的长度必须与列数相同，每一列的数据将减去该向量的对应值。

☑　scale：一个逻辑值或数值型向量。默认值为 TRUE，表示对数据进行标准化处理（除以标准差）。如果为一个数值型向量，则该向量的长度必须与列数相同，每一列的数据将除以该向量中对应值。

例如，创建一组向量，然后使用 scale()函数对其进行中心化和标准化处理，代码如下：

```
x <- c(10,20,30,40,50)
print("中心化标准化")
```

```
scale(x)
print("中心化")
scale(x,center = TRUE,scale = FALSE)
print("标准化")
scale(x,center = FALSE,scale = TRUE)
```

4.3.3 训练集和测试集划分

在机器学习和数据分析领域中，将数据集划分为训练集和测试集（如图 4.2 所示）是非常重要的一步。训练集用于训练模型，测试集则用于评估模型预测时的精确度。

图 4.2 数据集划分示意图

在 R 语言中，可以使用不同的方法将数据集划分为训练集和测试集，具体介绍如下。

1. 使用 sample()函数随机划分数据集

例如，抽取 mtcars 数据集的前 10 条数据，然后使用 sample()函数随机划分为 70%训练集和 30%测试集，代码如下：

```
df <- head(mtcars,10)                              # 抽取 mtcars 数据集中的 10 条数据
set.seed(123)                                      # 设置随机种子
index1 <- sample(nrow(df), floor(0.7 * nrow(df)))
train_data1 <- df[index1, ]
train_data1
test_data1 <- df[-index1, ]
test_data1
```

运行程序，结果如图 4.3 所示。

图 4.3 使用 sample()函数随机划分数据集

2. 使用 caret 包的 createDataPartition()函数随机划分数据集

例如，将 mtcars 数据集的前 10 条数据随机划分为 70%训练集和 30%测试集，代码如下：

```
library(caret)                                              # 加载程序包
set.seed(123)                                               # 设置随机种子
index2 <- createDataPartition(y = df$vs, p = 0.7, list = FALSE)  # 参数 p 为训练集的划分比例
train_data2 <- df[index2, ]
train_data2
test_data2 <- df[-index2, ]
test_data2
```

运行程序，结果如图 4.4 所示。

```
> train_data2 <- df[index2, ]
> train_data2
               mpg cyl disp  hp drat    wt  qsec vs am gear carb
Mazda RX4     21.0   6 160.0 110 3.90 2.620 16.46  0  1    4    4
Mazda RX4 Wag 21.0   6 160.0 110 3.90 2.875 17.02  0  1    4    4
Datsun 710    22.8   4 108.0  93 3.85 2.320 18.61  1  1    4    1
Valiant       18.1   6 225.0 105 2.76 3.460 20.22  1  0    3    1
Merc 240D     24.4   4 146.7  62 3.69 3.190 20.00  1  0    4    2
Merc 230      22.8   4 140.8  95 3.92 3.150 22.90  1  0    4    2
Merc 280      19.2   6 167.6 123 3.92 3.440 18.30  1  0    4    4
> test_data2 <- df[-index2, ]
> test_data2
                  mpg cyl disp  hp drat    wt  qsec vs am gear carb
Hornet 4 Drive   21.4   6 258 110 3.08 3.215 19.44  1  0    3    1
Hornet Sportabout 18.7  8 360 175 3.15 3.440 17.02  0  0    3    2
Duster 360       14.3   8 360 245 3.21 3.570 15.84  0  0    3    4
```

图 4.4 使用 createDataPartition()函数随机划分数据集

需要注意的是，上述代码中都使用了 set.seed(123)，即设置随机种子，目的是通过设置随机种子确保每一次运行程序划分的结果都相同。

4.3.4 随机森林 randomForest 包

首先了解一下什么是随机森林？"随机"就不用多说了，"森林"顾名思义就是很多棵树，而这里的树指的是决策树。决策树是一种常见的机器学习方法，简单地说就是基于树结构进行决策和判断。那么，实际上随机森林也是一种机器学习方法，它通过构建多棵决策树并将它们的预测结果结合起来预测目标变量。

在 R 语言中，可以使用 randomForest 包构建随机森林模型，该模型主要用于分类预测和回归预测，也可以用于无监督模式，以评估数据点之间的邻近性。randomForest 包中包括以下函数，具体介绍如表 4.1所示。

表 4.1 randomForest 包中的函数及功能

函数	功能
classCenter	组的原型
combine	组合集成树
getTree	从随机森林模型中提取树的结构
grow	向集成中添加树
importance	生成的变量重要性度量的提取器函数
imports85	来自 UCI 机器学习存储库的"汽车"数据集
margin	随机森林分类器的边界
MDSplot	绘制随机森林模型的邻近矩阵的缩放坐标图
na.roughfix	缺失值的粗略插补
outlier	计算离群度量
partialPlot	绘制偏依赖图（PDP 图）
plot.margin	随机森林分类器的边界
plot	绘制随机森林模型的错误率或 MSE（均方误差）图
predict	随机森林模型的预测方法
randomForest	构建随机森林模型进行分类或回归
rfcv	用于特征选择的随机森林交叉验证

续表

函数	功能
rfImpute	通过随机森林进行缺失值插补
rfNews	显示 News 文件
treesize	集成中树的大小
tuneRF	调整随机森林模型以优化 mtry 参数
varImpPlot	绘制变量重要性图
varUsed	随机森林中使用的变量

下面重点介绍几个常用的函数。

1. randomForest()函数

randomForest 包的 randomForest()函数主要用于构建和训练随机森林模型。语法格式如下：

```
# 用于公式的语法格式:
randomForest(formula, data=NULL, ..., subset, na.action=na.fail)
# 默认语法格式:
randomForest(x, y=NULL,   xtest=NULL, ytest=NULL, ntree=500,
            mtry=if (!is.null(y) && !is.factor(y))
            max(floor(ncol(x)/3), 1) else floor(sqrt(ncol(x))),
            weights=NULL,
            replace=TRUE, classwt=NULL, cutoff, strata,
            sampsize = if (replace) nrow(x) else ceiling(.632*nrow(x)),
            nodesize = if (!is.null(y) && !is.factor(y)) 5 else 1,
            maxnodes = NULL,
            importance=FALSE, localImp=FALSE, nPerm=1,
            proximity, oob.prox=proximity,
            norm.votes=TRUE, do.trace=FALSE,
            keep.forest=!is.null(y) && is.null(xtest), corr.bias=FALSE,
            keep.inbag=FALSE, ...)
```

主要参数说明：

☑ formula：一个描述拟合模型的公式。
☑ data：指定分析的数据集。
☑ subset：以向量的形式确定样本数据集。
☑ na.action：指定数据集中缺失值的处理方法，默认值为 na.fail，表示不允许出现缺失值；也可以指定为 na.omit，表示删除缺失值。
☑ x：一个数据框或预测变量矩阵。
☑ y：指定模型的因变量，可以是离散的因子，也可以是连续的数值，分别对应随机森林的分类模型和预测模型。这里需要说明的是，如果不指定 y 值，则随机森林将是一个无监督的模型。
☑ xtest 和 ytest：用于预测的测试集。
☑ ntree：是一个非常重要的参数，用于指定随机森林所包含的决策树数目，默认值为 500。
☑ mtry：是一个非常重要的参数，在每次划分时作为候选变量随机抽样的数量。分类模型为 sqrt(p)，回归模型为 p/3，其中 p 是参数 x 中的变量数。该参数值也可以人为地逐一挑选，以找到比较理想的值。
☑ weights：一个长度与参数 y 相同的向量，其权重为正，仅用于每棵树生长的采样数据。
☑ replace：指定随机抽样的方式，默认值为有放回的抽样。
☑ classwt：指定分类水平的权重，对于回归模型该参数无效。

☑ strata：为因子向量，用于分层抽样。

☑ sampsize：用于指定样本容量，一般与参数 strata 联合使用，指定分层抽样中层的样本量。

☑ nodesize：指定决策树节点的最小个数，默认情况下，判别模型为 1，回归模型为 5。

☑ maxnodes：指定决策树节点的最大个数。

☑ importance：逻辑值，是否计算各个变量在模型中的重要性，默认值为不计算，该参数主要结合 importance()函数使用。

☑ proximity：逻辑值，是否计算模型的邻近矩阵，主要结合 MDSplot()函数用于可视化随机森林。

☑ oob.prox：是否基于袋外（out of bag，OOB）数据计算邻近矩阵。

☑ norm.votes：显示投票格式，默认以百分比的形式展示投票结果，也可以采用绝对数的形式。

☑ do.trace：是否输出更详细的随机森林模型的运行过程，默认不输出。

☑ keep.forest：是否保留模型的输出对象，给定参数 xtest 值后，默认将不保留模型的输出对象。

例如，构建随机森林模型，代码如下：

```
library(randomForest)                          # 加载程序包
set.seed(71)                                   # 设置随机种子
# 构建随机森林模型
iris.rf <- randomForest(Species ~ ., data=iris, importance=TRUE,
                        proximity=TRUE)
```

运行程序，结果如图 4.5 所示。

```
Call:
 randomForest(formula = Species ~ ., data = iris, importance = TRUE,
proximity = TRUE)
               Type of random forest: classification
                     Number of trees: 500
No. of variables tried at each split: 2

        OOB estimate of  error rate: 4.67%
Confusion matrix:
           setosa versicolor virginica class.error
setosa         50          0         0        0.00
versicolor      0         47         3        0.06
virginica       0          4        46        0.08
```

图 4.5　随机森林模型输出结果

从运行结果得知：与真实值比较，得到袋外预测误差为 4.67%，表示分类器模型的精准度还可以。

Confusion matrix 为混淆矩阵，用于比较预测分类与真实分类的情况。class.error 代表了错误分类的样本比例，这里比较低，山鸢尾（setosa）的 50 个样本全部正确分类，杂色鸢尾（versicolor）的 50 个样本中 47 个正确分类，维吉尼亚鸢尾（virginica）的 50 个样本中 46 个正确分类。

2. predict()函数

randomForest 包的 predict()函数是随机森林模型的预测方法。例如，预测鸢尾花的种类，代码如下：

```
library(randomForest)                                # 加载程序包
data(iris)                                           # 加载鸢尾花数据集
set.seed(111)                                        # 设置随机种子
ind <- sample(2, nrow(iris), replace = TRUE, prob=c(0.8, 0.2))   # 划分数据集
iris.rf <- randomForest(Species ~ ., data=iris[ind == 1,])       # 构建随机森林模型
iris.pred <- predict(iris.rf, iris[ind == 2,])                   # 预测
iris.pred
```

运行程序，结果如图 4.6 所示。

```
       18          25          40          44          48          55          60          65
   setosa      setosa      setosa      setosa      setosa  versicolor  versicolor  versicolor
       71          78          82          92          97          99         100         103
 virginica   virginica  versicolor  versicolor  versicolor  versicolor  versicolor   virginica
      105         110         113         114         115         118         123         127
 virginica   virginica   virginica   virginica   virginica   virginica   virginica   virginica
      128         129         134         139         141         142
 virginica   virginica  versicolor   virginica   virginica   virginica
Levels: setosa versicolor virginica
```

图 4.6   预测鸢尾花种类

3. plot()函数

randomForest 包的 plot()函数主要用于绘制随机森林模型的错误率或MSE（均方误差）图。例如，绘制上述构建的随机森林模型 iris.rf 的误差图，代码如下：

```
plot(iris.rf)
```

运行程序，结果如图 4.7 所示。

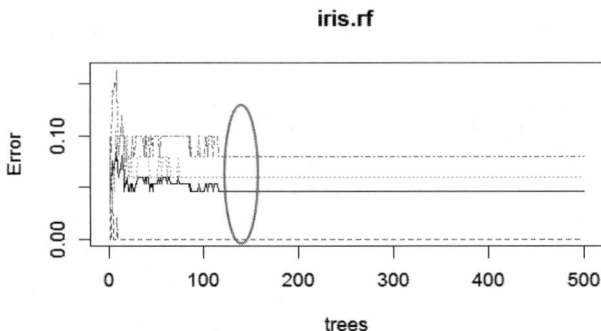

图 4.7   随机森林模型 iris.rf 的误差图

从运行结果得知：当决策树为 150 左右时，随机森林模型 iris.rf 的误差基本稳定。

4. tuneRF()函数

randomForest 包的 tuneRF()函数用于从构建随机森林模型 randomForest()函数的 mtry 参数的默认值开始，搜索该模型中 mtry 参数的最优值（相对于袋外预测误差）并绘图。例如，设置决策树为 150，使用 tuneRF()函数找到 mtry 参数的最优值并绘图，代码如下：

```
tuneRF(iris[,-5],iris[,5],ntreeTry = 150)
```

运行程序，结果如图 4.8 和图 4.9 所示。

```
mtry = 2  OOB error = 4.67%
Searching left ...
mtry = 1          OOB error = 6%
-0.2857143 0.05
Searching right ...
mtry = 4          OOB error = 4%
0.1428571 0.05
        mtry   OOBError
1.OOB      1 0.06000000
2.OOB      2 0.04666667
4.OOB      4 0.04000000
```

图 4.8   mtry 参数的最优值

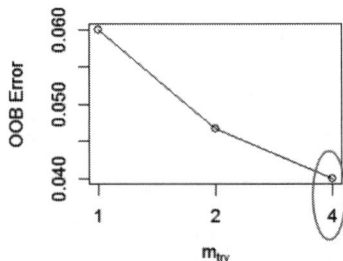

图 4.9   mtry 参数的最优值可视化

从运行结果得知 mtry 参数值为 4 时，误差较小。

5. importance()函数

randomForest 包的 importance()函数用于生成随机森林模型中变量的重要性。例如，查看上述构建的随机森林模型 iris.rf 中变量的重要性，代码如下：

```
round(importance(iris.rf), 2)
```

运行程序，结果如图 4.10 所示。

	setosa	versicolor	virginica	MeanDecreaseAccuracy	MeanDecreaseGini
Sepal.Length	5.88	5.87	9.21	10.62	9.37
Sepal.Width	5.23	0.31	4.71	4.94	2.45
Petal.Length	21.60	31.41	27.71	32.39	42.13
Petal.Width	22.96	33.74	32.07	33.85	45.28

图 4.10　变量的重要性

从运行结果得知：变量的重要性指标有两个，即 MeanDecreaseAccuracy（平均准确性降低）和 MeanDecreaseGini（平均基尼指数降低）。MeanDecreaseAccuracy 是将一个变量的取值变为随机数，表示随机森林预测准确性的降低程度，该值越大表示该变量的重要性越大；MeanDecreaseGini 是基于基尼指数计算每个变量对分类树每个节点上观测值的异质性的影响，从而比较变量的重要性，该值越大表示该变量的重要性越大。

6. varImpPlot()函数

randomForest 包的 varImpPlot()函数用于绘制随机森林模型中变量的重要性散点图。例如，绘制上述构建的随机森林模型 iris.rf 中变量的重要性散点图，代码如下：

```
varImpPlot(iris.rf)
```

运行程序，结果如图 4.11 所示。

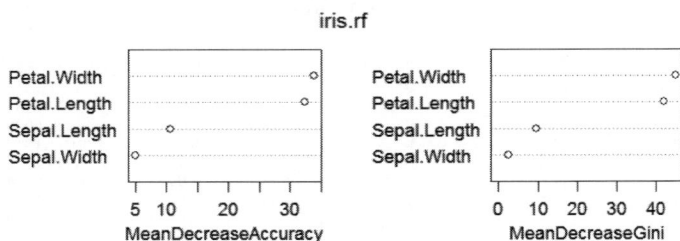

图 4.11　变量重要性的散点图

7. partialPlot()函数

randomForest 包的 partialPlot()函数主要用于绘制偏依赖图，通过该图可以显示目标和特征之间的关系是线性的、单调的还是更复杂的。例如，绘制上述构建的随机森林模型 iris.rf 的偏依赖图，依赖变量为花瓣宽度（Petal.Width），关注的分类为维吉尼亚鸢尾（virginica），代码如下：

```
partialPlot(iris.rf, iris, Petal.Width, "virginica")
```

运行程序，结果如图 4.12 所示。

从运行结果得知：花瓣宽度（Petal.Width）大于 1 时，分类为维吉尼亚鸢尾（virginica）的可能性更高。

8. MDSplot()函数

randomForest 包的 MDSplot()函数主要用于绘制随机森林模型的邻近矩阵的缩放坐标图。例如，绘制上述构建的随机森林模型 iris.rf 的邻近矩阵的缩放坐标图，代码如下：

```
MDSplot(iris.rf, iris$Species)
```

运行程序，结果如图 4.13 所示。

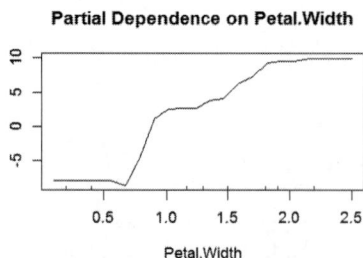

图 4.12 偏依赖图

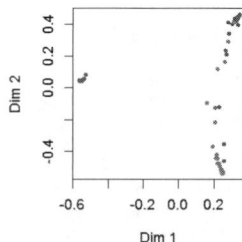

图 4.13 邻近矩阵的缩放坐标图

9. getTree()函数

randomForest 包的 getTree()函数主要用于提取决策树的结构。返回值为一个 6 列、行数等于决策树中节点总数的矩阵。例如，查看随机森林模型中第 3 棵决策树的结构，代码如下：

```
library(randomForest)                                              # 加载程序包
data(iris)                                                         # 加载数据集
getTree(randomForest(iris[,-5], iris[,5], ntree=10), 3, labelVar=TRUE)  # 查看第 3 棵树的结构
```

运行程序，结果如图 4.14 所示。

	left daughter	right daughter	split var	split point	status	prediction
1	2	3	Petal.Width	0.75	1	\<NA>
2	0	0	\<NA>	0.00	-1	setosa
3	4	5	Sepal.Length	6.15	1	\<NA>
4	6	7	Petal.Length	4.85	1	\<NA>
5	8	9	Petal.Width	1.75	1	\<NA>
6	10	11	Petal.Width	1.65	1	\<NA>
7	12	13	Sepal.Length	5.95	1	\<NA>
8	14	15	Petal.Length	5.05	1	\<NA>
9	0	0	\<NA>	0.00	-1	virginica
10	0	0	\<NA>	0.00	-1	versicolor
11	16	17	Sepal.Width	3.10	1	\<NA>
12	0	0	\<NA>	0.00	-1	virginica
13	18	19	Sepal.Width	2.65	1	\<NA>
14	0	0	\<NA>	0.00	-1	versicolor
15	0	0	\<NA>	0.00	-1	virginica
16	0	0	\<NA>	0.00	-1	versicolor
17	0	0	\<NA>	0.00	-1	virginica
18	0	0	\<NA>	0.00	-1	versicolor
19	20	21	Sepal.Width	2.85	1	\<NA>
20	0	0	\<NA>	0.00	-1	versicolor
21	0	0	\<NA>	0.00	-1	virginica

图 4.14 随机森林模型中第 3 棵决策树的结构

从运行结果得知：返回值有 6 个，具体介绍如下：

- ☑ left daughter：左子节点所在的行，如果节点为终端，则为 0。
- ☑ right daughter：右子节点所在的行，如果节点为终端，则为 0。
- ☑ split var：使用哪个变量来划分节点，如果节点为终端，则为 0。
- ☑ split point：最好的分割点。
- ☑ status：节点终端是-1 还是 1。
- ☑ prediction：对节点的预测，如果节点不是终端，则为 0。

4.4　前　期　工　作

4.4.1　安装第三方 R 包

本项目所需的第三方 R 包前面已经进行介绍，下面逐一进行安装。我们将重点介绍安装第三方 R 包

randomForest。本项目实现鸢尾花种类预测时应用了随机森林模型，在 R 语言中主要使用第三方 R 包 randomForest，使用该包前应进行安装，要求 R 版本大于等于 4.1.0，同时要求安装 stats 包。

例如，安装第三方 R 包 randomForest，代码如下：

```
install.packages("randomForest")
```

按 Enter 键，将显示一个 CRAN 镜像站点的列表，选择一个适合的镜像站点，单击"确定"按钮开始安装。

4.4.2　新建项目文件夹

开发本项目前应在工程（如数据分析项目.Rproj）所在文件夹中新建一个项目文件夹（鸢尾花数据分析与预测），以保存项目所需的 R 脚本文件，实现过程如下。

（1）运行 RStudio，选择"File→Open Project"菜单项，选择已经创建好的工程（如数据分析项目.Rproj），然后在资源管理窗口中单击 Files 面板中的新建文件夹按钮，如图 4.15 所示。

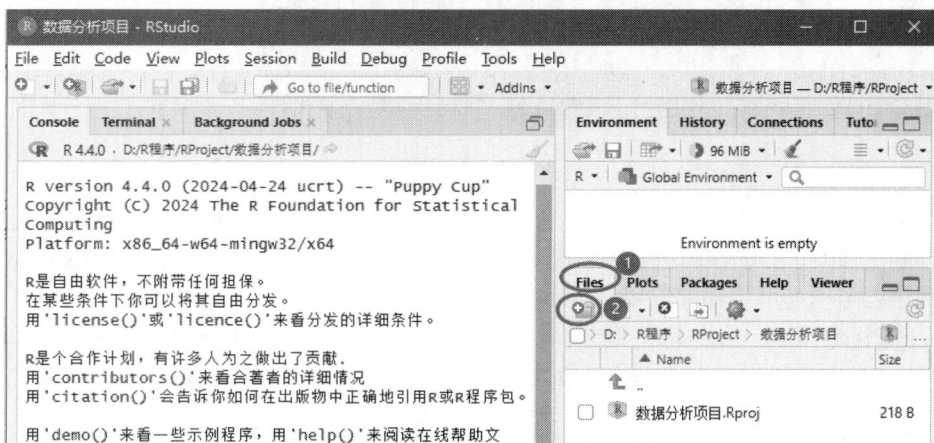

图 4.15　单击 Files 面板中的新建文件夹按钮

（2）打开 New Folder 对话框，输入"鸢尾花数据分析与预测"，如图 4.16 所示，然后单击 OK 按钮，项目文件夹就创建完成了。

图 4.16　创建鸢尾花数据分析与预测项目文件夹

4.4.3 认识鸢尾花

鸢尾花数据集来源于 R 语言内置的数据集 iris，iris 表示鸢尾花。我们首先来认识一下鸢尾花，如图 4.17 所示。

图 4.17 鸢尾花

鸢尾花又名马莲花、蝴蝶花、蝴蝶兰，是多年生宿根草本花卉，根茎短粗肥壮，花大新奇，花色绚丽，包括蓝、白、黄、雪青等颜色。iris 数据集中的鸢尾花分为 3 类：山鸢尾（setosa）、杂色鸢尾（versicolor）和维吉尼亚鸢尾（virginica）。

鸢尾花属于鸢尾科植物，按结构可以分为花萼、花瓣、雄蕊和雌蕊 4 个主要部分，这里只需要了解花萼和花瓣，因为通过花萼长度、花萼宽度、花瓣长度和花瓣宽度 4 个特征，可以得出鸢尾花的种类，如花萼长度>花萼宽度且花瓣长度/花瓣宽度>2，一般为杂色鸢尾。

4.4.4 了解鸢尾花数据集 iris

下面介绍鸢尾花数据集 iris，iris 中有 150 条鸢尾花属性相关的记录，包括花萼长度、花萼宽度、花瓣长度、花瓣宽度和种类，字段说明如下：
- ☑ sepal_lenth：花萼长度（单位：厘米）。
- ☑ sepal_width：花萼宽度（单位：厘米）。
- ☑ pepal_length：花瓣长度（单位：厘米）。
- ☑ pepal_width：花瓣宽度（单位：厘米）。
- ☑ species：种类。

4.5 查看数据概况

4.5.1 加载数据

鸢尾花数据集 iris 是 R 语言内置的数据集，可以使用 data()函数进行加载。下面加载 iris 数据集，然后输出数据，大致浏览一下鸢尾花数据，实现过程如下（源码位置：资源包\Code\04\01_view_data.R）。

（1）在项目文件夹（鸢尾花数据分析与预测）中新建一个 R 脚本文件，命名为 01_view_data.R。

（2）加载鸢尾花数据集 iris，代码如下：

```
data(iris)    # 加载内置的鸢尾花数据集
```

4.5.2　查看数据

下面查看数据，包括前 6 条数据、数据行数和列数、所有列名以及数据结构，以便更清晰地了解数据，主要使用 head()函数、nrow()函数、ncol()函数、names()函数和 str()函数，代码如下（源码位置：资源包\Code\04\01_view_data.R）：

```
head(iris)    # 查看前 6 条数据
nrow(df)      # 行数
ncol(df)      # 列数
names(df)     # 查看所有列名
str(iris)     # 查看数据结构
```

运行程序，结果如图 4.18、图 4.19 所示。

```
  Sepal.Length Sepal.Width Petal.Length Petal.Width Species
1          5.1         3.5          1.4         0.2  setosa
2          4.9         3.0          1.4         0.2  setosa
3          4.7         3.2          1.3         0.2  setosa
4          4.6         3.1          1.5         0.2  setosa
5          5.0         3.6          1.4         0.2  setosa
6          5.4         3.9          1.7         0.4  setosa
```

图 4.18　前 6 条数据

```
> # 行数
> nrow(df)
[1] 150
> # 列数
> ncol(df)
[1] 5
> # 查看所有列名
> names(df)
[1] "Sepal.Length" "Sepal.Width"  "Petal.Length" "Petal.Width"
[5] "Species"
> # 查看数据结构
> str(iris)
'data.frame':    150 obs. of  5 variables:
 $ Sepal.Length: num  5.1 4.9 4.7 4.6 5 5.4 4.6 5 4.4 4.9 ...
 $ Sepal.Width : num  3.5 3 3.2 3.1 3.6 3.9 3.4 3.4 2.9 3.1 ...
 $ Petal.Length: num  1.4 1.4 1.3 1.5 1.4 1.7 1.4 1.5 1.4 1.5 ...
 $ Petal.Width : num  0.2 0.2 0.2 0.2 0.2 0.4 0.3 0.2 0.2 0.1 ...
 $ Species     : Factor w/ 3 levels "setosa","versicolor",..: 1 1 1 1 1 1 1 1
 1 1 ...
```

图 4.19　行数、列数、所有列名以及数据结构

从运行结果得知：数据为 150 行 5 列，数据类型正确，数据质量为优。

4.6　描述性统计分析

4.6.1　查看数据统计信息

查看数据统计信息，包括最小值、第一四分位数、中位数、平均数、第三四分位数、最大值，对于分类字段 Species（鸢尾花种类）则统计出现的次数，实现过程如下（源码位置：资源包\Code\04\02_data_stat.R）。

（1）在项目文件夹中新建一个 R 脚本文件，命名为 02_data_stat.R。

（2）加载鸢尾花数据集 iris，代码如下：

```
data(iris)        # 加载内置的鸢尾花数据集
```

（3）查看数据统计信息，主要使用 summary()函数实现，代码如下：

```
summary(iris)     # 进行简单的描述性统计分析
```

运行程序，结果如图 4.20 所示。

```
  Sepal.Length    Sepal.Width    Petal.Length    Petal.Width
 Min.   :4.300   Min.   :2.000   Min.   :1.000   Min.   :0.100
 1st Qu.:5.100   1st Qu.:2.800   1st Qu.:1.600   1st Qu.:0.300
 Median :5.800   Median :3.000   Median :4.350   Median :1.300
 Mean   :5.843   Mean   :3.057   Mean   :3.758   Mean   :1.199
 3rd Qu.:6.400   3rd Qu.:3.300   3rd Qu.:5.100   3rd Qu.:1.800
 Max.   :7.900   Max.   :4.400   Max.   :6.900   Max.   :2.500
                       Species
                 setosa    :50
                 versicolor:50
                 virginica :50
```

图 4.20 鸢尾花数据统计信息

从运行结果得知：鸢尾花各个种类数据分布平衡。

4.6.2 分组查看数据统计信息

分组查看数据统计信息，主要查看三种鸢尾花的描述性统计信息。首先按鸢尾花类别筛选不同种类的鸢尾花，然后使用 summary()函数实现描述性统计，代码如下（源码位置：资源包\Code\04\02_data_stat.R）：

```
# 查看三种鸢尾花的描述性统计信息
summary(iris[iris$Species=="setosa",1:4])
summary(iris[iris$Species=="versicolor",1:4])
summary(iris[iris$Species=="virginica", 1:4])
```

运行程序，结果如图 4.21 所示。

```
> summary(iris[iris$Species=="setosa",1:4])
  Sepal.Length    Sepal.Width    Petal.Length    Petal.Width
 Min.   :4.300   Min.   :2.300   Min.   :1.000   Min.   :0.100
 1st Qu.:4.800   1st Qu.:3.200   1st Qu.:1.400   1st Qu.:0.200
 Median :5.000   Median :3.400   Median :1.500   Median :0.200
 Mean   :5.006   Mean   :3.428   Mean   :1.462   Mean   :0.246
 3rd Qu.:5.200   3rd Qu.:3.675   3rd Qu.:1.575   3rd Qu.:0.300
 Max.   :5.800   Max.   :4.400   Max.   :1.900   Max.   :0.600
> summary(iris[iris$Species=="versicolor",1:4])
  Sepal.Length    Sepal.Width    Petal.Length    Petal.Width
 Min.   :4.900   Min.   :2.000   Min.   :3.00    Min.   :1.000
 1st Qu.:5.600   1st Qu.:2.525   1st Qu.:4.00    1st Qu.:1.200
 Median :5.900   Median :2.800   Median :4.35    Median :1.300
 Mean   :5.936   Mean   :2.770   Mean   :4.26    Mean   :1.326
 3rd Qu.:6.300   3rd Qu.:3.000   3rd Qu.:4.60    3rd Qu.:1.500
 Max.   :7.000   Max.   :3.400   Max.   :5.10    Max.   :1.800
> summary(iris[iris$Species=="virginica", 1:4])
  Sepal.Length    Sepal.Width    Petal.Length    Petal.Width
 Min.   :4.900   Min.   :2.200   Min.   :4.500   Min.   :1.400
 1st Qu.:6.225   1st Qu.:2.800   1st Qu.:5.100   1st Qu.:1.800
 Median :6.500   Median :3.000   Median :5.550   Median :2.000
 Mean   :6.588   Mean   :2.974   Mean   :5.552   Mean   :2.026
 3rd Qu.:6.900   3rd Qu.:3.175   3rd Qu.:5.875   3rd Qu.:2.300
 Max.   :7.900   Max.   :3.800   Max.   :6.900   Max.   :2.500
```

图 4.21 三种鸢尾花的描述性统计信息

4.7 数据统计分析

4.7.1 绘制花萼长度的箱形图

通过箱形图分析不同种类鸢尾花花萼的长度，实现过程如下（源码位置：资源包\Code\04\03_Sepal.Length_box.R）。

（1）在项目文件夹中新建一个 R 脚本文件，命名为 03_Sepal.Length_box.R。

（2）加载程序包，代码如下：

```
library(ggplot2)
```

（3）加载鸢尾花数据集 iris，代码如下：

```
data(iris)   # 加载内置的鸢尾花数据集
```

（4）绘制花萼长度的箱形图，主要使用 ggplot2 包的 geom_boxplot()函数实现，代码如下：

```
# 绘制花萼长度箱形图
ggplot(iris, aes(x=Species, y=Sepal.Length, fill=Species)) +
  geom_boxplot() +
  # 图表标题、xy 轴标签
  labs(title="花萼长度按种类的分布", x="种类", y="花萼长度")
```

运行程序，结果如图 4.22 所示。

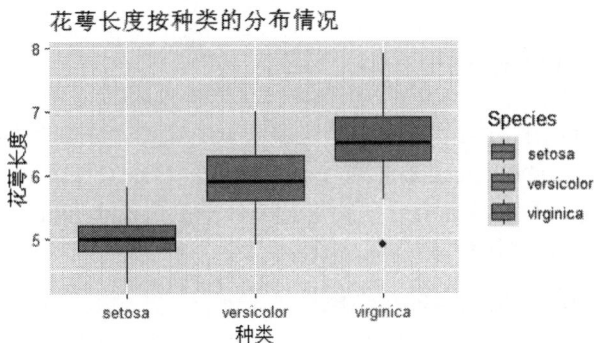

图 4.22 花萼长度箱形图

从运行结果得知：山鸢尾（setosa）的花萼普遍比较短；维吉尼亚鸢尾（virginica）的花萼普遍比较长，跨度比较大，存在异常值说明个别花萼较短。

4.7.2 绘制花瓣长度的箱形图

通过箱形图分析不同种类鸢尾花花瓣的长度，实现过程如下（源码位置：资源包\Code\04\04_Petal.Length_box.R）。

（1）在项目文件夹中新建一个 R 脚本文件，命名为 04_Petal.Length_box.R。

（2）加载程序包，代码如下：

```
library(ggplot2)
```

（3）加载鸢尾花数据集 iris，代码如下：

```
data(iris)    # 加载内置的鸢尾花数据集
```

（4）绘制花瓣长度的箱形图，主要使用 ggplot2 包的 geom_boxplot()函数实现，代码如下：

```
# 绘制花瓣长度箱形图
ggplot(iris, aes(x=Species, y=Petal.Length, fill=Species)) +
  geom_boxplot() +
  # 图表标题、xy 轴标签
  labs(title="花瓣长度按种类的分布", x="种类", y="花瓣长度")
```

运行程序，结果如图 4.23 所示。

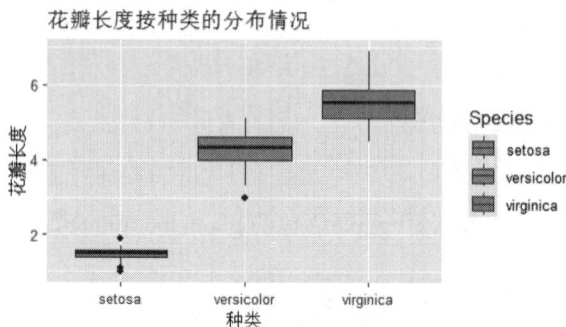

图 4.23　花瓣长度箱形图

从运行结果得知：山鸢尾（setosa）的花瓣普遍比较短，存在异常值说明个别花瓣较长；维吉尼亚鸢尾（virginica）的花瓣普遍比较长。

4.7.3　鸢尾花最常见的花瓣

通过统计鸢尾花花瓣长度出现的频数判断鸢尾花最常见的花瓣，主要使用 table()函数实现，实现过程如下（源码位置：资源包\Code\04\05_Petal.Length_freq.R）。

（1）在项目文件夹中新建一个 R 脚本文件，命名为 05_Petal.Length_freq.R。

（2）加载鸢尾花数据集 iris，代码如下：

```
data(iris)                # 加载内置的鸢尾花数据集
```

（3）统计鸢尾花花瓣长度出现的频数，主要使用 table()函数实现，代码如下：

```
t <- table(iris$Petal.Length)    # 统计鸢尾花花瓣长度出现的频数
View(t)                          # 以表格方式显示数据
```

运行程序，结果如图 4.24 所示，单击 Freq 旁边的倒三角，将以降序排序得到出现频数最高的花瓣长度，结果如图 4.25。

从运行结果得知：最常见的花瓣长度为 1.4 厘米和 1.5 厘米，数量是 13。

4.7.4　直方图分析鸢尾花花瓣长度

通过直方图分析不同种类鸢尾花花瓣长度的分布情况，实现过程如下（源码位置：资源包\Code\04\06_Petal.Length_hist.R）。

（1）在项目文件夹中新建一个 R 脚本文件，命名为 06_Petal.Length_hist.R。

	Var1	Freq
1	1	1
2	1.1	1
3	1.2	2
4	1.3	7
5	1.4	13
6	1.5	13
7	1.6	7
8	1.7	4
9	1.9	2
10	3	1

图 4.24　花瓣长度出现的频数

	Var1	Freq
5	1.4	13
6	1.5	13
22	4.5	8
28	5.1	8
4	1.3	7
7	1.6	7
33	5.6	6
17	4	5
24	4.7	5
26	4.9	5

图 4.25　频数降序排序

（2）加载程序包 lattice，代码如下：

```
library(lattice)
```

（3）加载鸢尾花数据集 iris，代码如下：

```
data(iris)    # 加载内置的鸢尾花数据集
```

（4）绘制直方图，主要使用 lattice 包的 histogram()函数实现，代码如下：

```
# 绘制直方图
histogram(~Petal.Length | Species, data = iris,
          main = "直方图分析鸢尾花花瓣长度",
          xlab = "花瓣长度",ylab = "频数")
```

运行程序，结果如图 4.26 所示。

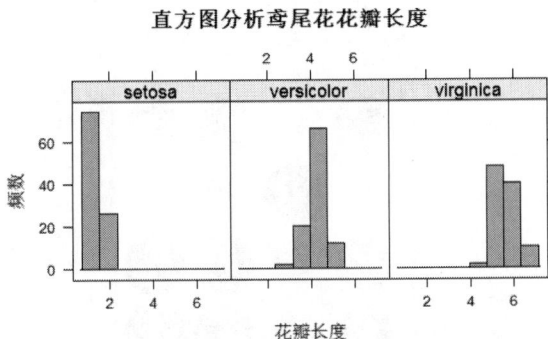

图 4.26　直方图分析鸢尾花花瓣长度

从运行结果得知：山鸢尾（setosa）的花瓣长度多分布在 1 厘米左右，结合前面得出的鸢尾花最常见的花瓣长度，说明山鸢尾（setosa）是最常见的鸢尾花；杂色鸢尾（versicolor）和维吉尼亚鸢尾（virginica）的花瓣长度多分布在 4 厘米和 5 厘米左右。

4.8　相关性分析

4.8.1　相关系数分析

相关系数分析主要分析鸢尾花花萼长度、花萼宽度、花瓣长度和花瓣宽度 4 个特征的相关性，主要使用 cor()函数实现，实现过程如下（源码位置：资源包\Code\04\07_cor_analysis.R）。

（1）在项目文件夹中新建一个 R 脚本文件，命名为 07_cor_ analysis.R。

（2）加载鸢尾花数据集 iris，代码如下：

```
data(iris)                # 加载内置的鸢尾花数据集
```

（3）相关系数分析，主要使用 cor()函数实现，代码如下：

```
val <- cor(iris[,1:4])     # 相关系数
val
```

运行程序，结果如图 4.27 所示。

```
             Sepal.Length Sepal.Width Petal.Length Petal.Width
Sepal.Length    1.0000000  -0.1175698    0.8717538   0.8179411
Sepal.Width    -0.1175698   1.0000000   -0.4284401  -0.3661259
Petal.Length    0.8717538  -0.4284401    1.0000000   0.9628654
Petal.Width     0.8179411  -0.3661259    0.9628654   1.0000000
```

图 4.27　相关系数

从运行结果得知：花萼长度（sepal_length）与花瓣长度（petal_length）和花瓣宽度（petal_width）相关性较强；花瓣长度（petal_length）和花瓣宽度（petal_width）相关性非常强。

（4）为了直观地查看相关系数，下面使用 corrplot 包的 corrplot()函数对相关系数进行可视化，代码如下：

```
# 相关系数可视化
library(corrplot)
corrplot(val, is.corr=FALSE,cl.ratio=0.4)
```

运行程序，结果如图 4.28 所示。

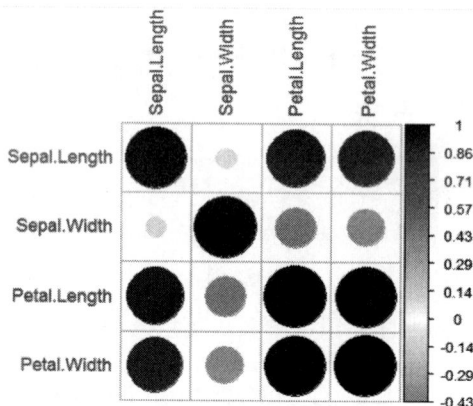

图 4.28　相关系数可视化

从运行结果得知：圆点越大颜色越深，相关性越强。

4.8.2　各特征之间关系矩阵图

通过散点图矩阵分析鸢尾花各特征之间的关系，主要使用 lattice 包的 splom()函数实现，实现过程如下（源码位置：资源包\Code\04\08_splom_analysis.R）。

（1）在项目文件夹中新建一个 R 脚本文件，命名为 08_splom_analysis.R。

（2）加载程序包，代码如下：

```
library(lattice)
```

（3）加载鸢尾花数据集 iris，代码如下：

```
data(iris)    # 加载内置的鸢尾花数据集
```

（4）绘制散点图矩阵，主要使用 lattice 包的 splom()函数实现，代码如下：

```
splom(~iris[1:4], groups = Species, data = iris,
      cex=0.5)
```

运行程序，结果如图 4.29 所示。

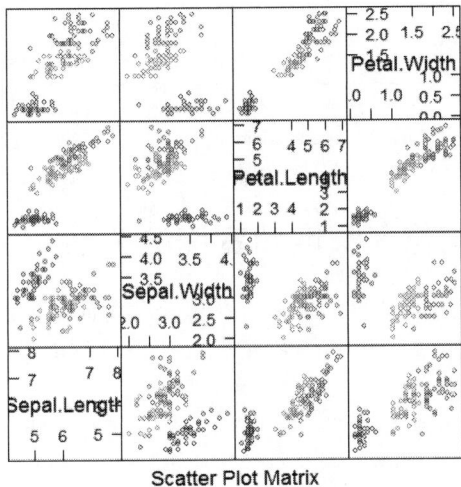

Scatter Plot Matrix

图 4.29　散点图矩阵

从运行结果得知：通过鸢尾花花瓣和花萼的特征数据基本可以将 3 个种类的鸢尾花区分开，这说明通过机器学习模型也可能会区分鸢尾花的种类。

4.8.3　散点图分析鸢尾花花瓣长度和宽度的关系

通过散点图分析鸢尾花花瓣长度和宽度的关系，花瓣长度为横坐标，宽度为纵坐标，用颜色区分鸢尾花不同的种类，主要使用 lattice 包的 xyplot()函数实现，实现过程如下（源码位置：资源包\Code\04\09_Petal.Length_Petal.Width_scatter.R）。

（1）在项目文件夹中新建一个 R 脚本文件，命名为 09_Petal.Length_Petal.Width_scatter.R。

（2）加载程序包，代码如下：

```
library(lattice)
```

（3）加载鸢尾花数据集 iris，代码如下：

```
data(iris)                                    # 加载内置的鸢尾花数据集
```

（4）绘制散点图，主要使用 lattice 包的 xyplot()函数实现，代码如下：

```
# 绘制散点图
xyplot(iris,Petal.Length~Petal.Width,groups = Species,
       auto.key = TRUE)                       # 显示图例
```

运行程序，结果如图 4.30 所示。

从运行结果得知：通过鸢尾花花瓣长度和宽度将 3 个种类的鸢尾花区分得很明显。

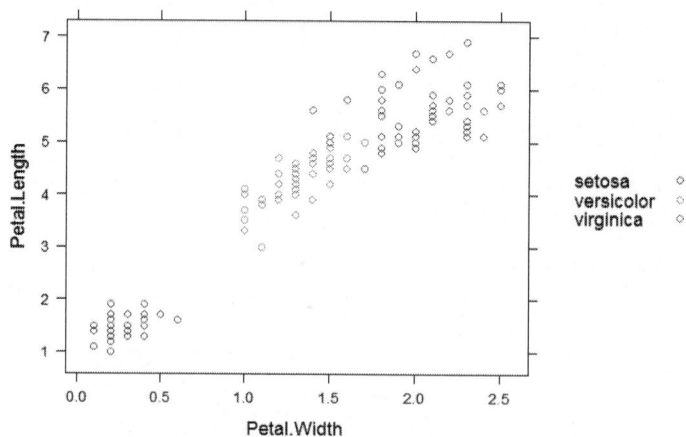

图 4.30　散点图分析鸢尾花花瓣长度和宽度的关系

4.8.4　散点图分析鸢尾花花萼长度和宽度的关系

通过散点图分析鸢尾花花萼长度和宽度的关系，花萼长度为横坐标，宽度为纵坐标，用颜色区分鸢尾花不同的种类，主要使用 lattice 包的 xyplot()函数实现，实现过程如下（源码位置：资源包\Code\04\10_Sepal.Length_Sepal.Width_scatter.R）。

（1）在项目文件夹中新建一个 R 脚本文件，命名为 10_Sepal.Length_Sepal.Width_scatter.R。

（2）加载程序包，代码如下：

```
library(lattice)
```

（3）加载鸢尾花数据集 iris，代码如下：

```
data(iris)                                    # 加载内置的鸢尾花数据集
```

（4）绘制散点图，主要使用 lattice 包的 xyplot()函数实现，代码如下：

```
# 绘制散点图
xyplot(iris,Sepal.Length~Sepal.Width,groups = Species,
       auto.key = TRUE)                       # 显示图例
```

运行程序，结果如图 4.31 所示。

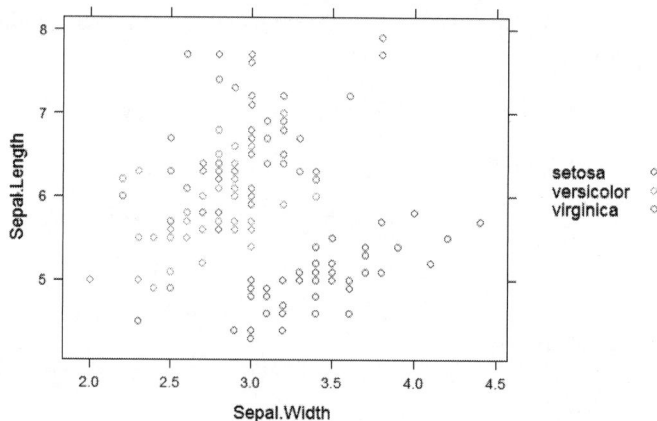

图 4.31　散点图分析鸢尾花花萼长度和宽度的关系

从运行结果得知：通过鸢尾花花萼长度和宽度区分 3 个种类的鸢尾花，其中有两个种类混在一起，区分不是很明显。

4.8.5 鸢尾花的线性关系分析

通过为散点图添加拟合回归线分析鸢尾花的线性关系，主要使用 ggplot2 包的 geom_point()函数和 geom_smooth()函数实现。实现过程如下（源码位置：资源包\Code\04\11_lm_analysis.R）。

（1）在项目文件夹中新建一个 R 脚本文件，命名为 11_lm_analysis.R。

（2）加载程序包，代码如下：

```
library(lattice)
```

（3）加载鸢尾花数据集 iris，代码如下：

```
data(iris)                              # 加载内置的鸢尾花数据集
df <- iris
```

（4）绘制花瓣线性拟合散点图，主要使用 ggplot2 包的 geom_point()函数和 geom_smooth()函数实现，代码如下：

```
ggplot(df,aes(Petal.Length,Petal.Width,color=Species))+
  geom_point()+                         # 绘制散点图
  geom_smooth(formula = 'y ~ x',method = lm)   # 添加拟合回归线
```

（5）绘制花萼线性拟合散点图，主要使用 ggplot2 包的 geom_point()函数和 geom_smooth()函数实现，代码如下：

```
ggplot(df,aes(Sepal.Length,Sepal.Width,color=Species))+
  geom_point()+                         # 绘制散点图
  geom_smooth(formula = 'y ~ x',method = lm)   # 添加拟合回归线
```

运行程序，结果如图 4.32 和图 4.33 所示。

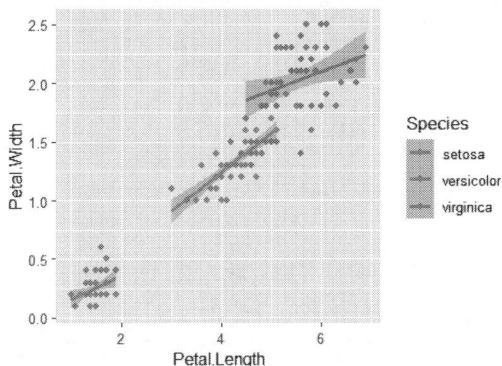

图 4.32　花瓣线性拟合散点图

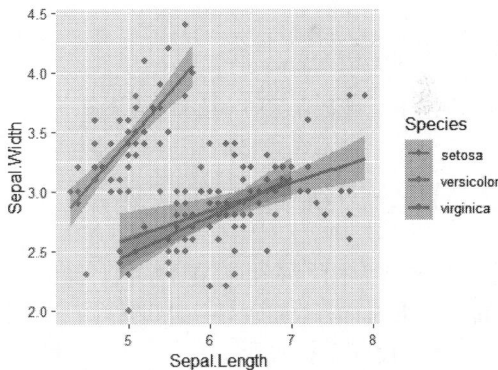

图 4.33　花萼线性拟合散点图

从运行结果得知：花瓣长度和宽度的线性关系比较强。

4.9　随机森林预测鸢尾花种类

4.9.1 数据标准化处理

对于机器学习算法，通常需要对数据进行标准化处理，也就是将数据处理成在一个水平线上，即每个

特征数据的均值为 0，标准差为 1。首先查看每个特征数据的均值和标准差，然后进行数据标准化处理，实现过程如下（源码位置：资源包\Code\04\12_pred_data.R）。

（1）在项目文件夹中新建一个 R 脚本文件，命名为 12_pred_data.R。

（2）加载程序包，代码如下：

```
library(lattice)
```

（3）加载鸢尾花数据集 iris，代码如下：

```
data(iris)                                    # 加载内置的鸢尾花数据集
df <- iris
```

（4）计算特征数据的均值和标准差，主要使用 apply()函数实现，代码如下：

```
# 计算均值和标准差
myval <- data.frame("均值"=round(apply(df[,1:4],2,mean),2),
                    "标准差"=round(apply(df[,1:4],2,sd),2))
myval
```

运行程序，结果如图 4.34 所示。

从运行结果得知：花瓣的宽度明显比其他所有特征数据的均值小得多，在这种情况下，就需要对数据进行标准化处理，主要使用 scale()函数实现。

（5）数据标准化，代码如下：

```
df[,1:4] <- scale(df[,1:4])                   # 数据标准化
head(df)                                      # 输出前 6 条数据
```

运行程序，结果如图 4.35 所示。

```
        均值  标准差
Sepal.Length 5.84  0.83
Sepal.Width  3.06  0.44
Petal.Length 3.76  1.77
Petal.Width  1.20  0.76
```

图 4.34　特征数据的均值和标准差

```
  Sepal.Length Sepal.Width Petal.Length Petal.Width Species
1   -0.8976739  1.01560199    -1.335752   -1.311052  setosa
2   -1.1392005 -0.13153881    -1.335752   -1.311052  setosa
3   -1.3807271  0.32731751    -1.392399   -1.311052  setosa
4   -1.5014904  0.09788935    -1.279104   -1.311052  setosa
5   -1.0184372  1.24503015    -1.335752   -1.311052  setosa
6   -0.5353840  1.93331463    -1.165809   -1.048667  setosa
```

图 4.35　数据标准化

4.9.2　划分训练集和测试集

通过随机森林预测鸢尾花种类。首先将数据集划分为训练集和测试集，主要使用 caret 包的 createDataPartition()函数实现，实现过程如下（源码位置：资源包\Code\04\12_pred_data.R）。

（1）首先设置随机种子，这一步非常重要，它能确保每一次运行程序都能划分相同的训练集和测试集，代码如下：

```
set.seed(123)
```

（2）使用 caret 包的 createDataPartition()函数划分训练集和测试集，代码如下：

```
index <- createDataPartition(y = df$Species, p = 0.7, list = FALSE)  # 参数 p 为训练集所占比例，返回结果为行索引
train_data <- df[index, ]                     # 训练集占 70%数据
head(train_data)
n1 <- nrow(train_data)
print(paste("训练集中有: ",n1,"个样本"))
test_data <- df[-index, ]                     # 测试集占 30%数据
n2 <- nrow(test_data)
```

```
head(test_data)
print(paste("测试集中有：",n2,"个样本"))
```

运行程序，结果为：

```
训练集中有： 105 个样本
测试集中有： 45 个样本
```

4.9.3 构建随机森林模型

在 R 语言中，构建随机森林模型主要使用 randomForest 包的 randomForest()函数实现，代码如下（源码位置：资源包\Code\04\12_pred_data.R）。

```
model <- randomForest(Species ~ ., data = train_data, ntree=500,proximity=TRUE)    # ntree 指定决策树的数量
print(model)                                                                         # 输出模型
```

运行程序，结果如图 4.36 所示。

```
Call:
 randomForest(formula = Species ~ ., data = train_data, ntree = 500,      proximity = TRUE)
               Type of random forest: classification
                     Number of trees: 500
No. of variables tried at each split: 2

        OOB estimate of  error rate: 4.76%
Confusion matrix:
           setosa versicolor virginica class.error
setosa         35          0         0  0.00000000
versicolor      0         33         2  0.05714286
virginica       0          3        32  0.08571429
```

图 4.36　随机森林模型

从运行结果得知：与真实值比较得到袋外预测误差为 4.76%，表示分类器模型的精准度还可以。

Confusion matrix 为混淆矩阵，用于比较预测分类与真实分类的情况，class.error 代表了错误分类的样本比例，这里比较低，山鸢尾（setosa）的 35 个样本全部正确分类，杂色鸢尾（versicolor）的 35 个样本中 33 个正确分类，维吉尼亚鸢尾（virginica）的 35 个样本中 32 个正确分类。

为了直观观察鸢尾花不同种类的分布情况，下面使用 MDSplot()函数实现随机森林模型的可视化，代码如下：

```
MDSplot(model,train_data$Species)
```

运行程序，结果如图 4.37 所示。

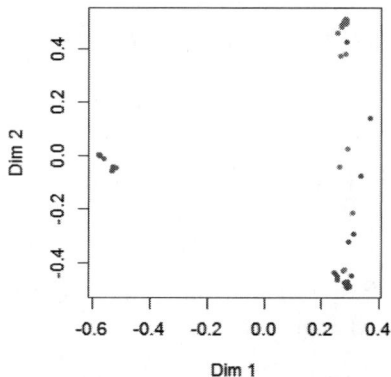

图 4.37　随机森林模型可视化

需要注意：在构建随机森林模型时必须指定计算邻近矩阵，即设置 proximity 参数为 TRUE。

4.9.4 预测鸢尾花种类

使用前面训练好的模型对测试集进行预测，主要使用 predict()函数实现，代码如下（源码位置：资源包\Code\04\12_pred_data.R）：

```
pred <- predict(model,newdata=test_data)      # 使用训练好的模型对测试集进行预测
print(pred)                                    # 输出预测结果
```

运行程序，结果如图 4.38 所示。

```
         1          2          6         16         18         20
    setosa     setosa     setosa     setosa     setosa     setosa
        22         23         34         35         38         39
    setosa     setosa     setosa     setosa     setosa     setosa
        44         46         47         51         53         54
    setosa     setosa     setosa versicolor versicolor versicolor
        64         72         74         78         81         85
versicolor versicolor versicolor  virginica versicolor versicolor
        87         90         91         94         99        100
versicolor versicolor versicolor versicolor versicolor versicolor
       101        106        109        111        116        117
 virginica  virginica  virginica  virginica  virginica  virginica
       120        124        127        133        134        136
versicolor  virginica  virginica  virginica versicolor  virginica
       137        149        150
 virginica  virginica  virginica
Levels: setosa versicolor virginica
```

图 4.38　预测鸢尾花种类

4.9.5 评估模型性能

在机器学习和统计学中，可以通过混淆矩阵评估分类模型的性能。在 R 语言中，可以使用 table()函数创建混淆矩阵。混淆矩阵用于显示模型预测结果与实际标签之间的对应关系，从而用于计算准确率、召回率、精确率等指标。首先使用 table()函数创建混淆矩阵，然后使用 diag()函数求矩阵对角线元素，也就是正确分类的观测结果数量，最后使用 sum()函数分别计算正确分类的观测结果和总体观测结果，并将二者相除得到准确率，代码如下（源码位置：资源包\Code\04\12_pred_data.R）：

```
# 创建混淆矩阵，计算准确率
condusion_matrix <- table(pred, test_data$Species)
condusion_matrix
precision <- sum(diag(condusion_matrix)) / sum(condusion_matrix)
print(paste("准确率:", precision))
```

运行程序，混淆矩阵如图 4.39 所示。
其中行表示实际观测结果数量，列表示模型预测结果数量。
准确率结果为：0.933333333333333

```
pred         setosa versicolor virginica
  setosa         15          0         0
  versicolor      0         14         2
  virginica       0          1        13
```

图 4.39　混淆矩阵

4.10 项 目 运 行

通过前述步骤，设计并完成了"鸢尾花数据分析与预测"项目的开发。"鸢尾花数据分析与预测"项目文件夹中包括 12 个 R 脚本文件，如图 4.40 所示。

下面按照脚本文件名前面的序号运行脚本文件，检验一下我们的开发成果。例如，运行 01_view_data.R，首先单击 Files 面板，然后在列表中选择 01_view_data.R，在代码编辑窗口中单击 Run 按钮，运行光标所在行，如图 4.41 所示，或者单击 Source 按钮，运行所有行。

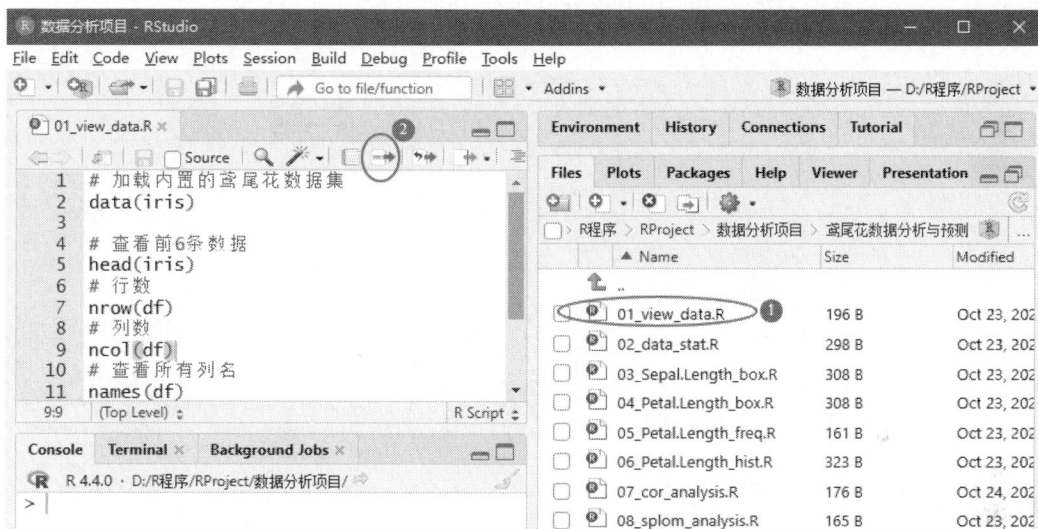

图 4.40　项目文件夹

图 4.41　运行 01_view_data.R

4.11　源　码　下　载

　　虽然本章详细地讲解了"鸢尾花数据分析与预测"项目的各个功能，但给出的代码都是代码片段，而非源码。为了方便读者学习，本书提供了用以下载源码的二维码，扫描右侧二维码即可下载。

源码下载

第 5 章

基于会员数据的探索和聚类分析

——日期时间 + 分组统计 + 基本绘图 + RFM 模型 + NbClust+wskm+cluster

无论是线上营销还是线下营销，更多的企业将运营思路转向了客户，而针对客户营销的重要手段之一就是会员制。企业通过发展会员，提供差别化服务和精准的营销，提高客户黏性，从而达到长期为企业增加利润的目的。会员制营销主要通过会员信息和消费行为将会员分类，从而实现更有针对性和精准的营销。本章将介绍如何运用 RFM 模型并结合 NbClust 包和 wskm 包等实现会员数据的探索和 k 均值聚类分析。

项目微视频

本项目的核心功能及实现技术如下：

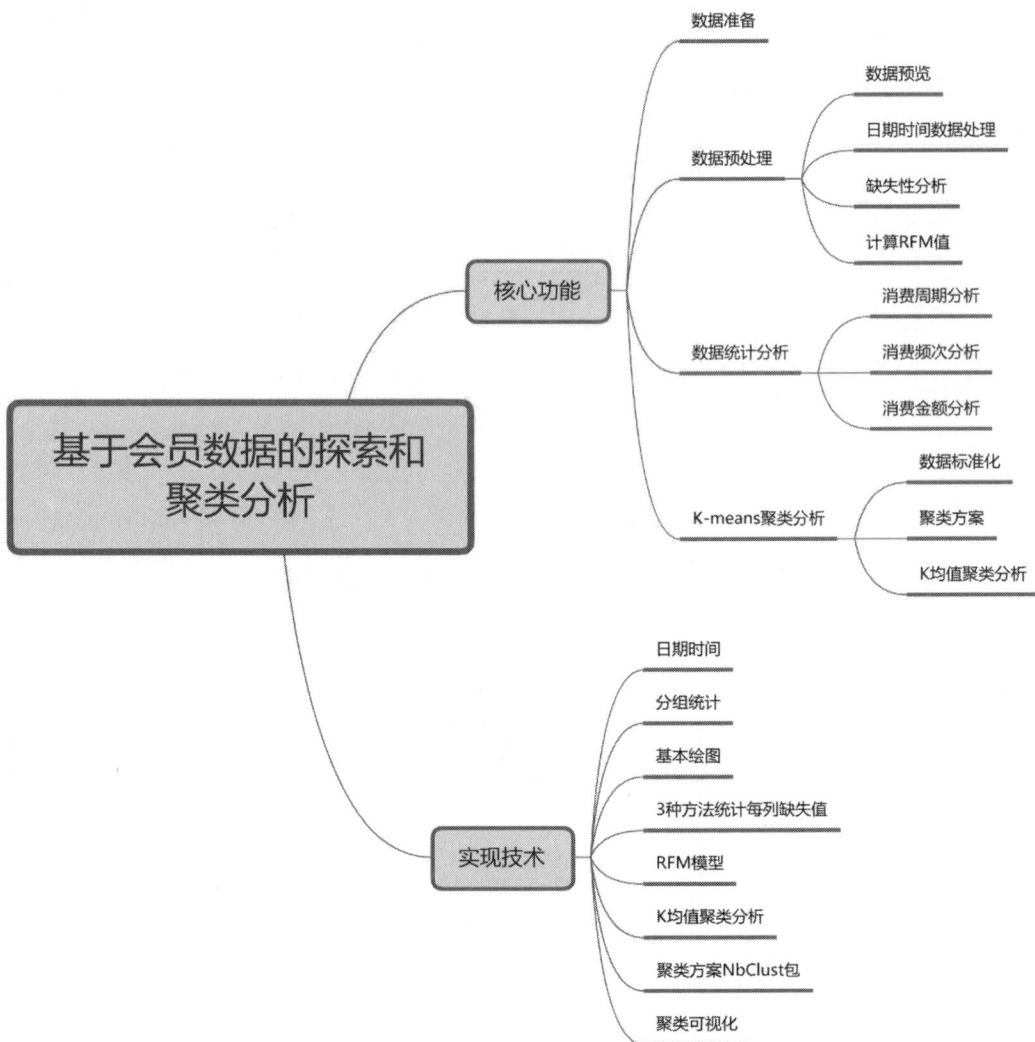

5.1　开　发　背　景

企业运营过程中会带来大量的客户数据，充分利用这些数据将会给企业带来更高的利润。其中 3 大指标数据，即最近消费时间间隔（recency）、消费频次（frequency）和消费金额（monetary）是分析客户最好的指标，也称 RFM 模型。

RFM 模型是衡量和挖掘客户价值的重要工具和手段，是国际上最成熟、最容易的客户价值分析方法。本章将详细介绍 RFM 模型，并通过 RFM 模型结合基本绘图、NbClust 包和 wskm 包等实现会员数据的探索和 K-means 聚类分析。

5.2　系　统　设　计

5.2.1　开发环境

本项目的开发及运行环境如下：
- ☑　操作系统：推荐 Windows 10、11 及以上版本。
- ☑　编程语言：R 语言。
- ☑　开发环境：RStudio。
- ☑　第三方 R 包：openxlsx、lubridate、dplyr、reshape、NbClust、wskm、cluster、lattice。

5.2.2　分析流程

基于会员数据的探索和聚类分析首要任务是数据准备，接下来进行数据预处理工作，即进行数据预览、日期时间数据处理、缺失性分析和计算 RFM 值，然后进行数据统计分析，最后实现 K-means 聚类分析。

本项目分析流程如图 5.1 所示。

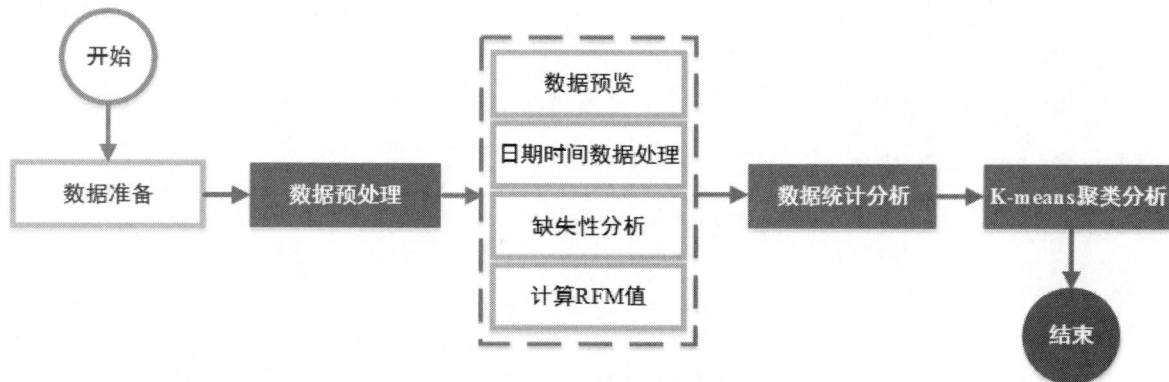

图 5.1　基于会员数据的探索和聚类分析

5.2.3 功能结构

本项目的功能结构已经在章首页中给出。本项目实现的具体功能如下：

☑ 数据预处理：首先预览数据，包括查看数据的行数、列数、所有列名以及数据集中每个变量的数据类型；接下来对日期时间数据进行处理；然后对会员数据进行缺失性分析；最后计算 RFM 值。

☑ 数据统计分析：包括消费周期分析、消费频次分析和消费金额分析。

☑ K-means 聚类分析：首先对数据进行标准化处理，然后得出聚类方案，最后实现 K 均值聚类分析。

5.3 技 术 准 备

5.3.1 技术概览

基于会员数据的探索和聚类分析主要通过 RFM 模型、NbClust 包、wskm 包和 cluster 包等实现了会员数据的探索和 K-means 聚类分析，其中涉及 Excel 文件读取、日期时间数据转换、分组统计和基本绘图函数，这些知识就不进行详细的介绍了，在《R 语言数据分析从入门到精通》一书中有详细的讲解，对这些知识不太熟悉的读者可以参考该书对应的内容。

由于会员数据缺失情况比较复杂，因此需要对各列数据的缺失值进行统计。另外，RFM 模型和 K-means 聚类分析是本项目的核心，下面进行详细的介绍并举例，以确保读者顺利完成本项目，同时掌握 RFM 模型和 K-means 聚类分析相关的第三方 R 包。

5.3.2 3 种方法统计各列缺失值

在 R 语言中，有 3 种统计数据框中各列缺失值个数的方法。首先创建一个包含缺失值的商品数据，代码如下：

```
df <- data.frame(
  商品 1 = c(105, 122, 209,NA, 133),
  商品 2 = c(299,NA, 94, 321, NA),
  商品 3 = c(188,567, NA, NA, 234),
  商品 4 = c(680,111, 908, NA, 400),
  商品 5 = c(980,666, 333, NA, 300)
)
df
```

运行程序，结果如图 5.2 所示。

	商品1	商品2	商品3	商品4	商品5
1	105	299	188	680	980
2	122	NA	567	111	666
3	209	94	NA	908	333
4	NA	321	NA	NA	NA
5	133	NA	234	400	300

图 5.2 包含缺失值的商品数据

接下来使用 3 种不同的方法统计各列的缺失值个数。

（1）使用 colSums()函数。colSums()函数用于对列数据求和，结合 is.na()函数就可以快速统计各列的缺失值个数，代码如下：

```
na1<- colSums(is.na(df))
na1
```

运行程序，结果如下：

```
商品 1 商品 2 商品 3 商品 4 商品 5
     1      2      2      1      1
```

（2）使用 lapply()函数。使用 lapply()和 is.na()函数可以逐列计算缺失值的总和，代码如下：

```
na2 <- as.data.frame(
    lapply(df, function(x) sum(is.na(x)))
)
na2
```

（3）使用 summarise_all()函数。使用 dplyr 包的 summarise_all()函数也可以统计各列的缺失值个数，缺点是比较麻烦，代码如下：

```
library(dplyr)
na3 <- df %>%
    summarise_all(~ sum(is.na(.)))
na3
```

5.3.3　RFM 模型

RFM 模型是一种被广泛应用的客户价值分析方法。根据美国数据库营销研究所的研究发现，客户数据库中有 3 个神奇的要素 R、F、M。

☑ R：最近消费时间间隔（Recency），表示客户最近一次消费距离上一次消费的时间间隔。R 值越小，表示客户近期越有可能发生交易。R 值越大，表示客户越久未发生交易，流失的可能性越大。在这部分客户中，很可能存在一些优质客户，需要通过一些营销手段进行激活。

☑ F：消费频次（Frequency），表示一段时间内客户的消费次数。F 值越大，表示客户交易越频繁，是非常忠诚的客户，是对公司产品认可度较高的客户；F 值越小，则表示客户不够活跃，针对 F 值较小但消费金额较大的客户，需要推出一些营销策略，留住这部分客户。

☑ M：消费金额（Monetary），表示客户的消费能力，可以是客户最近一次的消费金额，也可以是客户总消费金额的平均值。单次消费金额较大的客户，支付能力强，价格敏感度低。帕累托法则告诉我们，一个公司 80%的收入是由消费最多的 20%的客户贡献的，所以消费金额较大的客户是较为优质的客户，是高价值客户，对这类客户可以采取一对一的营销方案。

通过 RFM 模型可对客户进行分类，然后定制不同的营销策略。具体来说，根据 R、F、M 值的高低（高为 1，低为 0），可将客户分为以下 8 类。

☑ 高价值客户：最近有消费，且消费频次和消费金额都很高。

☑ 重点保持客户：最近没有消费，但消费频次和消费金额都很高。说明该客户是忠诚客户，但近期因故没有来消费，需要主动和他保持联系。

☑ 重点发展客户：最近有消费，消费金额高，但消费频次不高。说明该客户忠诚度不高，但是很有潜力，应当重点发展。

☑ 重点挽留客户：最近没有消费，消费频次不高，但是消费金额高。说明该客户可能要流失或者已经流失，应当立即采取措施重点挽留。

☑ 一般价值客户：最近有消费，消费频次高，消费金额不高。

☑ 一般保持客户：最近没有消费，消费频次高，消费金额不高。

- ☑ 一般发展客户：最近有消费，消费频次和消费金额都不高。
- ☑ 潜在客户：最近没有消费，消费频次和消费金额都不高。

不同客户的 R、F、M 值高低如图 5.3 所示。

R		F		M		客户分类
高	↑	高	↑	高	↑	高价值客户
低	↓	高	↑	高	↑	重点保持客户
高	↑	低	↓	高	↑	重点发展客户
低	↓	低	↓	高	↑	重点挽留客户
高	↑	高	↑	低	↓	一般价值客户
低	↓	高	↑	低	↓	一般保持客户
高	↑	低	↓	低	↓	一般发展客户
低	↓	低	↓	低	↓	潜在客户

图 5.3　R、F、M 值和客户分类

5.3.4　k 均值聚类分析

聚类是一个将某些方面相似的数据进行分类组织的过程，简单地说，就是将相似的数据聚在一起。注意，聚类所要划分的类是未知的，即前人并不知道它属于哪个类。

聚类分析，就是通过聚类算法将数据集中的样本数据划分为具有相似特征的不同组，这样的组通常称为"簇"。常用的聚类算法包括 k 均值聚类、层次聚类和谱聚类等。聚类分析的应用领域非常广泛，如数据挖掘、图像分析、生物信息学、市场细分等。通过聚类分析，可以发现数据中的潜在结构，从而更好地理解数据集中的模式和关系。

本项目采用的是 k 均值聚类。k 均值聚类又称为 k-means 聚类，其目标是将数据集划分为 k 个不同的组（或簇），同一组内的数据点相似度较高，而不同组的数据点相似度较低。实现 k 均值聚类，可以使用 stats 包的 kmean()函数，也可以使用 wskm 包的 ewkm()函数，下面分别进行介绍。

1. stats 包的 kmean()函数

kmean()函数主要用于实现 k 均值聚类算法，语法格式如下：

```
kmeans(x, centers, iter.max = 10, nstart = 1,algorithm = c("Hartigan-Wong", "Lloyd", "Forgy","MacQueen"), trace = FALSE)
```

参数说明：
- ☑ x：数据的数字矩阵，或者可以被强制为这种矩阵的对象（如数字向量或具有所有数字列的数据框）。
- ☑ centers：中心，集群的数量，k 或一组初始（不同的）集群中心。如果是一个数字，则在 x 中随机选择一组（不同的）行作为初始中心。
- ☑ iter.max：允许的最大迭代次数。
- ☑ nstart：如果中心是一个数字，应该选择多少个随机集合。
- ☑ algorithm：表示算法的字符，参数值为 Hartigan-Wong、Lloyd、Forgy 和 MacQueen。
- ☑ trace：逻辑值或整数，目前只在默认算法 Hartigan-Wong 中使用。如果参数值为正值（或为 TRUE），则生成关于算法进度的跟踪信息，较高的值可能产生更多的跟踪信息。

例如，创建一个数字矩阵，然后实现 k 均值聚类并绘制聚类散点图，代码如下：

```
# 创建数字矩阵
x <- rbind(matrix(rnorm(100, sd = 0.3), ncol = 2),
           matrix(rnorm(100, mean = 1, sd = 0.3), ncol = 2))
```

```
colnames(x) <- c("x", "y")          # 重命名列名
cl <- kmeans(x, 2)                  #  k均值聚类
# 绘制聚类散点图并标记中心
plot(x, col = cl$cluster)
points(cl$centers, col = 1:2, pch = 8, cex = 2)
```

运行程序，结果如图 5.4 所示。

例如，使用 kmeans()函数对鸢尾花数据集实现 k 均值聚类，代码如下：

```
#k均值聚类
mykmeans <- kmeans(iris[1:4], 3)
# 绘制聚类散点图
plot(iris[1:4], col=mykmeans$cluster)
```

运行程序，结果如图 5.5 所示。

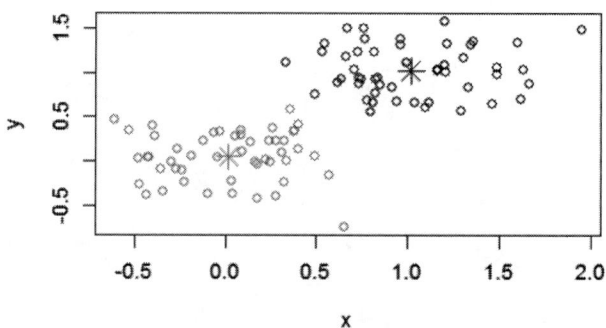

图 5.4　k 均值聚类散点图　　　　　图 5.5　鸢尾花 k 均值聚类散点图矩阵

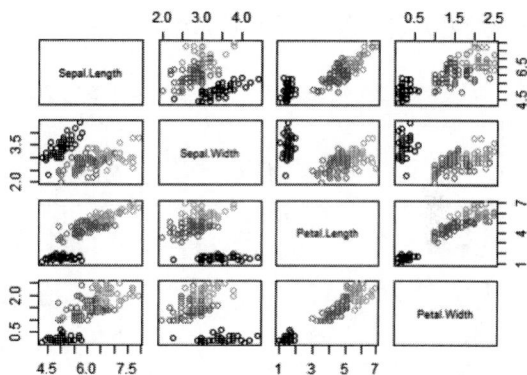

下面介绍 kmeans()函数的返回值，具体如下：

- ☑ cluster：集群，一个整数向量（从 1 到 k），表示每个点分配到的集群。
- ☑ center：簇中心的矩阵。
- ☑ totss：总平方和。
- ☑ withinss：簇内平方和的向量，每个簇有一个分量。
- ☑ tot.withinss：总簇内平方和，即 sum(withinss)。
- ☑ betweenss：簇间平方和，即 totss-tot.withinss。
- ☑ size：大小，每个簇中的点数。
- ☑ iter：迭代的次数。
- ☑ ifault：整数，一个可能的算法问题的指示。

2．wskm 包的 ewkm()函数

ewkm()函数是一种实现熵加权（用于计算各项指标权重）的 k 均值聚类算法，语法格式如下：

```
ewkm(x, centers, lambda=1, maxiter=100, delta=0.00001, maxrestart=10)
```

参数说明：

- ☑ x：观测值和变量的数值矩阵。
- ☑ centers：聚类的目标数或聚类的初始中心。
- ☑ lambda：可变权重分布参数。
- ☑ maxiter：最大迭代次数。

☑ delta：为了收敛，迭代之间允许的最大更改。

☑ maxrestart：最大重启次数，默认值是 10。参数值为 0，可能会获得少于 k 个集群；参数值小于 0，则重启次数没有限制，可能得到完整的 k 个集群。

下面使用 ewkm()函数对鸢尾花数据集实现 k 均值聚类，代码如下：

```
library(wskm)          # 加载程序包
# k 均值聚类，设置权重和最大迭代次数
myewkm <- ewkm(iris[1:4], 3, lambda=0.5, maxiter=100)
# 绘制聚类散点图
plot(iris[1:4], col=myewkm$cluster)
# k 均值聚类
mykm <- kmeans(iris[1:4], 3)
# 绘制聚类散点图
plot(iris[1:4], col=mykm$cluster)
```

运行程序，结果如图 5.6 和图 5.7 所示。

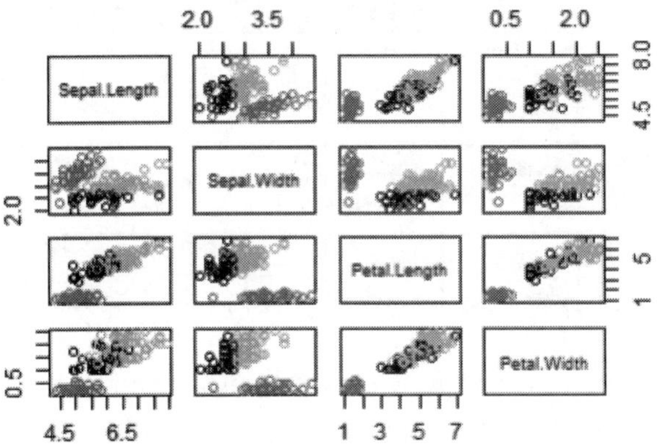

图 5.6　设置权重和最大迭代次数的鸢尾花聚类效果 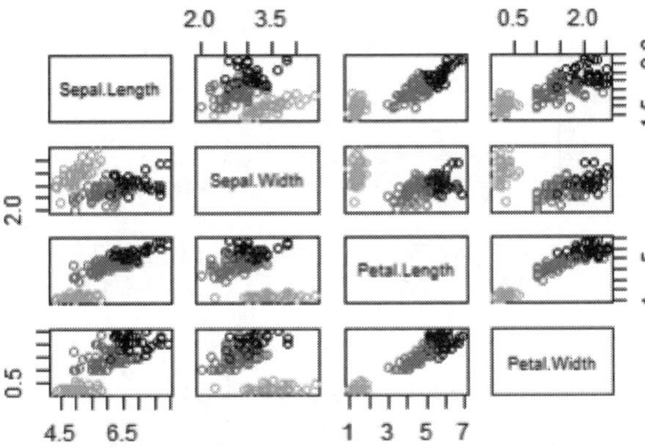　　　图 5.7　鸢尾花聚类效果

以上介绍了两种 k 均值聚类算法，通过对聚类结果的可视化可以发现数据中的簇，同时对比不同 k 均值聚类算法的聚类效果。本项目需要对会员数据进行分析，找出哪些会员是重要客户，哪些会员是流失客户等，涉及多个指标，并需要对它们进行权衡和综合考虑，因此使用 wskm 包的 ewkm()函数来实现。

5.3.5　聚类方案 NbClust 包

k 均值聚类的一个缺陷是需要人为指定聚类数，也就是 k 值。5.3.4 节的示例中就人为指定了聚类数。在 R 语言中可以使用 NbClust 包确定一个最佳的聚类方案并给出聚类数。

NbClust 包提供了 30 个确定聚类数的指标，并从不同的聚类数、距离度量和聚类方法组合得到的不同结果中提出最佳的聚类方案，主要使用 NbClust()函数实现，语法格式如下：

```
NbClust(data = NULL, diss = NULL, distance = "euclidean", min.nc = 2, max.nc = 15,method = NULL, index = "all", alphaBeale = 0.1)
```

参数说明：

☑ data：矩阵或数据集。

☑ diss：要使用的不相似矩阵。默认值为 NULL。

☑ distance：用来计算不相似矩阵的距离度量。参数值为 euclidean、maximum、manhattan、canberra、binary、minkowski 或 NULL 之一。默认情况下，距离=euclidean。

- ☑ min.nc：最小簇数，介于 1 和"对象数−1"之间。
- ☑ max.nc：最大簇数，介于 2 和"对象数−1"之间，大于或等于 min.nc。默认情况下，max.nc=15。
- ☑ method：要采用聚类分析方法，参数值为 ward.D、ward.D2、single、complete、average、mcquitty、median、centroid、kmeans 或 NULL。
- ☑ index：要计算的指数，参数值为 kl、ch、hartigan、ccc、scott、marriot、trcovw、tracew、friedman、rubin、cindex、db、silhouette、duda、pseudot2、beale、ratkowsky、ball、ptbiserial、gap、frey、mcclain、gamma、gplus、tau、dunn、hubert、sdindex、dindex、sdbw、all（包括除 gap、gamma、gplus 和 tau 以外的所有指数）或 alllong（包括 gap、gamma、gplus 和 tau 的所有指数）。

例如，使用 NbClust()函数得出聚类方案，代码如下：

```
set.seed(1)          # 设置随机种子
# 创建矩阵
x<-rbind(matrix(rnorm(100,sd=0.1),ncol=2),
         matrix(rnorm(100,mean=1,sd=0.2),ncol=2),
         matrix(rnorm(100,mean=5,sd=0.1),ncol=2),
         matrix(rnorm(100,mean=7,sd=0.2),ncol=2))
# 聚类方案
res<-NbClust(x, distance = "euclidean", min.nc=2, max.nc=8,
             method = "complete", index = "ch")
# 获得每个分区的索引值
res$All.index
# 每个指标建议的最佳聚类数和相应的指标值
res$Best.nc
# 对应于最佳簇数的分区
res$Best.partition
```

运行程序，结果如图 5.8 所示。

```
> res$All.index
        2         3         4         5         6         7         8
 2316.746  5535.379 23004.815 20119.928 19016.087 17702.132 16867.529
> # 每个指标建议的最佳聚类数和相应的指标值
> res$Best.nc
Number_clusters     Value_Index
          4.00         23004.82
> # 对应于最佳簇数的分区
> res$Best.partition
  [1] 1 1 1 1 1 1 1 1 1 1 1 1 1 1 1 1 1 1 1 1 1 1 1 1 1 1 1 1 1 1 1 1 1 1 1 1 1 1
 [39] 1 1 1 1 1 1 1 1 1 1 1 1 2 2 2 2 2 2 2 2 2 2 2 2 2 2 2 2 2 2 2 2 2 2 2 2 2 2
 [77] 2 2 2 2 2 2 2 2 2 2 2 2 2 2 2 2 2 2 2 2 2 2 3 3 3 3 3 3 3 3 3 3 3 3 3 3 3 3
[115] 3 3 3 3 3 3 3 3 3 3 3 3 3 3 3 3 3 3 3 3 3 3 3 3 3 3 3 3 3 3 3 3 3 3 3 3 4
[153] 4 4 4 4 4 4 4 4 4 4 4 4 4 4 4 4 4 4 4 4 4 4 4 4 4 4 4 4 4 4 4 4 4 4 4 4 4 4
[191] 4 4 4 4 4 4 4 4 4 4
```

图 5.8 聚类方案

下面介绍 NbClust()函数的返回值，具体如下。

- ☑ All.index：在最小簇数（min.nc）和最大簇数（max.nc）之间的聚类数下，获得数据集的每个分区的索引值。
- ☑ All.CriticalValues：在最小簇数（min.nc）和最大簇数（max.nc）之间的聚类数下，每个分区的某些指标的临界值。
- ☑ Best.nc：每个指标建议的最佳聚类数和相应的指标值。
- ☑ Best.partition：对应于最佳簇数的分区。

5.3.6 聚类可视化

对聚类结果进行可视化可以发现数据中的簇。在 R 语言中可以通过多种方法实现聚类可视化，如使用

plot()函数绘制散点矩阵、使用 cluster 包的 clusplot()函数绘制二元聚类图以及使用 lattice 包的 levelplot()
函数绘制带层次的热图,通过这几种图都可以观察聚类效果。下面重点介绍 clusplot()函数和 levelplot()
函数。

1. clusplot()函数

clusplot()函数用于绘制二元聚类图,以展示数据聚类过程。首先安装和导入 cluster 包,然后使用
clusplot()函数绘制二元聚类图。例如,绘制简单的二元聚类图,代码如下:

```
library(cluster)                # 加载程序包
# 随机生成正态分布数据
x <- rbind(cbind(rnorm(10,0,0.5), rnorm(10,0,0.5)), cbind(rnorm(15,5,0.5), rnorm(15,5,0.5)))
clusplot(pam(x, 2))             # 绘制二元聚类图
# 添加噪声
x4 <- cbind(x, rnorm(25), rnorm(25))
clusplot(pam(x4, 2))            # 绘制二元聚类图
```

运行程序,结果如图 5.9 和图 5.10 所示。

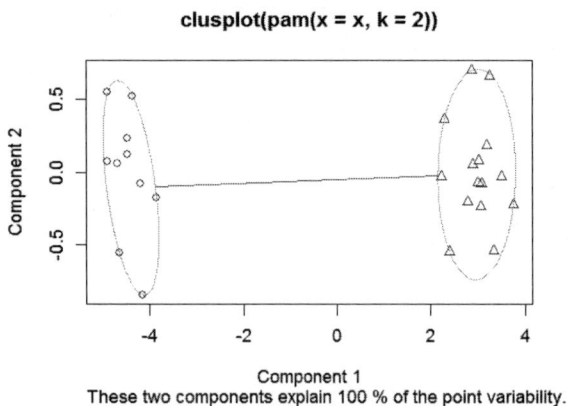

图 5.9 聚类效果

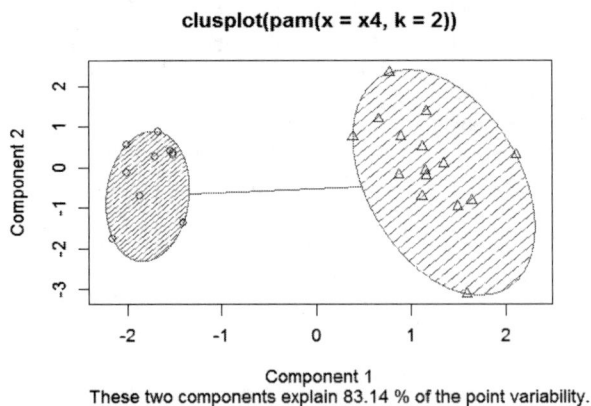

图 5.10 添加噪声后的聚类效果

从运行结果得知:二元聚类使用了两个成分,x 轴与 y 轴分别涵盖了 100%和 83.14%的数据点,数据
点根据成分 1 和成分 2 的取值散落在图中,同一簇内的数据点采用相同的颜色和形状绘制。

2. levelplot()函数

lattice 包的 levelplot()函数可以绘制热图,也可以绘制带层次的热图以观察聚类效果。首先安装和导入
lattice 包,然后使用 evelplot()函数绘制图表。

例如,绘制一个简单的热图,代码如下:

```
library(lattice)                                    # 加载程序包
data_matrix <- matrix(data = c(1:20), nrow = 4, ncol = 5)  # 创建矩阵
levelplot(data_matrix)                              # 绘制等高线图
```

运行程序,结果如图 5.11 所示。

例如,绘制带层次的热图以观察聚类效果,代码如下:

```
library(wskm)                   # 加载程序包
myewkm <- ewkm(iris[1:4], 3)    # k 均值聚类
lattice::levelplot(myewkm)      # 绘制聚类图
```

运行程序,结果如图 5.12 所示。

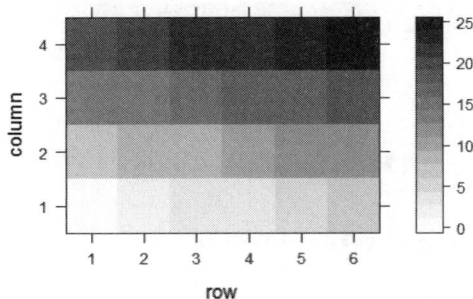

图 5.11　热图

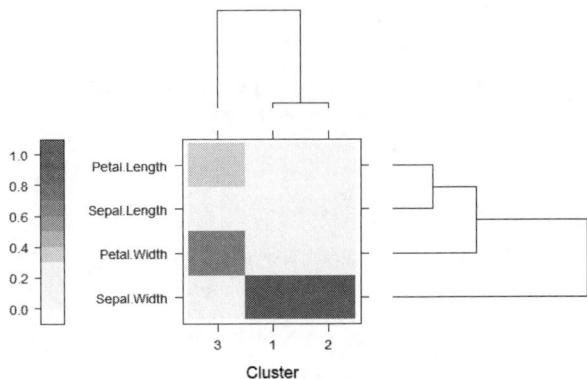

图 5.12　带层次的热图

5.4　前　期　工　作

5.4.1　安装第三方 R 包

本项目所需的第三方 R 包前面已经进行介绍，下面逐一进行安装。例如，安装第三方 R 包 NbClust，代码如下：

```
install.packages("NbClust")
```

按 Enter 键，将显示一个 CRAN 镜像站点的列表，选择一个适合的镜像站点，单击"确定"按钮开始安装。

5.4.2　新建项目文件夹

开发本项目前应在工程（如数据分析项目.Rproj）所在文件夹中新建一个项目文件夹（基于会员数据的探索和聚类分析），以保存项目所需的 R 脚本文件，实现过程如下：

（1）运行 RStudio，选择"File→Open Project"菜单项，选择已经创建好的工程（如数据分析项目.Rproj），然后在资源管理窗口中单击 Files 面板中的新建文件夹按钮，如图 5.13 所示。

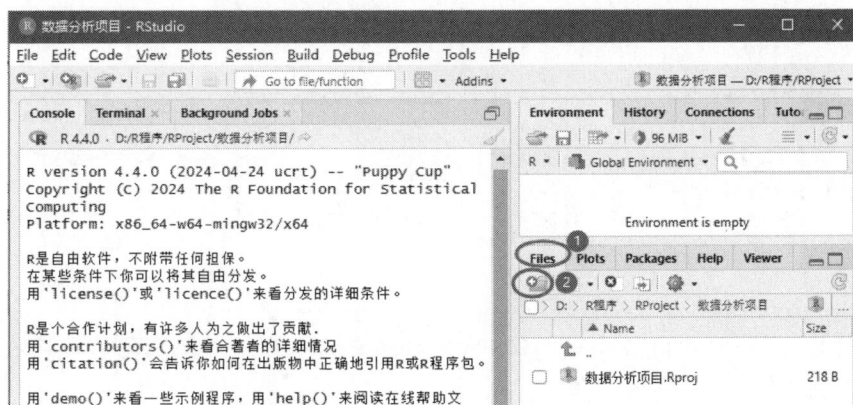

图 5.13　单击 Files 面板中的新建文件夹按钮

（2）打开 New Folder 对话框，输入"基于会员数据的探索和聚类分析"，如图 5.14 所示，然后单击 OK 按钮，项目文件夹就创建完成了。

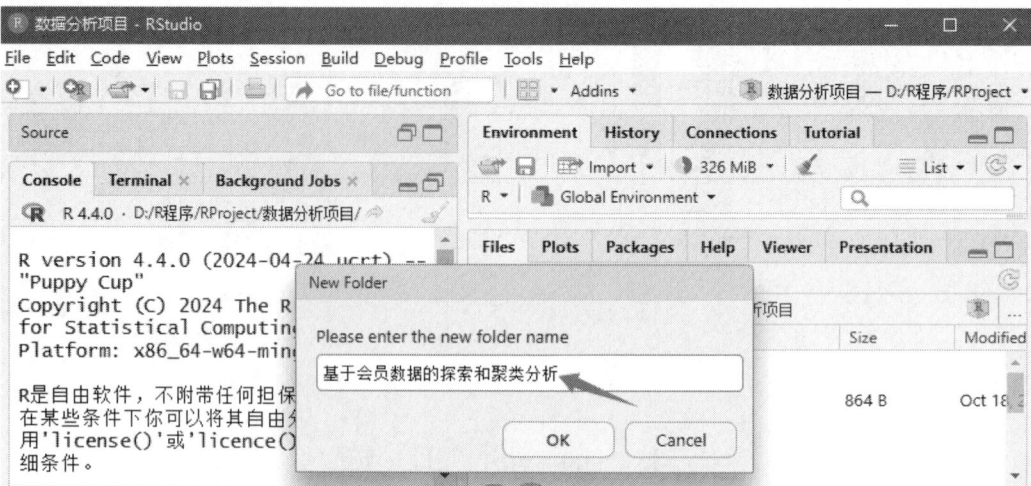

图 5.14　创建基于会员数据的探索和聚类分析项目文件夹

5.5　数据准备

会员数据化运营 RFM 分析实战抽取了近两年的会员消费数据，即 2022 年 1 月 1 日至 2024 年 4 月 30 日，通过数据中的"会员 id""本次消费金额"和"时间"来分析会员数据，部分数据截图如图 5.15 所示。

图 5.15　部分数据截图

说明

本项目使用的数据集为 data.xlsx，开发本项目前应将 data 文件夹复制到项目目录中，如图 5.16 所示。

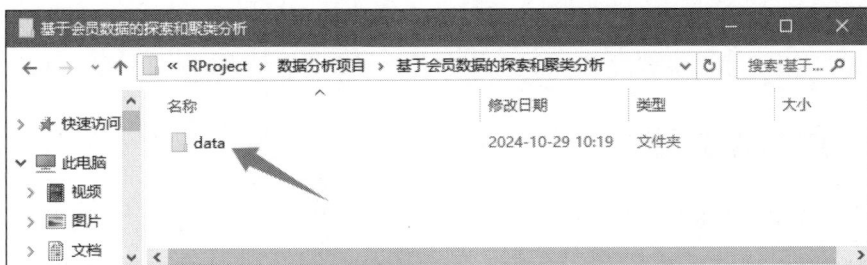

图 5.16　将 data 文件夹复制到项目文件夹

5.6　数据预处理

5.6.1　数据预览

下面读取前 6 条数据、查看数据结构包括行数、列数、所有列名以及数据集中每个变量的数据类型，以便更清晰地了解数据，主要使用 head()函数、ncow()函数、ncol()函数、names()函数和 sapply()函数，实现过程如下（源码位置：资源包\Code\05\01_view_data.R）。

（1）在项目文件夹下新建一个 R 脚本文件，命名为 01_view_data.R。

（2）加载程序包并使用 read.xlsx()函数读取 Excel 文件，代码如下：

```
library(openxlsx)        # 加载程序包
# 读取 Excel 文件
df <- read.xlsx("基于会员数据的探索和聚类分析/data/data.xlsx",sheet=1)
```

（3）显示前 6 条数据，查看数据结构包括行数、列数、所有列名以及数据集中每个变量的数据类型，代码如下：

```
head(df)                 # 显示前6条数据
nrow(df)                 # 行数
ncol(df)                 # 列数
names(df)                # 查看所有列名
sapply(df, class)        # 查看数据集中每个变量的数据类型
```

运行程序，结果如图 5.17 所示。

图 5.17　数据预览

从运行结果得知：首先发现读取的 Excel 文件中的"时间"数据显示不正确，其次数据有 3908 行、3 列，分别为会员 id、本次消费金额和时间，"时间"的数据类型为数值型。

5.6.2　日期时间数据处理

经过数据预览发现读取到 R 中的 Excel 文件中的"时间"数据显示为数值型，具体如图 5.18 所示。

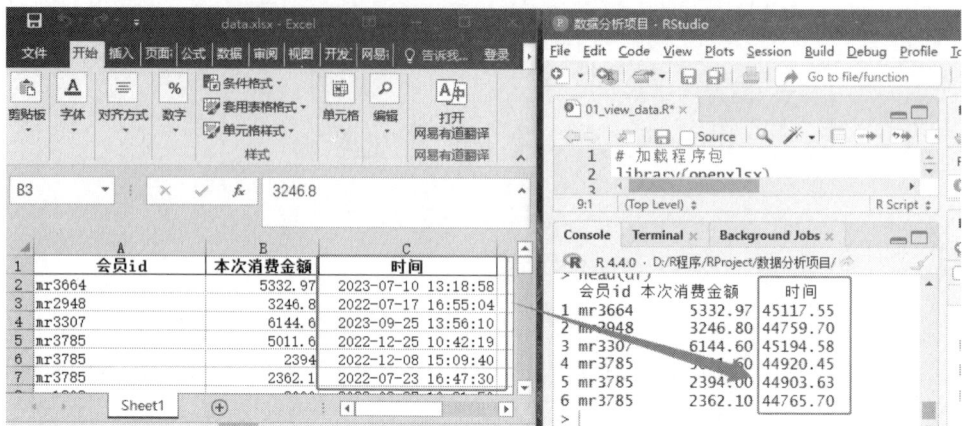

图 5.18　"时间"数据显示为数值型

下面将"时间"转换为日期时间格式，具体过程如图 5.19 所示。

首先使用 as.Date()函数结合 lubridate 包的 ddays()函数将数值型的"时间"转换为日期格式，然后使用 lubridate 包的 ymd_hms()函数将日期格式转换为日期时间格式，实现过程如下（源码位置：资源包 \Code\05\02_datetime_convert.R）。

（1）在项目文件夹下新建一个 R 脚本文件，命名为 02_datetime_convert.R。

（2）加载程序包并使用 read.xlsx()函数读取 Excel 文件，代码如下：

```
# 加载程序包
library(openxlsx)
library(lubridate)
# 读取 Excel 文件
df <- read.xlsx("基于会员数据的探索和聚类分析/data/data.xlsx",sheet=1)
```

（3）将数值转换为日期时间格式，代码如下：

```
date <- as.Date(df$时间,origin='1900-1-1')-ddays(2)    # 将数值转换为日期格式
datetime <- ymd_hms(date)                              # 转换为日期时间格式
df$时间 <- datetime                                     # 赋值给"时间"
head(df)                                               # 显示前 6 条数据
class(df$时间)                                          # 查看数据类型
```

说明

上述代码中，使用 as.Date()函数的目的是还原"时间"，其中主要的参数是 origin，必须设置起始日期为 1900-1-1。原因是 R 语言中日期起始日期是 1970-01-01，Excel 中日期起始日期是 1900-01-01。另外，as.Date()函数在还原日期时可能存在偏差，可以使用 ddays()函数进行调整，调整后一定要和原始日期比对一下，以免出现日期错误。

运行程序，结果如图 5.20 所示。

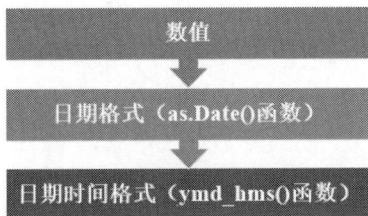

图 5.19 "时间"转换为日期时间格式的过程

```
> # 显示前6条数据
> head(df)
  会员id 本次消费金额           时间
1 mr3664    5332.97  2023-07-10 13:18:58
2 mr2948    3246.80  2022-07-17 16:55:04
3 mr3307    6144.60  2023-09-25 13:56:10
4 mr3785    5011.60  2022-12-25 10:42:19
5 mr3785    2394.00  2022-12-08 15:09:40
6 mr3785    2362.10  2022-07-23 16:47:30
> # 查看数据类型
> class(df$时间)
[1] "POSIXct" "POSIXt"
```

图 5.20 转换后的"时间"

经过上述操作，问题解决了。需要注意的是，不建议将处理后的数据写入新的 Exel 文件，因为写入新的 Exel 文件后，再次使用 read.xlsx()函数读取数据时，转换后的"时间"依旧是数值型。因此，这里对处理后的数据不进行写入操作，后续数据分析过程中如果需要对"时间"进行操作，使用上述方法进行处理即可；如果不需要对"时间"进行操作，则可以忽略。

5.6.3　缺失性分析

缺失性分析包括统计和分析数据集中的缺失值数量和缺失情况，然后对缺失值进行处理，实现过程如下（源码位置：资源包\Code\05\03_miss_data.R）。

（1）在项目文件夹下新建一个 R 脚本文件，命名为 03_miss_data.R。

（2）加载程序包并使用 read.xlsx()函数读取 Excel 文件，代码如下：

```
library(openxlsx)                # 加载程序包
# 读取 Excel 文件
df <- read.xlsx("基于会员数据的探索和聚类分析/data/data.xlsx",sheet=1)
```

（3）缺失值统计，主要使用 colSums()函数结合 is.na()函数实现，代码如下：

```
na_counts <- colSums(is.na(df))    # 缺失值统计分析
print(na_counts)
```

运行程序，结果如下：

```
会员id 本次消费金额  时间
    1      0          0   570
```

从运行结果得知：时间有 570 条缺失值。

（4）通过描述性统计分析查看数据缺失情况，主要使用 summary()函数，代码如下：

```
summary(df)
```

运行程序，结果如图 5.21 所示。

```
     会员id             本次消费金额              时间
 Length:3908      Min.   :   0.00     Min.   :44562
 Class :character  1st Qu.:  24.29     1st Qu.:44731
 Mode  :character  Median :  51.87     Median :44985
                   Mean   : 107.00     Mean   :44961
                   3rd Qu.: 116.87     3rd Qu.:45213
                   Max.   :6144.60     Max.   :45412
                                       NA's   :570
```

图 5.21 描述性统计分析

从运行结果得知："本次消费金额"最小值为 0，说明数据存在 0 值；"时间"存在 570 条空值。

（5）0 值统计，主要使用 sum()函数，代码如下：

```
myval0_counts <- sum(df$本次消费金额==0)
print(myval0_counts)
```

运行程序，结果为 680。

（6）经过上述步骤发现"时间"存在 570 条空值，"本次消费金额"存在 680 条 0 值，下面对这些异常数据进行删除处理，代码如下：

```
# 去除空值，保留时间非空值
# 去除本次消费金额为 0 的记录
df1 <- df[!is.na(df$时间) & df$本次消费金额 !=0,]
# 描述性统计分析查看数据缺失情况
summary(df1)
```

运行程序，再次查看数据，结果如图 5.22 所示。

```
     会员id              本次消费金额           时间
Length:3122        Min.   :    4.90    Min.   :44562
Class :character   1st Qu.:   43.86    1st Qu.:44729
Mode  :character   Median :   58.37    Median :44981
                   Mean   :  128.02    Mean   :44960
                   3rd Qu.:  141.94    3rd Qu.:45214
                   Max.   : 6144.60    Max.   :45412
```

图 5.22　查看数据

从运行结果得知：数据由 3908 条变为 3122 条，说明异常数据被成功删除了。

（7）将处理后的数据写入新的 Excel 文件，方便日后分析，代码如下：

```
# 写入新的 Excel 文件
write.xlsx(df1,"基于会员数据的探索和聚类分析/data/data1.xlsx")
```

5.6.4　计算 RFM 值

数据处理完成后，下面分别计算 R、F、M 值，首先了解一下 R、F、M 值的计算方法，具体如下。

☑　最近消费时间间隔（R 值）：最近一次消费时间与某时刻的时间间隔。计算公式：某时刻的时间（当前系统时间或自己定义的时间，如 2024-05-31）－最近一次消费时间。

☑　消费频次（F 值）：会员累计消费次数。

☑　消费金额（M 值）：会员累计消费金额。

接下来计算 R、F、M 值，实现过程如下（源码位置：资源包\Code\05\04_rfm_data.R）。

（1）在项目文件夹下新建一个 R 脚本文件，命名为 04_rfm_data.R。

（2）加载程序包并使用 read.xlsx()函数读取 Excel 文件，代码如下：

```
# 加载程序包
library(openxlsx)
library(dplyr)
# 读取 Excel 文件
df <- read.xlsx("基于会员数据的探索和聚类分析/data/data.xlsx",sheet=1)
```

（3）日期时间数据处理，方法参见 5.6.2 节，代码如下：

```
date <- as.Date(df$时间,origin='1900-1-1')-ddays(2)    # 将数值转换为日期格式
datetime <- ymd_hms(date)                              # 转换为日期时间格式
df$时间  <- datetime                                    # 赋值给"时间"
```

（4）计算最近一次消费时间（date_last）、F 值和 M 值，主要使用 group_by()函数结合 summarise()函数按照"会员 id"分组统计数据，代码如下：

```
# 计算最近一次消费时间（date_last）、F 值和 M 值
df_group <- df %>%
  group_by(会员id) %>%
  summarise(date_last = max(时间),          # 最大值
            F = length(时间),                # 记录数
            M = sum(本次消费金额))            # 求和
```

（5）根据步骤（4）得到的最近一次消费时间（date_last），结合 difftime()函数，计算最近两次消费的间隔天数，也就是 R 值，代码如下：

```
# 计算 R 值（最近两次消费的间隔天数）
df_group$r <- round(as.numeric(difftime("2024-05-31",df_group$date_last,units = "day")))
# 输出前 6 条数据
head(df_group)
```

运行程序，结果如图 5.23 所示。

```
    会员id      date_last                      M      F     R
    <chr>       <dttm>                       <dbl> <int> <dbl>
1 mingri002 2024-01-05 20:33:53 1474              3   146
2 mingri004 2024-01-04 20:33:53 1200              1   147
3 mingri153 2024-02-13 10:47:46   39.9            1   107
4 mingri155 2024-03-02 10:47:46  140.             1    89
5 mingri156 2024-03-03 10:47:46  140.             1    88
6 mingri157 2024-03-04 10:47:46  208              1    87
```

图 5.23　RFM 值（前 6 条数据）

（6）重命名列名并将结果写入新的 Excel 文件，主要使用 write.xlsx()函数实现，代码如下：

```
df_RFM <- data.frame(id = df_group$会员id,
                     m = df_group$m,
                     f = df_group$f,
                     r = df_group$r)
# 写入新的 Excel 文件
write.xlsx(df_RFM,"基于会员数据的探索和聚类分析/data/rfm.xlsx")
```

5.7　数据统计分析

5.7.1　消费周期分析

消费周期分析主要通过直方图分析 R 值，观察会员消费周期的分布情况，实现过程如下（源码位置：资源包\Code\05\05_R_analysis.R）。

（1）在项目文件夹下新建一个 R 脚本文件，命名为 05_R_analysis.R。

（2）加载程序包并使用 read.xlsx()函数读取 Excel 文件，代码如下：

```
library(openxlsx)                          # 加载程序包
# 读取 Excel 文件
df <- read.xlsx("基于会员数据的探索和聚类分析/data/rfm.xlsx",sheet=1)
```

（3）绘制 R 值直方图并添加密度曲线，主要使用 hist()函数和 line()函数实现，代码如下：

```
# 绘制 R 值直方图并添加密度曲线
```

```
hist(df$r,
     freq = F,                              # 不显示频数
     xlab = "R",main = "消费周期统计分析")
lines(density(df$r),col= "red",lwd=1)# 添加密度曲线
```

运行程序，结果如图 5.24 所示。

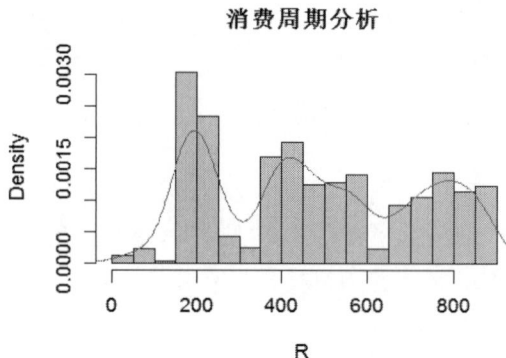

图 5.24　消费周期分析

从运行结果得知：消费周期集中在 200 天左右。

5.7.2　消费频次分析

消费频次分析主要通过直方图分析 F 值，观察会员消费频次的分布情况，实现过程如下（源码位置：资源包\Code\05\06_F_analysis.R）。

（1）在项目文件夹下新建一个 R 脚本文件，命名为 06_F_analysis.R。

（2）加载程序包并使用 read.xlsx()函数读取 Excel 文件，代码如下：

```
library(openxlsx)          # 加载程序包
# 读取 Excel 文件
df <- read.xlsx("基于会员数据的探索和聚类分析/data/rfm.xlsx",sheet=1)
```

（3）绘制 F 值直方图，主要使用 hist()函数实现，代码如下：

```
# 绘制 F 值直方图
hist(df$f,
     xlab = "F",main = "消费频次分析")
```

运行程序，结果如图 5.25 所示。

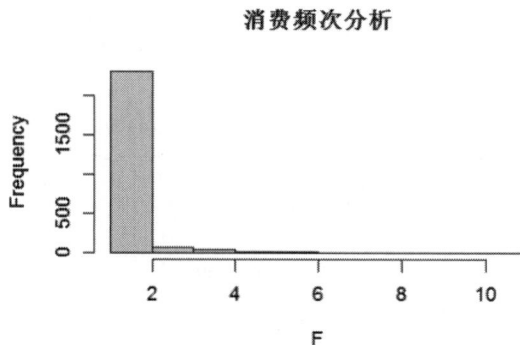

图 5.25　消费频次分析

从运行结果得知：大多数会员消费频次集中在 1 次。

5.7.3 消费金额分析

消费金额分析主要通过柱形图分析 M 值，首先按消费区间统计会员数，然后绘制柱形图，实现过程如下（源码位置：资源包\Code\05\07_M_analysis.R）。

（1）在项目文件夹下新建一个 R 脚本文件，命名为 07_M_analysis.R。

（2）加载程序包并使用 read.xlsx() 函数读取 Excel 文件，代码如下：

```
library(openxlsx)              # 加载程序包
# 读取 Excel 文件
df <- read.xlsx("基于会员数据的探索和聚类分析/data/rfm.xlsx",sheet=1)
```

（3）按 M 值分割数据并标记所属消费区间，主要使用 cut() 函数实现，代码如下：

```
# 按 M 值分割数据并标记所属消费区间
df$消费区间  <- cut(df$m,breaks=c(-Inf,50,100,300,500,1000,2000,5000,Inf),
                labels = c("50 元以下","50-100 元","100-300 元","300-500 元",
                    "500-1000 元","1000-2000 元","2000-5000 元","5000 元以上"), right=TRUE)
# 以表格方式显示数据
View(df)
```

运行程序，结果如图 5.26 所示。

（4）统计各消费区间人数，主要使用 group_by() 函数结合 summarise() 函数实现，代码如下：

```
# 按消费区间统计人数
df1<- dplyr::summarise(group_by(df,消费区间),人数=length(消费区间))
df1
```

运行程序，结果如图 5.27 所示。

	会员id	date_last	m	f	r	消费区间
1	mingri002	45296.86	1474.00	3	146	1000-2000元
2	mingri004	45295.86	1200.00	1	147	1000-2000元
3	mingri153	45335.45	39.90	1	107	50元以下
4	mingri155	45353.45	139.60	1	89	100-300元
5	mingri156	45354.45	139.60	1	88	100-300元
6	mingri157	45355.45	208.00	1	87	100-300元
7	mingri158	45359.45	343.09	4	83	300-500元
8	mingri162	45360.45	58.50	1	82	50-100元
9	mingri164	45362.45	392.87	2	80	300-500元
10	mingri165	45363.45	27.39	1	79	50元以下

图 5.26 标记所属消费区间

	消费区间 <fct>	人数 <int>
1	50元以下	822
2	50-100元	691
3	100-300元	713
4	300-500元	107
5	500-1000元	43
6	1000-2000元	51
7	2000-5000元	11
8	5000元以上	3

图 5.27 按消费区间统计会员数

说明

图 5.27 中的消费区间值包括右端的值。例如，50-100 元包括 100 元。在实际应用中，如果不想包括右边的值可以设置 cut() 函数的 right 参数值为 FALSE。

（5）绘制柱形图，主要使用 barplot() 函数，代码如下：

```
# 绘制柱形图
k=barplot(人数~消费区间,df1, main="消费金额分析", xaxt="n")
# 设置 x 轴标签并旋转 45 度
text(x=k,y=-20,srt = 45, adj = 1, xpd = TRUE, labels = df1$消费区间,cex=0.8)
```

运行程序，结果如图 5.28 所示。

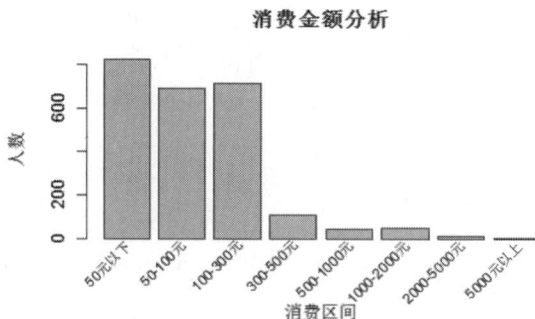

图 5.28　消费金额分析

从运行结果得知：大部分客户的消费金额在 300 元以内。

5.8　K-means 聚类分析

5.8.1　数据标准化

机器学习算法中，通常需要对数据进行标准化处理，也就是将数据处理到一个水平线上，即每个特征数据的均值为 0，标准差为 1。首先查看每个特征数据的均值和标准差，然后进行数据标准化处理，实现过程如下（源码位置：资源包\Code\05\08_kmeans_cluster.R）。

（1）在项目文件夹中新建一个 R 脚本文件，命名为 08_kmeans_cluster.R。

（2）加载程序包并读取 Excel 文件，代码如下：

```
# 加载程序包
library(openxlsx)
library(NbClust)
# 读取 Excel 文件
df <- read.xlsx("基于会员数据的探索和聚类分析/data/rfm.xlsx",sheet=1)
```

（3）计算特征数据的均值和标准差，主要使用 apply()函数实现，代码如下：

```
# 计算均值和标准差
myval <- data.frame("均值"=round(apply(df[,2:4],2,mean),2),
                    "标准差"=round(apply(df[,2:4],2,sd),2))
myval
```

运行程序，结果如图 5.29 所示。

从运行结果得知：F 值明显比 M 值和 R 值小得多，在这种情况下，就需要对数据进行标准化处理，主要使用 reshape 包的 rescaler()函数。

（4）数据标准化，代码如下：

```
df[2:4] <- sapply(df[2:4],reshape::rescaler,"range")   # 数据标准化
head(df)                                                # 输出前 6 条数据
```

运行程序，结果如图 5.30 所示。

```
      均值  标准差
M  163.74  425.26
F    1.28    0.80
R  472.54  236.75
```

图 5.29 特征数据的均值和标准差

```
          id            M   F          R
1 mingri002 0.106177997 0.2 0.13647059
2 mingri004 0.086374872 0.0 0.13764706
3 mingri153 0.002529596 0.0 0.09058824
4 mingri155 0.009735332 0.0 0.06941176
5 mingri156 0.009735332 0.0 0.06823529
6 mingri157 0.014678886 0.0 0.06705882
```

图 5.30   数据标准化

5.8.2 聚类方案

在对会员数据进行 k 均值聚类分析前，我们要得到最佳聚类方案，主要使用 Nbclust 包的 NbClust()函数实现，实现过程如下（源码位置：资源包\Code\05\08_kmeans_cluster.R）。

（1）得到最佳聚类方案，主要使用 Nbclust 包的 NbClust()函数实现，代码如下：

```
# 设置随机种子
set.seed(123)
# 最少划分为 2 簇，最多划分为 8 簇
clusterKM <- NbClust(df[2:4], min.nc = 2, max.nc = 8,method = "kmeans")
```

运行程序，结果如图 5.31 所示。

```
*** : The Hubert index is a graphical method of determining the number of clusters.
      In the plot of Hubert index, we seek a significant knee that corresponds to a
      significant increase of the value of the measure i.e the significant peak in Hubert
      index second differences plot.

*** : The D index is a graphical method of determining the number of clusters.
      In the plot of D index, we seek a significant knee (the significant peak in Dindex
      second differences plot) that corresponds to a significant increase of the value of
      the measure.

*******************************************************************
* Among all indices:
* 4 proposed 2 as the best number of clusters
* 13 proposed 3 as the best number of clusters
* 4 proposed 4 as the best number of clusters
* 2 proposed 8 as the best number of clusters

                 ***** Conclusion *****

* According to the majority rule, the best number of clusters is  3

*******************************************************************
```

图 5.31   聚类方案

从运行结果得知：最佳聚类数为 3，即应将会员划分为 3 类。这里需要注意：数据较多时，程序运行会较慢，需要耐心等待。

（2）上述结果看上去不是很直观，下面使用 table()函数和 barplot()函数输出可视化聚类方案，代码如下：

```
table(clusterKM$Best.nc[1,])
barplot(table(clusterKM$Best.nc[1,]),
      xlab = "聚类数",
      ylab = "频数")
```

运行程序，结果如下：

```
0 1 2 3 4 6 7 8
2 1 5 8 3 3 3 1
```

可视化结果如图 5.32 所示。

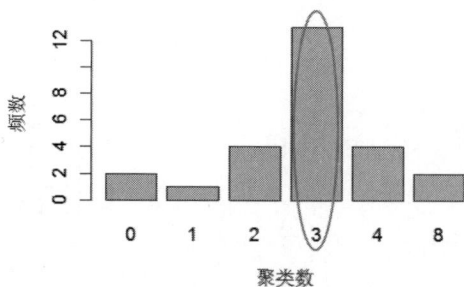

图 5.32 柱形图分析聚类方案

从运行结果得知：聚类数为 3 时频数最大，因此会员划分为 3 类是最佳聚类方案。

5.8.3 K 均值聚类分析

下面使用 wskm 包的 ewkm()函数实现 K-means 聚类，先绘制聚类图观察类别，然后对会员类别进行标记。实现过程如下（源码位置：资源包\Code\05\08_kmeans_cluster.R）。

（1）使用 ewkm()函数实现 K-means 聚类，代码如下：

```
# K-means 聚类
kmeans_cluster <- ewkm(df[2:4],3)
kmeans_cluster$size                    # 每个类别的记录数
kmeans_cluster$cluster                 # 标记类别
kmeans_cluster$centers                 # 每个类别的中心矩阵
```

（2）使用 plot()函数绘制 RFM 模型散点图矩阵，代码如下：

```
plot(df[2:4],col=kmeans_cluster$cluster)        # 绘制 RFM 模型散点图矩阵
```

运行程序，结果如图 5.33 所示。

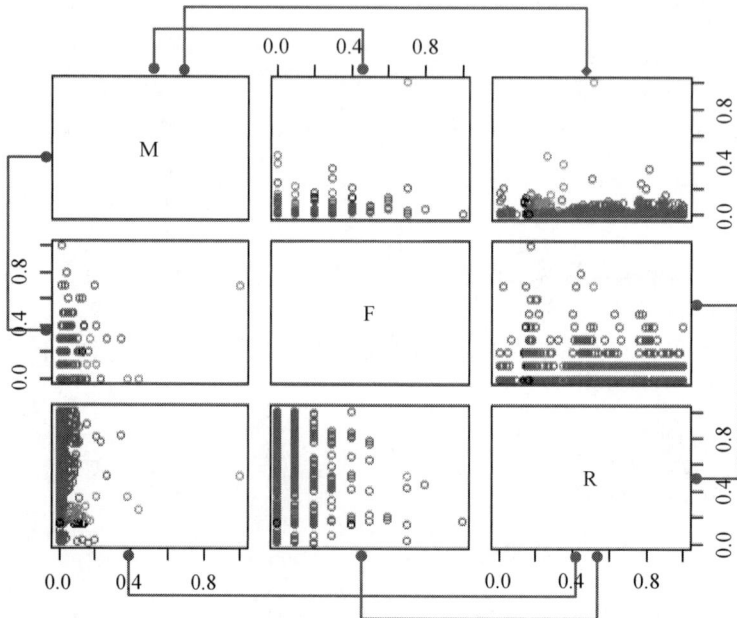

图 5.33 散点图矩阵

从运行结果得知：散点图矩阵是 RFM 模型中各指标两两之间的关系散点图。

下面详细介绍一下应该如何解读散点图矩阵。

☑ 第一行第二张图表是 F 和 M 的关系，其中 F 为横坐标，M 为纵坐标。

☑ 第一行第三张图表是 R 和 M 的关系，其中 R 为横坐标，M 为纵坐标。

☑ 第二行第一张图表是 M 和 F 的关系，其中 M 为横坐标，F 为纵坐标。

☑ 第二行第三张图表是 R 和 F 的关系，其中 R 为横坐标，F 为纵坐标。

☑ 第三行第一张图表是 M 和 R 的关系，其中 M 为横坐标，R 为纵坐标。

☑ 第三个第二张图表是 R 和 F 的关系，其中 F 为横坐标，R 为纵坐标。

（3）使用 cluster 包的 clusplot() 函数绘制二元聚类图，代码如下：

```
# 绘制二元聚类图
cluster::clusplot(df[2:4], kmeans_cluster$cluster, color = T, shade = T,labels = 4)
```

运行程序，结果如图 5.34 所示。

从运行结果得知：二元聚类图使用了两个成分，x 轴与 y 轴涵盖了 78.95% 的数据点，数据点根据成分 1 和成分 2 的取值散落在图中，1、2、3 代表三个类别，同一类别内的数据点颜色和形状相同。

（4）使用 lattice 包的 levelplot() 函数绘制带层次的热图，并观察聚类效果。代码如下：

```
# 绘制带层次的热图
lattice::levelplot(kmeans_cluster)
```

运行程序，结果如图 5.35 所示。

从运行结果得知：第 2 类客户为大客户，M 值较大，即消费金额高；第 1 类客户为活跃客户，F 值较大，即消费频次较多；第 3 类客户为流失客户，R 值较大，即最近消费时间间隔很大。

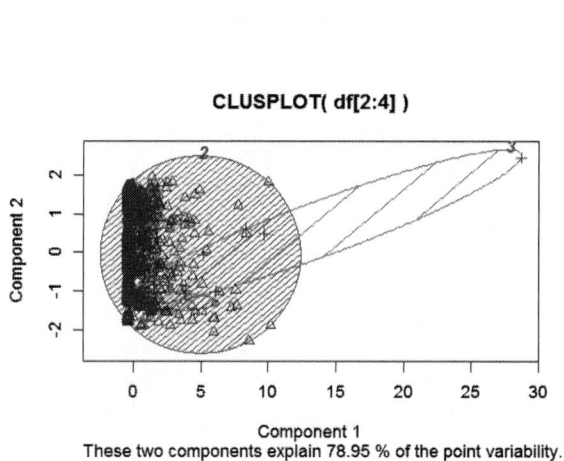

图 5.34　二元聚类图

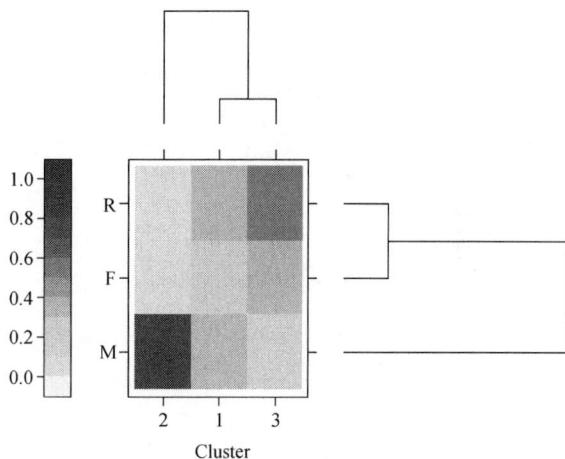

图 5.35　带层次的热图

（5）标记会员类别后，将数据写入新的 Excel 文件，代码如下：

```
# 标记会员类别
df$类别  <- kmeans_cluster$cluster
# 写入新的 Excel 文件
write.xlsx(df,"基于会员数据的探索和聚类分析/data/data_cluster.xlsx")
```

5.9　项　目　运　行

通过前述步骤，设计并完成了"基于会员数据的探索和聚类分析"项目的开发，项目文件夹中包括 8

个 R 脚本文件和一个用于存放 Excel 文件的 data 文件夹，如图 5.36 所示。

图 5.36　项目文件夹

下面按照开发过程运行脚本文件，检验一下我们的开发成果。例如，运行 01_view_data.R，首先单击 Files 面板，在列表中选择 01_view_data.R，在代码编辑窗口中单击 Run 按钮，运行光标所在行，如图 5.37 所示，或者单击 Source 按钮，运行所有行。

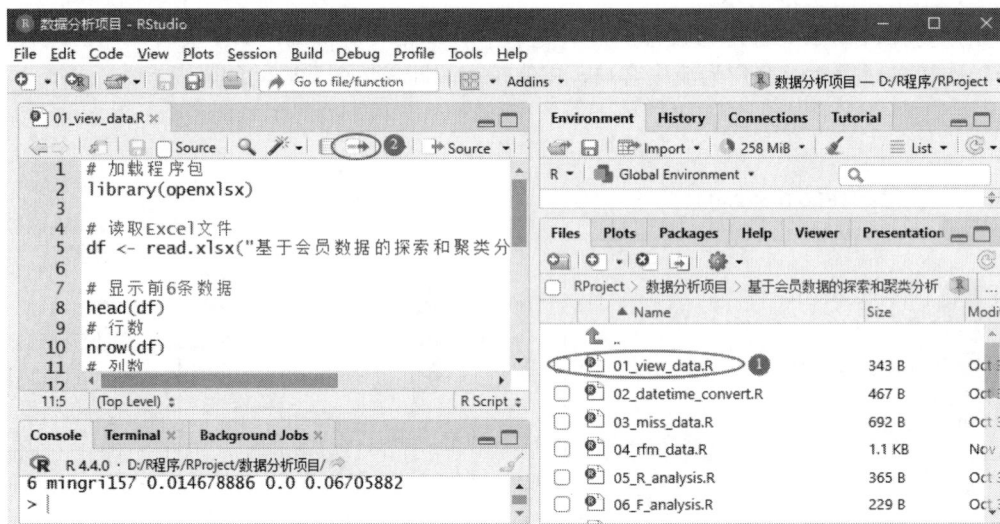

图 5.37　运行 01_view_data.R

其他脚本文件按照图 5.36 中的文件名顺序运行，这里不再赘述。

5.10　源 码 下 载

虽然本章详细地讲解了"基于会员数据的探索和聚类分析"项目的各个功能，但给出的代码都是代码片段，而非源码。为了方便读者学习，本书提供了用以下载源码的二维码，扫描右侧二维码即可下载。

源码下载

第6章

快团团订单数据统计分析与关联分析

——分组统计 + 数据合并 + 基本绘图 + ggplot2 + Apriori 关联分析 + arules

关联分析是一种数据挖掘技术，用于揭示数据之间的关联关系，对预测未来的行为趋势非常有用，同时也可以帮助我们发现隐藏在数据中的有价值的信息，以便做出更好的决策，并助力发现市场新机遇与动态。

本章将主要通过 arules 包的 Apriori 算法和 Eclat 算法实现快团团订单数据的关联分析，从订单数据中找出顾客购买商品之间的关联和隐含的关系，从而定制营销策略，帮助企业提升销售业绩。

本项目的核心功能及实现技术如下：

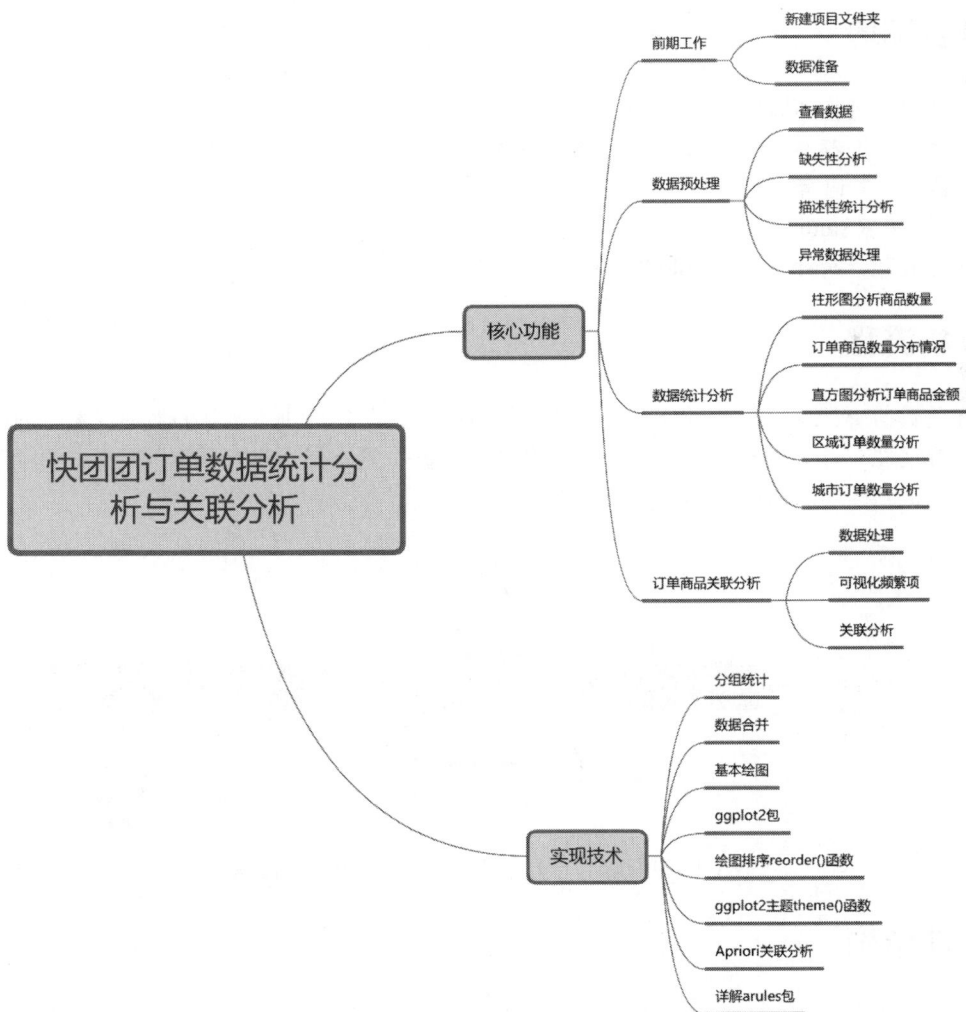

项目微视频

- 核心功能
  - 前期工作
    - 新建项目文件夹
    - 数据准备
  - 数据预处理
    - 查看数据
    - 缺失性分析
    - 描述性统计分析
    - 异常数据处理
  - 数据统计分析
    - 柱形图分析商品数量
    - 订单商品数量分布情况
    - 直方图分析订单商品金额
    - 区域订单数量分析
    - 城市订单数量分析
  - 订单商品关联分析
    - 数据处理
    - 可视化频繁项
    - 关联分析

快团团订单数据统计分析与关联分析

- 实现技术
  - 分组统计
  - 数据合并
  - 基本绘图
  - ggplot2包
  - 绘图排序reorder()函数
  - ggplot2主题theme()函数
  - Apriori关联分析
  - 详解arules包

6.1　开发背景

大数据人工智能时代，时时刻刻都会产生大量的数据，在海量数据的背后必然存在着很多有价值的信息，这就需要通过一定的方法进行挖掘。在 R 语言中，arules 包是数据挖掘领域的王者，无论是对初学者、数据分析师还是资深数据科学家，都有很大的帮助。通过使用 arules 包，您可以轻松挖掘数据中的关联规则，发现隐藏的商业模式，从而为业务决策提供有力支持。

本章将主要使用 arules 包的 Apriori 算法和 Eclat 算法实现快团团订单数据的关联分析，从而发现订单中不同商品之间的联系，分析顾客的购物习惯，通过了解哪些商品被顾客频繁购买、哪些商品被顾客同时购买，帮助商家制定合理的营销方案，提升销售业绩。那么，接下来就让我们开启数据挖掘之旅吧！

6.2　系统设计

6.2.1　开发环境

本项目的开发及运行环境如下：

- ☑　操作系统：推荐 Windows 10、11 及以上版本。
- ☑　编程语言：R 语言。
- ☑　开发环境：RStudio。
- ☑　第三方 R 包：openxlsx、ggplot2、arules。

6.2.2　分析流程

快团团订单数据统计分析与关联分析首要任务是数据准备，然后进行数据预处理工作，即查看数据、缺失性分析、描述性统计分析和异常数据处理，以确保数据质量，然后进行数据统计分析和订单商品关联分析。本项目分析流程如图 6.1 所示。

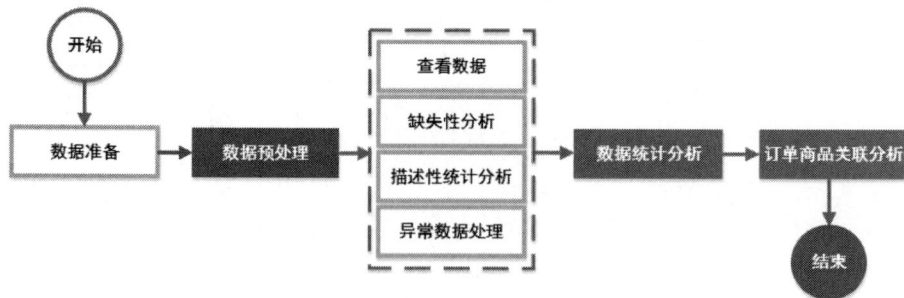

图 6.1　快团团订单数据统计分析与关联分析流程

6.2.3　功能结构

本项目的功能结构已经在章首页中给出。本项目实现的具体功能如下：

- ☑ 数据准备：对数据进行简单的预览。
- ☑ 数据预处理：首先查看数据概况，包括查看前 6 条数据、行数、列数、查看所有列名以及数据集中每个变量的数据类型。然后进行缺失性分析、描述性统计分析，最后处理异常数据。
- ☑ 数据统计分析：包括柱形图分析商品数据、订单商品数量分布情况、直方图分析订单商品金额、区域订单数量分析和城市订单数量分析。
- ☑ 订单商品关联分析：数据处理、可视化频繁项和关联分析。

6.3 技 术 准 备

6.3.1 技术概览

快团团订单数据统计分析与关联分析是通过在快团团下载并读取 Excel 文件，然后进行数据处理来实现的，其中主要使用了分组统计、数据合并、基本绘图和第三方 R 包 ggplot2 等技术。对于这些技术细节，本书不再赘述，在《R 语言数据分析从入门到精通》一书中有详细的讲解，对这些知识不太熟悉的读者可以参考该书对应的内容。

除此之外，本项目在使用 ggplot2 包绘图时对柱形图进行了排序，主要使用了 reorder()函数；在对图表细节进行处理时，使用了主题函数 theme()。另外，本项目的核心功能关联分析，主要使用了第三方 R 包 arules，同时对 Apriori 关联分析进行了介绍。下面对这几部分内容进行详细的介绍并举例，以确保读者顺利完成本项目，同时拓展相关知识以便更好地利用 R 进行数据挖掘。

6.3.2 绘图排序 reorder()函数

在 R 语言中 reorder()函数通常用于重新排序因子变量的水平，以基于其他变量的值对这些水平进行排序，常用于绘制图表，可确保图形中的元素按照指定的顺序显示。例如，让柱形图中的每个柱子按顺序显示。reorder()函数的语法格式如下：

```
reorder(x, X, FUN = mean, ...,order = is.ordered(x), decreasing = FALSE)
```

参数说明：
- ☑ x：要重新排序的因子变量。
- ☑ X：用于排序的向量或因子
- ☑ FUN：用于计算排序值的函数。如果不指定该参数，则使用默认的排序规则。
- ☑ ...：表示其他传递给排序函数的参数。
- ☑ order：逻辑值，是否返回有序因子。
- ☑ decreasing：逻辑值，FALSE 表示降序排序，TRUE 表示升序排序。

下面通过 R 语言自带的 InsectSprays 数据集，使用 reorder()函数按每种杀虫剂杀虫数量的中位数进行升序排序，然后绘制箱形图，代码如下：

```
bymedian <- with(InsectSprays, reorder(spray, count, median))
boxplot(count ~ bymedian, data = InsectSprays,
        xlab = "Type of spray", ylab = "Insect count",
        main = "InsectSprays data", varwidth = TRUE,
        col = "lightgray")
```

运行程序，结果如图 6.2 所示。

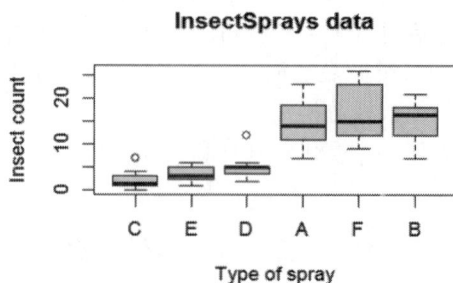

图 6.2　杀虫剂种类和杀虫数量箱形图

6.3.3　详解 ggplot2 包的主题函数 theme()

ggplot2 包的主题函数 theme()的功能非常强大，主要用于定制图表的细节，包括标题、标签、字体、背景、网格线和图例等，基本调用格式如下：

```
# 调用格式
plot + theme(element.name = element_function())
# plot 代表绘图函数
# element.name 代表图表元素
# element_function()代表一个修改函数，用于接收修改参数
```

例如，设置图表标题的颜色为红色，代码如下：

```
theme(plot.title = element_text(colour = "red"))+
```

下面介绍 theme()函数常用的图表元素和对应的修改函数，如表 6.1 所示。

表 6.1　theme()函数的主要参数

图表元素	对应的修改函数	说明
plot.background	element_rect()	设置图表背景，如边框颜色、填充颜色、线宽等
plot.title	element_text()	设置图表标题，如标题文本的颜色、字体大小、角度等
plot.margin	margin()	设置文本周围的边距
axis.line	element_line()	设置轴线，如颜色、线宽等
axis.text	element_text()	设置坐标轴文本标签
axis.text.x	element_text()	设置 x 轴文本标签
axis.text.y	element_text()	设置 y 轴文本标签
axis.title	element_text()	设置坐标轴标题
axis.title.x	element_text()	设置 x 轴标题
axis.title.y	element_text()	设置 y 轴标题
axis.ticks	element_line()	设置坐标轴刻度
legend.background	element_rect()	设置图例背景
legend.key	element_rect()	设置图例关键字
legend.key.size	unit()	设置图例关键字的大小
legend.key.height	unit()	设置图例关键字的高度
legend.key.width	unit()	设置图例关键字的宽度

图表元素	对应的修改函数	说明
legend.margin	unit()	设置图例周围的边距
legend.text	element_text()	设置图例文本
legend.text.align	element_text()	设置图例文本的对齐方式。0=right，1=left
legend.title	element_text()	设置图例标题
legend.title.align	element_text()	设置图例标题的对齐方式。0=right，1=left

下面介绍一下常用的修改函数。

1. element_text()函数

element_text()函数主要用于设置标签文本和标题文本的字体、颜色、大小、水平距离、垂直距离、角度、线高、文本周围的边距等。语法格式如下：

```
element_text( family = NULL, face = NULL, colour = NULL, size = NULL, hjust = NULL, vjust = NULL, angle = NULL, lineheight = NULL, color = NULL, margin = NULL, debug = NULL, inherit.blank = FALSE)
```

例如，设置 x 轴文本标签的角度为 30 度、水平距离为 0.8，代码如下：

```
plot+theme(axis.text.x = element_text(angle = 30, hjust=0.8)     # plot 代表绘图函数
```

2. element_line()函数

element_line()函数主要用于设置线框的颜色、线条宽度和线的样式。语法格式如下：

```
element_line(colour = NULL, linewidth = NULL, linetype = NULL, lineend = NULL, color = NULL, arrow = NULL, inherit.blank = FALSE, size = deprecated())
```

例如，设置坐标轴线框的颜色为红色，代码如下：

```
plot+theme(axis.line = element_line(colour = "red"))     # plot 代表绘图函数
```

3. element_rect()函数

element_rect()函数主要用于背景的设置，包括填充颜色、边框颜色、线宽、线型和大小等。语法格式如下：

```
element_rect( fill = NULL, colour = NULL, linewidth = NULL, linetype = NULL, color = NULL, inherit.blank = FALSE, size = deprecated())
```

例如，设置画布背景颜色为绿色，大小为 30，代码如下：

```
plot+theme(plot.background = element_rect(color = "green",size=30))
```

6.3.4　Apriori 关联分析

为什么沃尔玛将看似毫不相干的啤酒和纸尿裤（如图 6.3 所示）摆在一起销售，双方的销量都会增长呢？这是因为啤酒和纸尿裤之间存在着某种不易觉察的关联。原来，美国的太太们常叮嘱丈夫下班后为孩子买纸尿裤，而男人们购买纸尿裤的同时会顺便为自己买两瓶啤酒。本节要讲述的 Apriori 关联分析就与此相关。

Apriori 的含义是先验的、推测的，它是一种挖掘关联规则的频繁项集算法。Apriori 关联分析就是通过 Apriori 算法发现大量数据之间的关联或者潜在关系与规律的过程。例如，一家大型超市，通过 Apriori 关联分析可以发现顾客购买不同商品之间的联系，从而分析顾客的购物习惯，通过了解哪些商品被顾客频繁

购买、哪些商品被顾客同时购买，帮助商家制定合理的营销方案，如捆绑销售、套餐设置、商品位置摆放调整、促销活动等，以提升销售业绩。

例如，图 6.4 为一组简单的顾客超市购物数据，第 1 列为顾客信息，第 2 列为购物小票中的商品信息（以英文字母代替），如何使用 Apriori 关联分析找出不同商品间的联系呢？

图 6.3 啤酒和纸尿裤

图 6.4 顾客超市购物数据

在使用 Apriori 关联分析前，先简单介绍一下常见的术语。

- ☑ 事务库："购物小票"中的数据就是一个事务库，该事务库记录了顾客购物行为数据。
- ☑ 事务：事务库中的每一条记录为事务，在"购物小票"事务库中，一笔事务就是一次购物行为。例如，第 1 行数据"顾客 1 购买了 A,B,C"就是一笔事务。
- ☑ 项和项集：在"购物小票"事务库中，每一个商品为项，如 A；项的集合为项集，如"A、B""A、C""C、B"等都是项集，也就是不同商品的组合。
- ☑ 频繁项集：经常一起出现的商品，可以是 0 个或者多个项集。
- ☑ 支持度：包含该项集的事务在所有事务中所占的比例。例如，{A,B} 同时出现的概率。
- ☑ 置信度：项集在包含该项集的事务中出现的频繁程度（概率）。例如，购买 A 的人同时购买 B 的概率。
- ☑ 关联规则：数据内隐含的关联性。例如，购买商品 A 的人往往会购买商品 B。关联规则的强度用于判断关联规则的有效性，主要使用支持度和置信度。

其中，频繁项集、支持度、置信度和关联规则可以通过公式计算得到，这里不去探究。因为本示例中，我们可通过 R 语言中的 arules 包来实现 Apriori 关联分析。

6.3.5 详解 arules 包

arules 包是一款强大的第三方包，主要用于挖掘关联规则和频繁项集。该包不仅提供关联规则挖掘算法 Apriori 和 Eclat 等，还支持多种兴趣度量，能深入分析数据并从中挖掘隐藏关系。具体功能如下。

- ☑ 数据结构：提供表示和操作事务数据的结构。
- ☑ 挖掘算法：内置了多种高效的关联规则挖掘算法，如 Apriori 和 Eclat。这些算法是基于 C 语言实现的，确保了计算的高效性。
- ☑ 兴趣度量：支持多种兴趣度量。

arules 包的应用场景非常广泛，包括购物篮分析、推荐系统、医疗数据分析和网络安全等。使用 arules 包实现 Apriori 关联分析的基本过程如图 6.5 所示。

图 6.5 使用 arules 包实现 Apriori 关联分析的基本过程

1. 安装 arules 包

arules 包属于第三方 R 包，使用前应进行安装。安装代码如下：

```
install.packages("arules")
```

按 Enter 键，将显示一个 CRAN 镜像站点的列表，选择一个适合的镜像站点，如图 6.6 所示，单击"确定"按钮开始安装。arules 包安装成功后，就可以在程序中使用 arules 包了。

2. 数据转换

实现关联分析前，需要对数据进行处理，将列表、数据框等类型数据转换为 arules 包能够接收的格式，即"事务"，如图 6.7 所示。

图 6.6　选择镜像站点

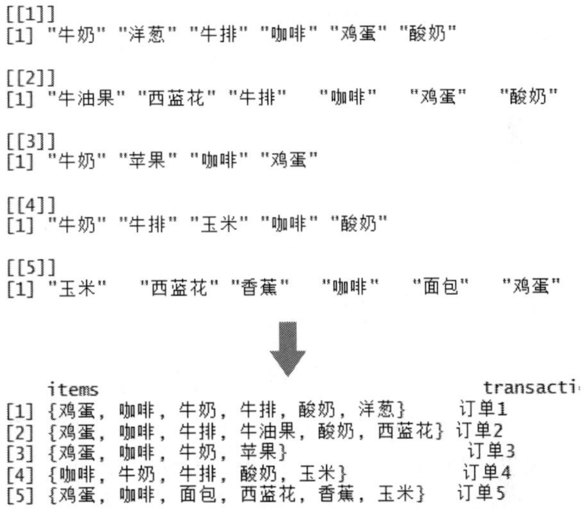

图 6.7　原始数据转换为"事务"

下面创建一组订单数据，将其转换为"事务"，代码如下：

```
library(arules)                          # 加载程序包
# 创建数据
item <- list(
  c('牛奶','洋葱','牛排','咖啡','鸡蛋','酸奶'),
  c('牛油果','西蓝花','牛排','咖啡','鸡蛋','酸奶'),
  c('牛奶','苹果','咖啡','鸡蛋'),
  c('牛奶','牛排','玉米','咖啡','酸奶'),
  c('玉米','西蓝花','香蕉','咖啡','面包','鸡蛋')
  )
print(item)                              # 输出原始数据
names(item) <- paste("订单",c(1:5),sep = "")  # 按"订单"分组
item <- as(item,"transactions")          # 将数据转换为事务
inspect(item)                            # 显示事务
```

3. 挖掘频繁项集和关联规则

利用 arules 包的 Apriori 算法挖掘频繁项集和关联规则，主要使用 apriori() 函数，通过 apriori() 函数在转

换为事务后的数据中找出频繁项集，其返回结果由项集、支持度和置信度等组成。例如，找出上述商品的频繁项集和关联规则，代码如下：

```
# 使用 Apriori 算法挖掘频繁项集、关联规则等
rules <- apriori(data=item,parameter = list(support = 0.8,confidence=0.8,minlen=1))
inspect(rules)                  # 显示关联和事务
```

上述代码中，item 为转换为事务后的数据，support 参数为最小支持度，confidence 参数为最小置信度，minlen 参数为最小长度。运行程序，结果如图 6.8 所示。

```
    lhs         rhs      support confidence coverage lift count
[1] {}       => {鸡蛋}   0.8     0.8        1.0      1    4
[2] {}       => {咖啡}   1.0     1.0        1.0      1    5
[3] {鸡蛋}  => {咖啡}   0.8     1.0        0.8      1    4
[4] {咖啡}  => {鸡蛋}   0.8     0.8        1.0      1    4
```

图 6.8　频繁项集和关联规则

从运行结果得知：左侧项集（lhs）和右侧项集（rhs）中，支持度（support）最高也就是出现最频繁的单个商品是咖啡，出现最频繁的两个商品是鸡蛋和咖啡。

在关联规则的各项指标数据中，鸡蛋和咖啡的置信度（confidence）为 1.0，说明鸡蛋和咖啡被同时购买的概率为 100%。另外，lift（提升度）为 1，说明鸡蛋和咖啡之间有着非常强的正相关性。

6.4　前　期　工　作

6.4.1　新建项目文件夹

开发本项目前应在工程（如数据分析项目.Rproj）所在文件夹中新建一个项目文件夹（如快团团订单数据统计分析与关联分析），以保存项目所需的 R 脚本文件，实现过程如下。

（1）运行 RStudio，选择"File→Open Project"菜单项，选择已经创建好的工程（如数据分析项目.Rproj），然后在资源管理窗口中单击 Files 面板中的新建文件夹按钮，如图 6.9 所示。

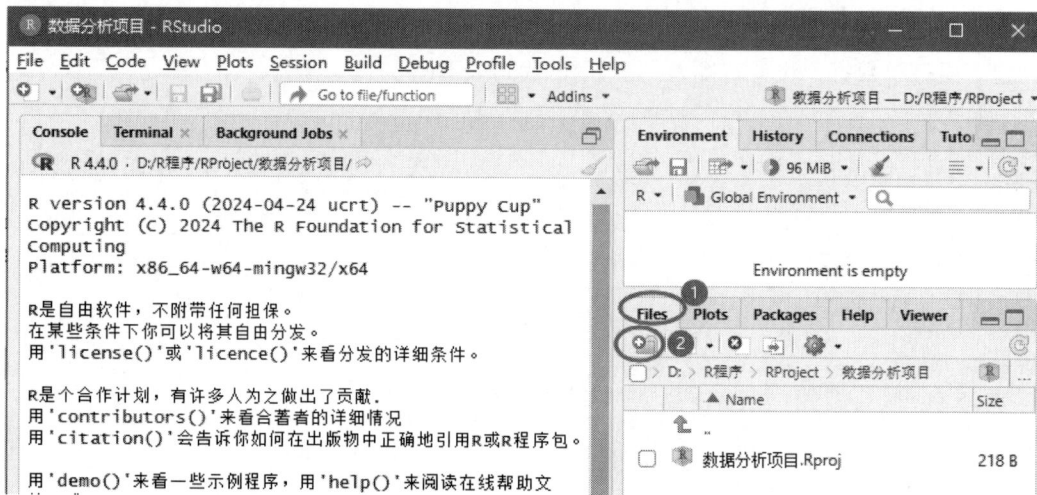

图 6.9　单击 Files 面板中的新建文件夹按钮

（2）打开 New Folder 对话框，输入"快团团订单数据统计分析与关联分析"，如图 6.10 所示，然后单击 OK 按钮，项目文件夹就创建完成了。

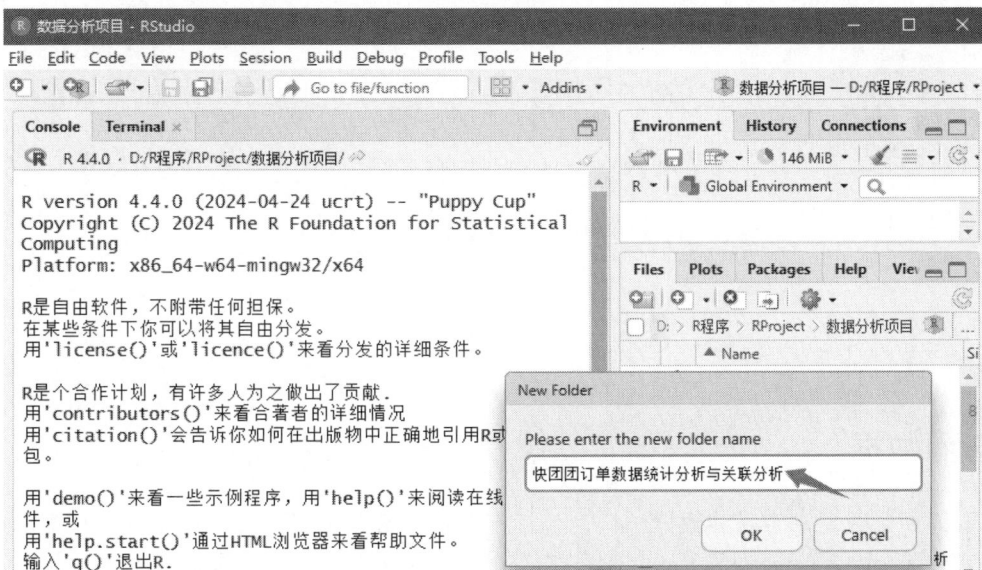

图 6.10　创建快团团订单数据统计分析与关联分析项目文件夹

6.4.2　数据准备

快团团订单数据统计分析与关联分析的数据主要来源于快团团某商家的采购订单数据，部分数据截图如图 6.11 所示。

图 6.11　"采购订单.xlsx"部分数据截图

📝**说明**

本项目使用的数据集为"采购订单.xlsx"，开发本项目前应首先将该文件复制到项目目录中，如图 6.12 所示。

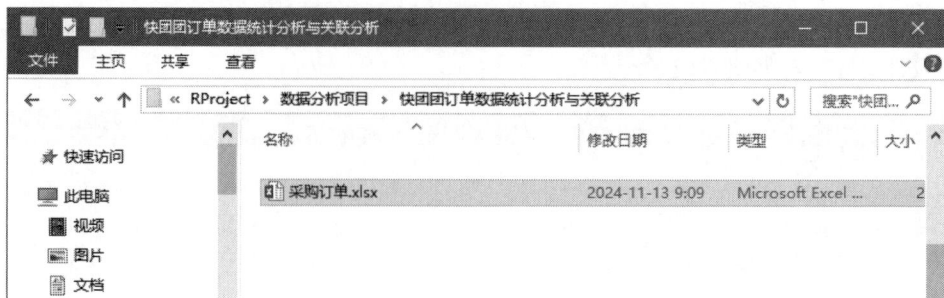

图 6.12 将数据文件复制到项目文件夹

6.5 数据预处理

6.5.1 查看数据

下面读取前 6 条数据，查看其数据结构，包括行数、列数、列名以及变量的数据类型。这需要用到 head()、ncow()、ncol()、names() 和 sapply() 函数，实现过程如下（源码位置：资源包\Code\06\01_view_data.R）。

（1）在项目文件夹下新建一个 R 脚本文件，命名为 01_view_data.R。

（2）加载程序包，并使用 read.xlsx() 函数读取 Excel 文件，代码如下：

```
library(openxlsx)                # 加载程序包
# 读取 Excel 文件
df <- read.xlsx("快团团订单数据统计分析与关联分析/采购订单.xlsx",sheet=1)
```

（3）显示前 6 条数据，主要使用 head() 函数，代码如下：

```
head(df)                        # 显示前 6 条数据
```

运行程序，结果如图 6.13 所示。

```
              订单号              商品名称  数量 商品金额 支付状态    省       市
1 1217-000115381931525       正版神机宝贝乘除数独    1      59    已支付 广东省 广州市
2 1217-000251665943304     正版神机宝贝空间推理数独    1      59    已支付 河南省 郑州市
3 1217-000545277733381       正版神机宝贝图形数独    1      59    已支付 陕西省 西安市
4 1217-000639649541941     正版神机宝贝几何空间数独    1      59    已支付 湖南省 长沙市
5 1217-000844121681740       正版神机宝贝标准数独    1      59    已支付 山西省 忻州市
6 1217-001342205581647     正版神机宝贝数字关系数独    1      59    已支付 广东省 湛江市
```

图 6.13 显示前 6 条数据

（4）查看数据结构，包括行数、列数、列名以及各变量的数据类型，代码如下：

```
nrow(df)              # 行数
ncol(df)              # 列数
names(df)             # 查看所有列名
sapply(df, class)     # 查看数据集中各变量的数据类型
```

运行程序，结果如图 6.14 所示。

从运行结果得知：数据有 5514 行，7 列，分别为"订单号""商品名称""数量""商品金额""支付状态""省"和"市"，数据类型正确。

```
> # 行数
> nrow(df)
[1] 5514
> # 列数
> ncol(df)
[1] 7
> # 查看所有列名
> names(df)
[1] "订单号"     "商品名称" "数量"       "商品金额" "支付状态" "省"           "市"
> # 查看数据集中每个变量的数据类型
> sapply(df, class)
      订单号       商品名称       数量       商品金额   支付状态         省             市
  "character"  "character"   "numeric"    "numeric"  "character" "character" "character"
```

图 6.14　查看行数、列数、所有列名等

6.5.2　缺失性分析

缺失性分析的任务是统计和分析数据集中的缺失值数量和缺失情况，并对缺失值进行处理。实现过程如下（源码位置：资源包\Code\06\02_miss_data.R）。

（1）在项目文件夹下新建一个 R 脚本文件，命名为 02_miss_data.R。

（2）加载程序包并使用 read.xlsx()函数读取 Excel 文件，代码如下：

```
library(openxlsx)                    # 加载程序包
# 读取 Excel 文件
df <- read.xlsx("快团团订单数据统计分析与关联分析/采购订单.xlsx",sheet = 1)
```

（3）缺失值统计，主要使用 colSums()函数结合 is.na()函数实现，代码如下：

```
na_counts <- colSums(is.na(df))     # 缺失值统计分析
print(na_counts)
```

运行程序，结果如下：

订单号	商品名称	数量	商品金额	支付状态	省	市
0	0	0	0	0	0	0

从运行结果得知：数据没有缺失。

6.5.3　描述性统计分析

描述性统计分析用于统计和查看商品数量、商品金额和支付状态等，实现过程如下（源码位置：资源包\Code\06\03_stat_data.R）。

（1）在项目文件夹下新建一个 R 脚本文件，命名为 03_stat_data.R。

（2）加载程序包并使用 read.xlsx()函数读取 Excel 文件，代码如下：

```
library(openxlsx)                    # 加载程序包
# 读取 Excel 文件
df <- read.xlsx("快团团订单数据统计分析与关联分析/采购订单.xlsx",sheet = 1)
```

（3）使用 summary()函数查看数量、商品金额分布情况；使用 table()函数统计查看支付状态，代码如下：

```
summary(df)                          # 描述性统计
table(df$支付状态)                    # 支付状态统计
```

运行程序，结果如图 6.15 所示。

从运行结果得知：数量和金额最小值为 0，说明用户没有购买产品。另外待支付为 639、已关闭为

11，也说明用户没有购买产品。

```
> summary(df)
     订单号              商品名称              数量              商品金额
 Length:5514        Length:5514        Min.   : 0      Min.   :   0.00
 Class :character   Class :character   1st Qu.: 1      1st Qu.:  59.00
 Mode  :character   Mode  :character   Median : 1      Median :  59.00
                                       Mean   : 1      Mean   :  58.99
                                       3rd Qu.: 1      3rd Qu.:  59.00
                                       Max.   :20      Max.   :1180.00

      支付状态             省                市
 Length:5514        Length:5514        Length:5514
 Class :character   Class :character   Class :character
 Mode  :character   Mode  :character   Mode  :character
> # 支付状态统计
> table(df$支付状态)

 待支付   已关闭   已支付
   639      11     4864
```

图 6.15　描述性统计分析

（4）0 值统计，主要使用 sum()函数实现，代码如下：

```
myval1 <- sum(df$数量==0)
print(myval)
myval2 <- sum(df$商品金额==0)
print(myval2)
```

运行程序，结果都为 46。

6.5.4　异常数据处理

下面来处理异常数据。首先删除数量和金额为 0 的数据，然后删除待支付和已关闭数据，实现过程如下（源码位置：资源包\Code\06\04_abnormal_data.R）。

（1）在项目文件夹下新建一个 R 脚本文件，命名为 04_abnormal_data.R。

（2）加载程序包并使用 read.xlsx()函数读取 Excel 文件，代码如下：

```
library(openxlsx)              # 加载程序包
# 读取 Excel 文件
df <- read.xlsx("快团团订单数据统计分析与关联分析/采购订单.xlsx",sheet = 1)
```

（3）去除"数量"和"商品金额"等于 0 的数据以及待支付和已关闭数据。代码如下：

```
# 去除数量为 0 和支付状态为"待支付"和"已关闭"的记录
df1 <- df[df$数量 !=0 & df$支付状态=='已支付',]
summary(df1)                   # 描述性统计分析查看数据情况
```

运行程序，再次进行描述性统计分析，结果如图 6.16 所示。

```
     订单号              商品名称              数量               商品金额
 Length:4820        Length:4820        Min.   : 1.000    Min.   :  59.00
 Class :character   Class :character   1st Qu.: 1.000    1st Qu.:  59.00
 Mode  :character   Mode  :character   Median : 1.000    Median :  59.00
                                       Mean   : 1.008    Mean   :  59.49
                                       3rd Qu.: 1.000    3rd Qu.:  59.00
                                       Max.   :20.000    Max.   :1180.00

      支付状态             省                市
 Length:4820        Length:4820        Length:4820
 Class :character   Class :character   Class :character
 Mode  :character   Mode  :character   Mode  :character
```

图 6.16　异常数据处理后描述性统计分析

从运行结果得知：数据由 5514 条变为 4820 条，说明异常数据被成功删除了。

（4）将处理后的数据写入新的 Excel 文件，方便日后分析，代码如下：

```
# 写入新的 Excel 文件
write.xlsx(df1,"快团团订单数据统计分析与关联分析/采购订单 1.xlsx")
```

6.6　数据统计分析

6.6.1　柱形图分析商品数量

下面通过柱形图分析商品数量。首先按"商品名称"分组统计数量，然后用 group_by()和 geom_bar()函数绘制柱形图，实现过程如下（源码位置：资源包\Code\06\05_amount_analysis.R）。

（1）在项目文件夹下新建一个 R 脚本文件，命名为 05_amount_analysis.R。

（2）使用 openxlsx 包的 read.xlsx()函数读取 Excel 文件，代码如下：

```
library(openxlsx)                          # 加载程序包
# 读取 Excel 文件
df <- read.xlsx("快团团订单数据统计分析与关联分析/采购订单 1.xlsx",sheet = 1)
```

（3）按商品名称分组并统计数量。先使用 group_by()和 summarise()函数对商品进行分组并求和，然后使用 order()函数对总数量进行降序排序，代码如下：

```
# 按商品名称分组统计数量
group_df <-
    df[c("商品名称","数量")] %>%          # 抽取商品名称和数量
    group_by(商品名称) %>%                # 按商品名称分组
    summarise(总数量 = sum(数量)) %>%     # 数量求和
    .[order(-.$总数量),]                  # 按总数量降序排序
View(group_df)
```

运行程序，结果如图 6.17 所示。

从运行结果得知：正版神机宝贝标准数独和正版神机宝贝图形数独数量最高。

（4）绘制柱形图。这里主要使用 ggplot2 包的 geom_bar()函数实现，其中旋转 x 轴标签使用 theme()函数实现，代码如下：

```
# 绘制柱形图
ggplot(data=group_df, aes(x=reorder(商品名称,-总数量), y=总数量))+
    geom_bar(stat = "identity")+
    # 使用 theme()函数中的 axis.text.x()函数旋转 x 轴标签
    theme(axis.text.x = element_text(angle = 30,vjust = 1, hjust=0.8))+
    # 图表标题、xy 轴标签
    labs(title="柱形图分析订单商品总销量", x="")
```

运行程序，结果如图 6.18 所示。

6.6.2　订单商品数量分布情况

下面通过柱形图分析订单商品的数量分布情况。首先按订单号分组统计数量，然后按总数量统计频次，最后绘制柱形图，主要使用 group_by()、table()和 barplot()函数实现。实现过程如下（源码位置：资源

包\Code\06\06_order_amount_analysis.R）。

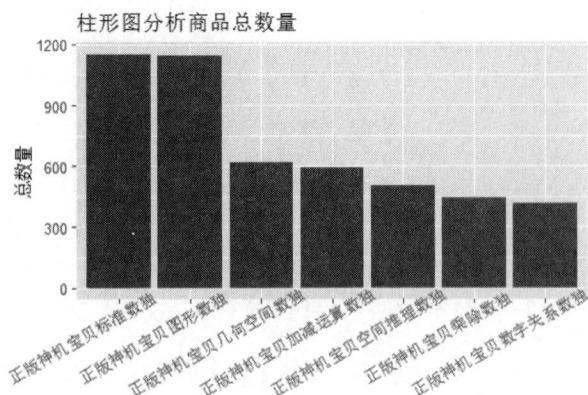

图 6.17 按商品名称分组统计数量

图 6.18 柱形图分析商品总数量

（1）在项目文件夹下新建一个 R 脚本文件，命名为 06_order_amount_analysis.R。

（2）使用 openxlsx 包的 read.xlsx()函数读取 Excel 文件，代码如下：

```
library(openxlsx)                          # 加载程序包
# 读取 Excel 文件
df <- read.xlsx("快团团订单数据统计分析与关联分析/采购订单 1.xlsx",sheet = 1)
```

（3）按订单号分组并统计数量。先使用 group_by()和 summarise()函数对商品进行分组并求和，然后使用 order()函数对总数量进行降序排序，代码如下：

```
# 按订单号分组统计数量
group_df <-
   df[c("订单号","数量")] %>%              # 抽取订单号和数量
   group_by(订单号) %>%                    # 按订单号分组
   summarise(总数量 = sum(数量)) %>%       # 数量求和
   .[order(-.$总数量),]                    # 按总数量降序排序
View(group_df)
```

运行程序，结果如图 6.19 所示。

（4）按总数量统计占比，这里主要使用 table()函数和 prop.table()函数实现，代码如下：

```
# 按总数量统计占比
mytable <- table(group_df$总数量)
round(prop.table(mytable),4)
```

运行程序，结果如下：

```
    1      2      3      4      5      6      7      20
0.7061 0.1672 0.0604 0.0207 0.0102 0.0118 0.0233 0.0003
```

从运行结果得知：订单中数量为 1 的商品约占 70%，其次是 2、3 和 7，也就是说订单中商品数量超过 3 以上的用户更愿意购买 7 个商品。

（5）绘制柱形图，主要使用 barplot()函数实现，代码如下：

```
# 绘制柱形图
barplot(prop.table(mytable),
        main='订单商品数量分布情况',
        xlab = '数量',ylab = '占比')
```

运行程序，结果如图 6.20 所示。

	订单号	总数量
1	1217-588093867662470	20
2	mr-1217-014265914953395	7
3	mr-1217-033669814060488	7
4	mr-1217-045151700563427	7
5	mr-1217-051222955592113	7
6	mr-1217-053037012642514	7
7	mr-1217-053477383942690	7
8	mr-1217-069667417643914	7
9	mr-1217-072844603163068	7
10	mr-1217-074648163991664	7

图 6.19　按订单号分组统计数量（部分数据）

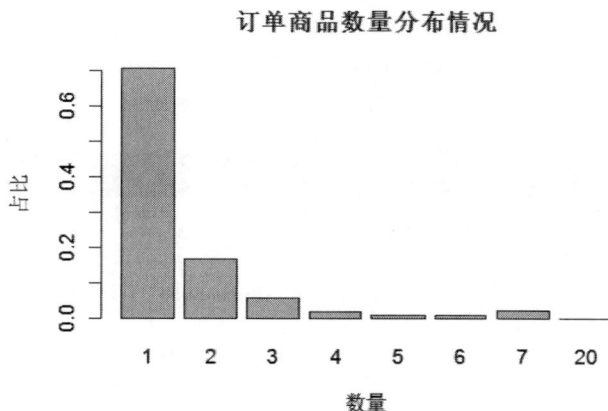

图 6.20　柱形图分析订单商品数量

6.6.3　直方图分析订单商品金额

下面通过直方图分析订单商品金额的分布情况。首先按订单号分组统计商品金额，然后绘制总金额直方图，主要使用 group_by() 函数和 geom_histogram() 函数实现。实现过程如下（源码位置：资源包 \Code\06\07_order_money_analysis.R）。

（1）在项目文件夹下新建一个 R 脚本文件，命名为 07_order_money_analysis.R。

（2）使用 openxlsx 包的 read.xlsx() 函数读取 Excel 文件，代码如下：

```
library(openxlsx)                           # 加载程序包
# 读取 Excel 文件
df <- read.xlsx("快团团订单数据统计分析与关联分析/采购订单 1.xlsx",sheet = 1)
```

（3）按订单号分组并统计商品金额。先使用 group_by() 和 summarise() 函数对商品金额进行分组并求和，然后使用 order() 函数对总金额进行降序排序，代码如下：

```
# 按订单号分组统计商品金额
group_df <-
    df[c("订单号","商品金额")] %>%            # 抽取订单号和商品金额
    group_by(订单号) %>%                      # 按订单号分组
    summarise(总金额 = sum(商品金额)) %>%     # 商品金额求和
    .[order(-.$总金额),]                       # 按总金额降序排序
View(group_df)
```

运行程序，结果如图 6.21 所示。

（4）绘制直方图。这里主要使用 ggplot2 包的 geom_histogram() 函数实现，代码如下：

```
# 绘制直方图
ggplot(group_df,aes(x=总金额))+
  geom_histogram(bins = 20)
```

运行程序，结果如图 6.22 所示。

从运行结果得知：大多数订单商品金额在 100 元以内。

	订单号	总金额
1	1217-588093867662470	1180
2	mr-1217-014265914953395	413
3	mr-1217-033669814060488	413
4	mr-1217-045151700563427	413
5	mr-1217-051222955592113	413
6	mr-1217-053037012642514	413
7	mr-1217-053477383942690	413
8	mr-1217-069667417643914	413
9	mr-1217-072844603163068	413
10	mr-1217-074648163991664	413

图 6.21　订单号分组统计商品金额（部分数据）

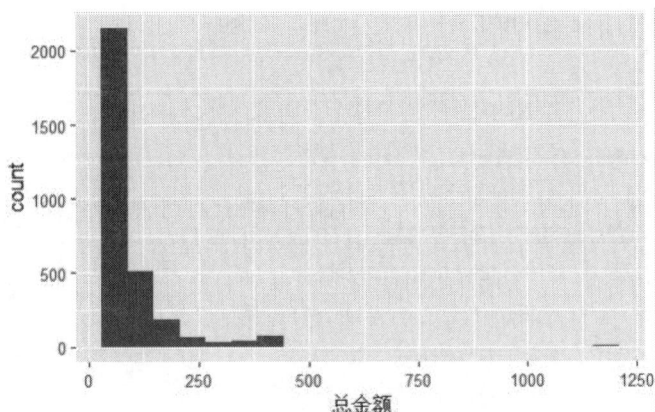

图 6.22　直方图分析订单商品金额

6.6.4　区域订单数量分析

通过柱形图分析区域订单总数量情况。首先按"省"分组统计数量，然后绘制柱形图，主要使用 group_by()函数和 geom_bar()函数实现。实现过程如下（源码位置：资源包\Code\06\08_order_area_analysis.R）：

（1）在项目文件夹下新建一个 R 脚本文件，命名为 08_order_area_analysis.R。

（2）使用 openxlsx 包的 read.xlsx()函数读取 Excel 文件，代码如下：

```
library(openxlsx)                        # 加载程序包
# 读取 Excel 文件
df <- read.xlsx("快团团订单数据统计分析与关联分析/采购订单 1.xlsx",sheet = 1)
```

（3）按省分组统计数量，主要使用 group_by()函数结合 summarise()函数实现，然后使用 order()函数对总数量进行降序排序，代码如下：

```
# 按省分组统计数量
group_df <-
    df[c("省","数量")] %>%                  # 抽取省和数量
    group_by(省) %>%                        # 按省分组
    summarise(总数量=sum(数量)) %>%          # 数量求和
    .[order(-.$总数量),]                     # 按总数量降序排序
View(group_df)
```

运行程序，结果如图 6.23 所示。

（4）绘制柱形图，主要使用 geom_bar()函数实现，代码如下：

```
# 绘制柱形图
ggplot(data=group_df, aes(x=reorder(省,-总数量), y=总数量))+
    geom_bar(stat = "identity")+
    # 使用 theme()函数中的 axis.text.x()函数旋转 x 轴标签文本
    theme(axis.text.x = element_text(angle = 30,hjust=0.8))+
    labs(title="区域订单总数量分析", x="")    # 图表标题、x 轴标签
```

运行程序，结果如图 6.24 所示。

▲	省	总数量
1	山东省	631
2	广东省	538
3	浙江省	364
4	江苏省	335
5	北京市	247
6	福建省	232
7	河南省	197
8	湖北省	197
9	湖南省	192
10	陕西省	190

图 6.23　按省统计订单数量

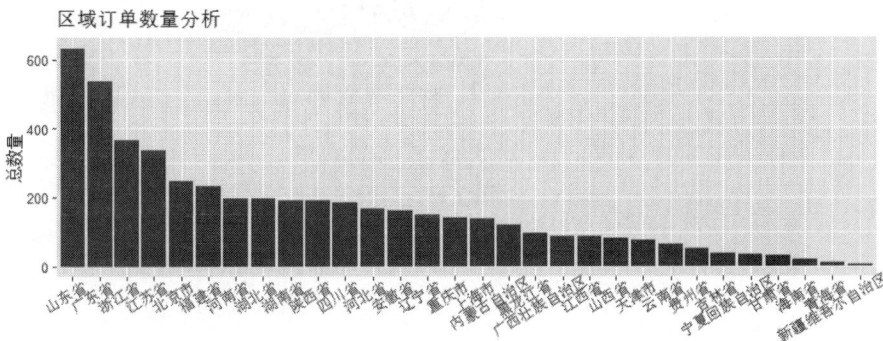

图 6.24　柱形图分析区域订单数量

6.6.5　城市订单数量分析

城市订单数量分析主要分析各个城市的购买力并按城市等级分析购买力，其中城市等级订单数量分析，主要分析一线、新一线、二线、三线、四线和五线城市的购买力。这里需要注意的是原始数据中没有城市等级，思路是通过在网上查阅相关资料人工采集城市等级数据，然后通过程序匹配城市并进行标记，最后按城市等级分析订单数量。实现过程如下（源码位置：资源包\Code\06\09_order_city_ analysis.R）。

（1）在项目文件夹下新建一个 R 脚本文件，命名为 09_order_city_analysis.R。

（2）使用 openxlsx 包的 read.xlsx()函数读取 Excel 文件，代码如下：

```
# 加载程序包
library(openxlsx)
# 读取 Excel 文件
df <- read.xlsx("快团团订单数据统计分析与关联分析/采购订单 1.xlsx",sheet = 1)
```

（3）按市分组统计数量，主要使用 group_by()函数结合 summarise()函数实现，然后使用 order()函数对总数量进行降序排序，代码如下：

```
# 按市分组统计数量
group_df <-
    df[c("市","数量")] %>%            # 抽取市和数量
    group_by(市) %>%                  # 按市分组
    summarise(总数量=sum(数量)) %>%   # 数量求和
    .[order(-.$总数量),]             # 按总数量降序排序
```

（4）抽取 TOP10 数据并绘制柱形图。首先使用 head()函数抽取 TOP10 数据，然后使用 geom_bar()函数绘制柱形图，其中使用 reorder()函数对总数量降序排序，这样柱形图中的柱子才能够按顺序排序，代码如下：

```
# 绘制柱形图
top10 <- head(group_df,10)            # 抽取 TOP10 数据
# 总数量降序排序
ggplot(data=top10,aes(x=总数量,y = reorder(市,总数量)))+
    geom_bar(stat = "identity")+
    # 图表标题、xy 轴标签
    labs(title="TOP10 城市订单数量分析", y="",x="")
```

运行程序，结果如图 6.25 所示。

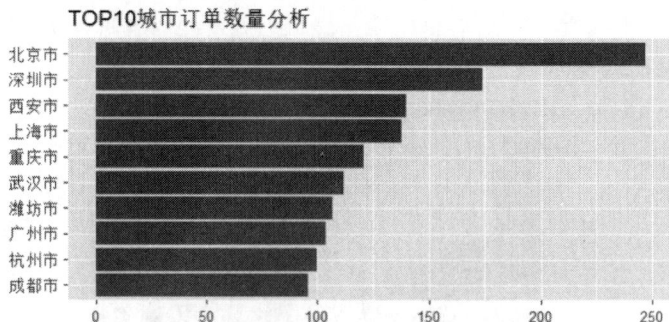

图 6.25　TOP10 城市订单数量分析

（5）标记城市等级。首先人工采集城市等级数据，然后将其存放在 Excel 文件中（如"城市等级划分.xlsx"），变量为"市"和"等级"，如图 6.26 所示，最后使用 merge()函数与原始数据合并，从而实现标记城市等级，代码如下：

```
# 标记城市等级
# 读取 Excel 文件
df1 <- read.xlsx("公司订单数据统计分析与关联分析/城市等级划分.xlsx",sheet = 1)
# 合并数据，索引为市
data <- merge(group_df,df1,by=c('市'))
data <- subset(data[1:3])
data
```

运行程序，结果如图 6.27 所示。

图 6.26　原始城市等级数据

	市	总数量	等级
1	安康市	1	五线
2	安庆市	13	三线
3	安顺市	3	五线
4	安阳市	11	三线
5	鞍山市	9	四线
6	巴彦淖尔市	3	五线
7	巴中市	4	五线
8	百色市	4	五线
9	蚌埠市	7	三线
10	包头市	41	三线

图 6.27　标记城市等级后的数据

（6）按城市等级统计订单总数量，主要使用 group_by()函数结合 summarise()函数实现，代码如下：

```
# 按城市等级分组统计数量
group_df1 <-
    data[c("等级","总数量")] %>%         # 抽取等级、总数量
    group_by(等级) %>%                   # 按等级分组
    summarise(总数量=sum(总数量)) %>%    # 总数量求和
    .[order(-.$总数量),]                 # 按总数量降序排序
View(group_df1)
```

运行程序，结果如图 6.28 所示。

（7）绘制饼形图分析城市等级订单数量占比情况，主要使用 pie()函数实现，代码如下：

```
mycolors1 <- topo.colors(6)            # 设置饼形图颜色
x = group_df1$总数量                   # 抽取总数量
pct <- paste(round(100*x/sum(x), 1), "%")  # 计算百分比
# 绘制饼形图
pie(x,labels = paste(group_df1$等级,pct),col=mycolors1,
    main = "按城市等级分析订单数量占比情况")
```

运行程序，结果如图 6.29 所示。

	等级	总数量
1	新一线	1715
2	二线	1532
3	三线	1423
4	一线	991
5	四线	804
6	五线	383

图 6.28　按城市等级统计订单总数量

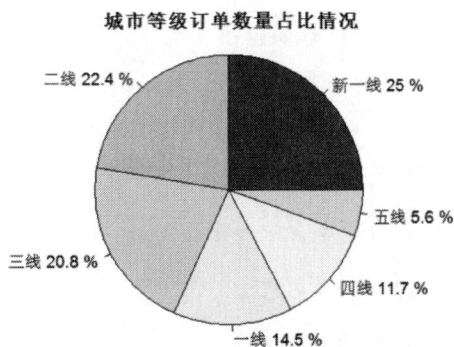

图 6.29　饼形图分析城市等级订单数量占比情况

6.7　订单商品关联分析

6.7.1　数据处理

实现订单商品关联分析前，需要对数据进行处理，将数据框转换为 aprior() 函数和 eclat() 函数能够接受的格式，即"事务"。实现过程如下（源码位置：资源包\Code\06\10_association_analysis.R）。

（1）在项目文件夹下新建一个 R 脚本文件，命名为 10_association_analysis.R。

（2）使用 openxlsx 包的 read.xlsx() 函数读取 Excel 文件，代码如下：

```
# 加载程序包
library(openxlsx)
# 读取 Excel 文件
df <- read.xlsx("快团团订单数据统计分析与关联分析/采购订单 1.xlsx",sheet = 1)
```

（3）将订单商品按订单号分组，主要使用 split() 函数实现，代码如下：

```
data <- split(x=df$商品名称,f=as.factor(df$订单号))
head(data)
```

运行程序，结果如图 6.30 所示。

（4）过滤重复数据，代码如下：

```
sum(sapply(data,length))         # 统计记录数
data <- lapply(data,unique)      # 过滤重复数据
sum(sapply(data,length))         # 再次统计记录数
```

（5）将数据转换为类事务对象并显示关联和事务，主要使用 as() 函数和 arules 包的 inspect() 函数实现，代码如下：

```
# 将数据转换为类事务对象
data <- as(data,"transactions")
data
# 显示关联和事务
inspect(head(data))
```

运行程序，结果如图 6.31 所示。

```
$`1217-000115381931525`
[1] "正版神机宝贝乘除数独"

$`1217-000251665943304`
[1] "正版神机宝贝空间推理数独"

$`1217-000545277733381`
[1] "正版神机宝贝图形数独"

$`1217-000639649541941`
[1] "正版神机宝贝几何空间数独"

$`1217-000844121681740`
[1] "正版神机宝贝标准数独"

$`1217-001342205581647`
[1] "正版神机宝贝数字关系数独"
```

```
transactions in sparse format with
 3045 transactions (rows) and
 7 items (columns)
> # 显示关联和事务
> inspect(head(data))
     items                    transactionID
[1] {正版神机宝贝乘除数独}     1217-000115381931525
[2] {正版神机宝贝空间推理数独} 1217-000251665943304
[3] {正版神机宝贝图形数独}     1217-000545277733381
[4] {正版神机宝贝几何空间数独} 1217-000639649541941
[5] {正版神机宝贝标准数独}     1217-000844121681740
[6] {正版神机宝贝数字关系数独} 1217-001342205581647
```

图 6.30　分组后的前 6 条数据　　　　　　图 6.31　显示关联和事务

（6）描述性统计，主要使用 summary() 函数实现，代码如下：

```
summary(data)        # 描述性统计
```

运行程序，结果如图 6.32 所示。

```
transactions as itemMatrix in sparse format with
 3045 rows (elements/itemsets/transactions) and
 7 columns (items) and a density of 0.2261318          ❶

most frequent items:
    正版神机宝贝图形数独      正版神机宝贝标准数独  正版神机宝贝几何空间数独
          1141                    1116                       617        ❷
正版神机宝贝加减运算数独 正版神机宝贝空间推理数独             (Other)
          589                     500                        857

element (itemset/transaction) length distribution:
sizes
   1    2    3    4    5    6    7
2162  502  184   61   29   36   71                              ❸

   Min. 1st Qu.  Median    Mean 3rd Qu.    Max.
  1.000   1.000   1.000   1.583   2.000   7.000

includes extended item information - examples:
              labels
1       正版神机宝贝标准数独
2       正版神机宝贝乘除数独
3  正版神机宝贝几何空间数独

includes extended transaction information - examples:
          transactionID
1 1217-000115381931525
2 1217-000251665943304
3 1217-000545277733381
```

图 6.32　描述性统计分析

从运行结果得知：

☑ 图中第 1 段：共有 3045 条交易数据，7 种商品，density=0.2261318 表示稀疏矩阵中 1 的占比，也就是购买 1 种商品的占比。

☑ 图中第 2 段：最频繁出现的商品及对应的频次，显然图形数独最受欢迎，其次是标准数独。

☑ 图中第 3 段：每笔交易包含的商品数目，以及其对应的最小值、第一个四分位数、中位数、均值、第三个四分位数和最大值的统计信息。例如，1 笔交易的包含 2162 个商品，2 笔交易的包含 502 个商品，3 笔交易的包含 184 个商品；第一个四分位数是 1，表示 25%的交易不超过 1 种商品，平均值表示所有交易中平均每笔购买 1 种商品。

6.7.2　可视化频繁项

通过数据可视化观察订单商品中频繁出现的项，主要使用 arules 包的 itemFrequencyPlot()函数实现，代码如下（源码位置：资源包\Code\06\10_association_analysis.R）：

```
# 可视化频繁项
itemFrequencyPlot(data,support=0.1,col='lightblue',
                xlab='频繁项',ylab='频率')
```

运行程序，结果如图 6.33 所示。

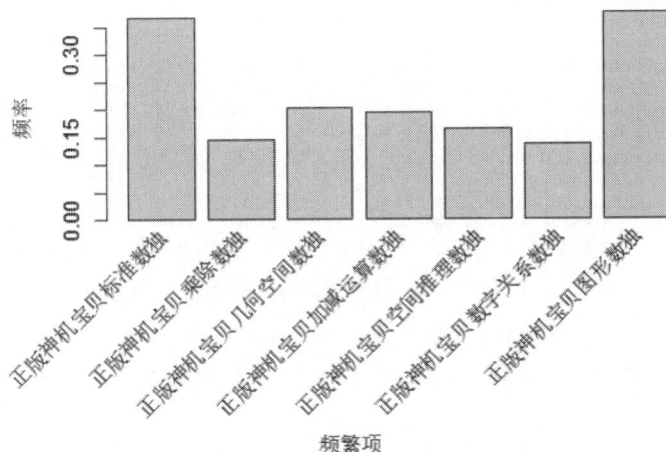

图 6.33　可视化频繁项

6.7.3　关联分析

通过分析订单商品同时出现的概率，获取最适合进行捆绑销售的商品，主要使用 apriori 包的 apriori()函数和 eclat()函数实现。实现过程如下（源码位置：资源包\Code\06\10_association_analysis.R）。

（1）使用 Apriori 算法挖掘频繁项集、关联规则等，分析订单商品的关联性，主要使用 apriori()函数实现，代码如下：

```
# 使用 Apriori 算法挖掘频繁项集、关联规则等
rules <- apriori(data=data,parameter = list(support = 0.1,confidence=0.1,minlen=1))
inspect(rules)    # 显示关联和事务
```

运行程序，结果如图 6.34 所示。

从运行结果得知：左侧项集（lhs）和右侧项集（rhs）中，支持度（support）最高也就是出现最频繁的单个商品是正版神机宝贝图形数独和正版神机宝贝标准数独；出现最频繁的两个商品是正版神机宝贝图形数独和正版神机宝贝标准数独。

在关联规则的各项指标数据中，正版神机宝贝图形数独和正版神机宝贝标准数独、正版神机宝贝标准数独和正版神机宝贝图形数独的置信度（confidence）都比较高，分别为 0.2979842 和 0.3046595，说明正版神机宝贝图形数独和正版神机宝贝标准数独被同时购买的概率为 30%。另外，lift（提升度）为 0.8130484，说明正版神机宝贝图形数独和正版神机宝贝标准数独之间有较强的正相关性。

```
Apriori

Parameter specification:
 confidence minval smax arem  aval originalSupport maxtime support minlen maxlen target  ext
        0.1    0.1     1 none FALSE           TRUE        5     0.1      1     10  rules TRUE

Algorithmic control:
 filter tree heap memopt load sort verbose
    0.1 TRUE TRUE  FALSE TRUE    2    TRUE

Absolute minimum support count: 304

set item appearances ...[0 item(s)] done [0.00s].
set transactions ...[7 item(s), 3045 transaction(s)] done [0.00s].
sorting and recoding items ... [7 item(s)] done [0.00s].
creating transaction tree ... done [0.00s].
checking subsets of size 1 2 done [0.00s].
writing ... [9 rule(s)] done [0.00s].
creating S4 object  ... done [0.00s].
> inspect(rules)   # 显示关联和事务
```

	lhs		rhs	support	confidence	coverage	lift	count
[1]	{}	=>	{正版神机宝贝数字关系数独}	0.1359606	0.1359606	1.0000000	1.0000000	414
[2]	{}	=>	{正版神机宝贝乘除数独}	0.1454844	0.1454844	1.0000000	1.0000000	443
[3]	{}	=>	{正版神机宝贝空间推理数独}	0.1642036	0.1642036	1.0000000	1.0000000	500
[4]	{}	=>	{正版神机宝贝加减运算数独}	0.1934319	0.1934319	1.0000000	1.0000000	589
[5]	{}	=>	{正版神机宝贝几何空间数独}	0.2026273	0.2026273	1.0000000	1.0000000	617
[6]	{}	=>	{正版神机宝贝图形数独}	0.3747126	0.3747126	1.0000000	1.0000000	1141
[7]	{}	=>	{正版神机宝贝标准数独}	0.3665025	0.3665025	1.0000000	1.0000000	1116
[8]	{正版神机宝贝图形数独}	=>	{正版神机宝贝标准数独}	0.1116585	0.2979842	0.3747126	0.8130484	340
[9]	{正版神机宝贝标准数独}	=>	{正版神机宝贝图形数独}	0.1116585	0.3046595	0.3665025	0.8130484	340

图 6.34　订单商品的关联性

这里订单数据量较少，可以将代码中的参数支持度（support）的最小值调整为 0.08，置信度（confidence）的最小值调整为 0.08，其他参数暂不作修改。再次运行程序，结果如图 6.35 所示。

	lhs		rhs	support	confidence	coverage	lift	count
[1]	{}	=>	{正版神机宝贝数字关系数独}	0.13596059	0.1359606	1.0000000	1.0000000	414
[2]	{}	=>	{正版神机宝贝乘除数独}	0.14548440	0.1454844	1.0000000	1.0000000	443
[3]	{}	=>	{正版神机宝贝空间推理数独}	0.16420361	0.1642036	1.0000000	1.0000000	500
[4]	{}	=>	{正版神机宝贝加减运算数独}	0.19343186	0.1934319	1.0000000	1.0000000	589
[5]	{}	=>	{正版神机宝贝几何空间数独}	0.20262726	0.2026273	1.0000000	1.0000000	617
[6]	{}	=>	{正版神机宝贝图形数独}	0.37471264	0.3747126	1.0000000	1.0000000	1141
[7]	{}	=>	{正版神机宝贝标准数独}	0.36650246	0.3665025	1.0000000	1.0000000	1116
[8]	{正版神机宝贝乘除数独}	=>	{正版神机宝贝空间推理数独}	0.08768473	0.6027088	0.1454844	3.6704966	267
[9]	{正版神机宝贝空间推理数独}	=>	{正版神机宝贝乘除数独}	0.08768473	0.5340000	0.1642036	3.6704966	267
[10]	{正版神机宝贝加减运算数独}	=>	{正版神机宝贝几何空间数独}	0.08571429	0.4431329	0.1934319	2.1868920	261
[11]	{正版神机宝贝几何空间数独}	=>	{正版神机宝贝加减运算数独}	0.08571429	0.4230146	0.2026273	2.1868920	261
[12]	{正版神机宝贝几何空间数独}	=>	{正版神机宝贝标准数独}	0.09064039	0.4473258	0.2026273	1.2205260	276
[13]	{正版神机宝贝标准数独}	=>	{正版神机宝贝几何空间数独}	0.09064039	0.2473118	0.3665025	1.2205260	276
[14]	{正版神机宝贝图形数独}	=>	{正版神机宝贝标准数独}	0.11165846	0.2979842	0.3747126	0.8130484	340
[15]	{正版神机宝贝标准数独}	=>	{正版神机宝贝图形数独}	0.11165846	0.3046595	0.3665025	0.8130484	340

图 6.35　调整支持度和置信度后的订单商品的关联性

从运行结果得知：两种被同时购买的商品多了一些，支持度较低，但是置信度较高，也就是说出现得不频繁，但是被同时购买的概率较高。

（2）使用 Eclat 算法挖掘频繁项集，通过分析订单商品同时出现的概率，获取最适合进行捆绑销售的商品，主要使用 eclat() 函数实现，代码如下：

```
# 使用 Eclat 算法挖掘频繁项集
itemsets <- eclat(data = data, parameter = list(minlen = 2, support = 0.1, target = 'frequent itemsets'), control = list(sort = -1))
inspect(itemsets)    # 显示关联和事务
```

运行程序，结果如图 6.36 所示。

从运行结果得知：标准数独和图形数独同时出现的概率为 0.1116585。

```
Eclat

parameter specification:
 tidLists support minlen maxlen          target  ext
   FALSE    0.1     2      10 frequent itemsets TRUE

algorithmic control:
 sparse sort verbose
    7   -1    TRUE

Absolute minimum support count: 304

create itemset ...
set transactions ...[7 item(s), 3045 transaction(s)] done [0.00s].
sorting and recoding items ... [7 item(s)] done [0.00s].
creating bit matrix ... [7 row(s), 3045 column(s)] done [0.00s].
writing  ... [1 set(s)] done [0.00s].
Creating S4 object  ... done [0.00s].
> inspect(itemsets)   # 显示关联和事务
    items                                           support    count
[1] {正版神机宝贝标准数独, 正版神机宝贝图形数独} 0.1116585 340
```

图 6.36　订单商品同时出现的概率

6.8　项　目　运　行

通过前述步骤，设计并完成了"快团团订单数据统计分析与关联分析"项目的开发，项目文件夹中包括 10 个 R 脚本文件和一个 Excel 文件，如图 6.37 所示。

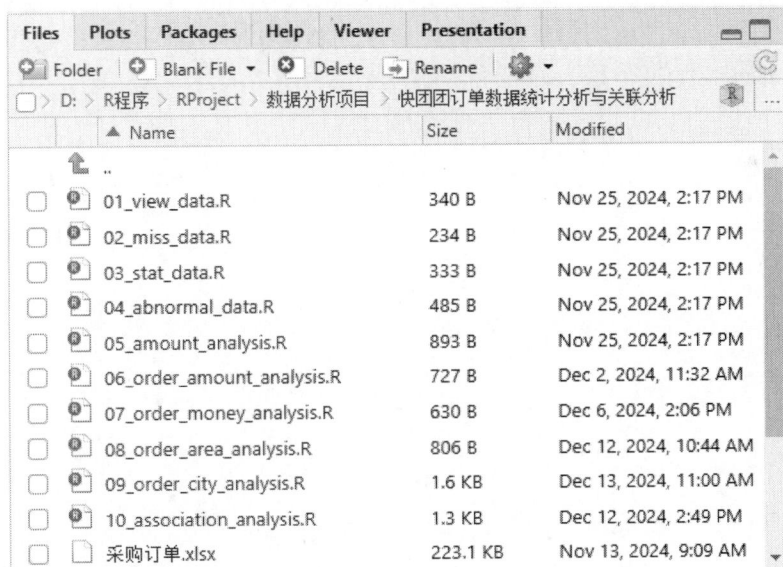

图 6.37　项目文件夹

下面按照开发过程运行脚本文件，检验一下我们的开发成果。例如，运行 01_view_data.R，首先单击 Files 面板，然后在列表中选择 view_data.R，在代码编辑窗口中单击 Run 按钮，运行光标所在行，如图 6.38 所示，或者单击 Source 按钮，运行所有行。

其他脚本文件按照图 6.38 中的文件名顺序运行，这里不再赘述。

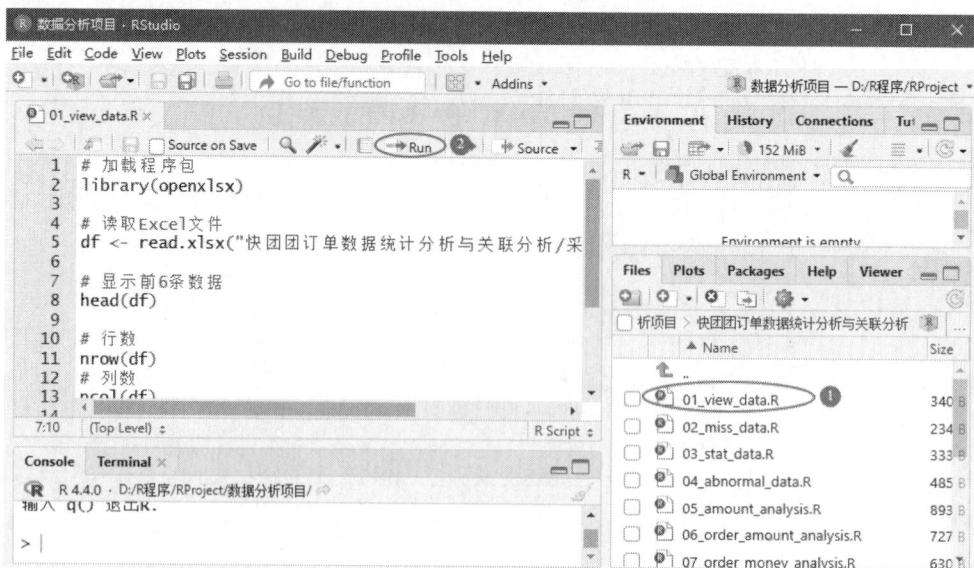

图 6.38　运行 view_data.R

6.9　源　码　下　载

　　虽然本章详细地讲解了"快团团订单数据统计分析与关联分析"项目的各个功能，但给出的代码都是代码片段，而非源码。为了方便读者学习，本书提供了用以下载源码的二维码，扫描右侧二维码即可下载。

源码下载

## 第7章

抖音账号运营数据分析与预测

——purrr + 日期处理 + tibble + 基本绘图 + ggplot2 + 回归分析

抖音是当前最热门的短视频平台之一，几乎每个人都拥有自己的账号，用于发布日常、展示自己的才华、传播知识或带货等。那么，如何运营好自己的账号，使之带来更多的流量呢？必然是要做好内容和数据分析。本章将使用 openxlsx 包结合数据合并、日期处理、基本绘图、ggplot2 包和回归分析实现抖音账号运营数据的分析与预测。

项目微视频

本项目的核心功能及实现技术如下：

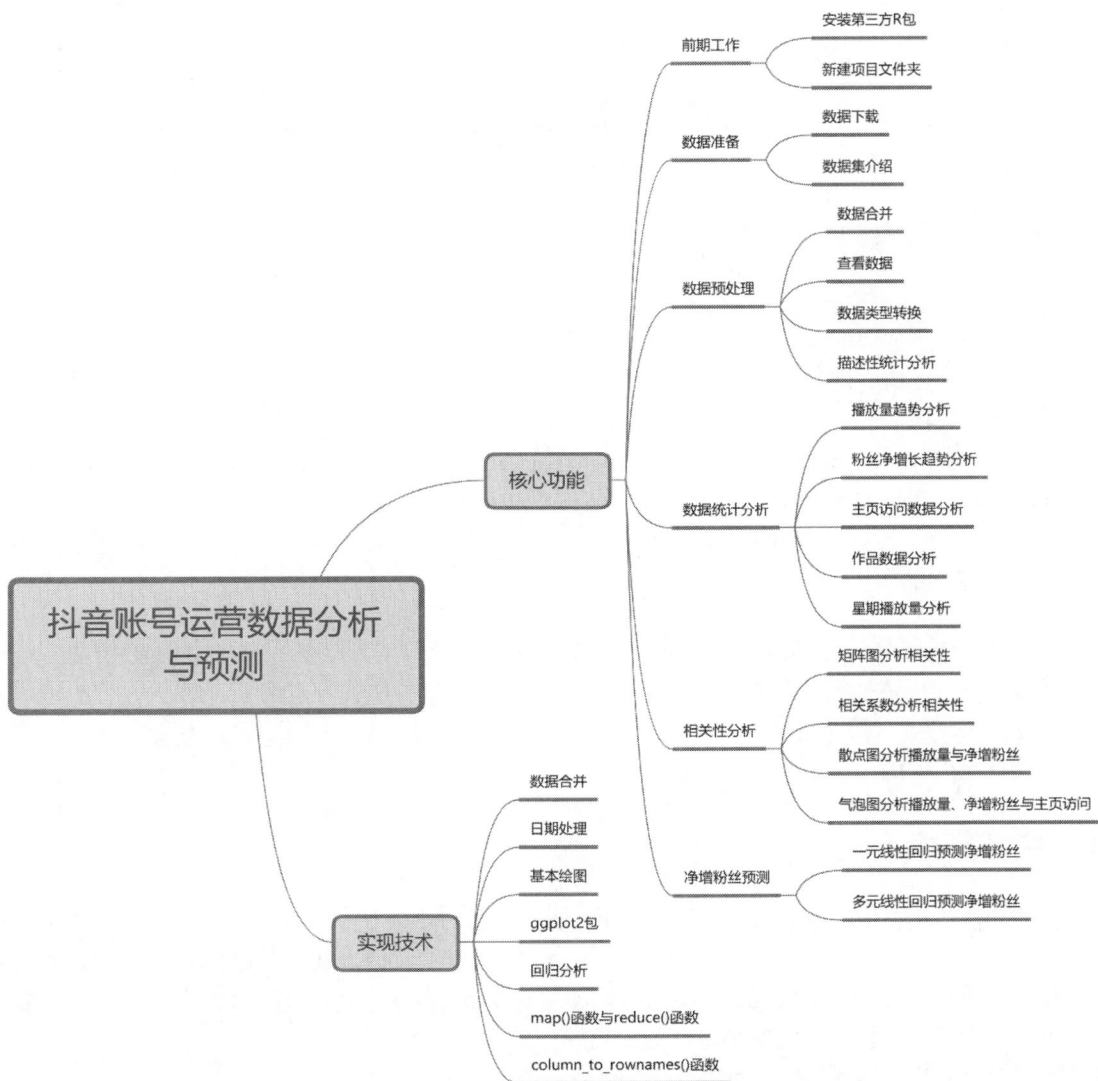

7.1 开 发 背 景

抖音是当前最热门的短视频平台之一，它拥有庞大的用户群体和巨大的流量。首先，通过抖音账号，用户不仅可以展示自己的才华、还可以传播知识、产品或服务，从而获得关注、点赞和认可。其次，抖音账号也可以实现商业变现。无论是通过橱窗、图文带货、直播带货、广告合作，还是其他方式，都能为账号所有者带来不错的经济收益。

随着账号价值的日益凸显，越来越多的个人或企业入驻抖音，以各种方式运营账号。在这个平台上，一个优质的账号可以带来大量的影响力、粉丝群体以及商业价值。

那么，如何运营好账号呢？首要任务是做好内容，其次是做好数据分析，这样才能事半功倍。首先应及时关注图文/视频的完播量、点赞数、评论数和转发率等数据的反馈。数据越好，图文/视频获得下一轮推荐的可能性越大；其次，根据数据分析结果，调整内容方向和发布策略，确保内容更符合用户喜好和平台推荐算法的要求。

7.2 系 统 设 计

7.2.1 开发环境

本项目的开发及运行环境如下：
- ☑ 操作系统：推荐 Windows 10、11 及以上版本。
- ☑ 编程语言：R 语言。
- ☑ 开发环境：RStudio。
- ☑ 第三方 R 包：pacman、dplyr、readxl、openxlsx、purrr、stringr、tibble、ggplot2、reshape2、lubridate、psych、graphics。

7.2.2 分析流程

抖音账号运营数据分析与预测首要任务是下载数据，进行数据预处理工作，包括数据合并、查看数据、数据类型转换和描述性统计分析，以确保数据质量；然后进行数据统计分析和相关性分析；最后实现净增粉丝预测。

本项目分析流程如图 7.1 所示。

7.2.3 功能结构

本项目的功能结构已经在章首页中给出。本项目实现的具体功能如下：
- ☑ 数据预处理：首先根据"日期"将数据合并；然后查看数据概况，包括行数、列数、所有列名以及数据集中每个变量的数据类型；接下来将封面点击率转换为数值型；最后实现描述性统计分析，查看各个指标数据的最小值、最大值、中位数、平均数等。
- ☑ 数据统计分析：包括播放量趋势分析、粉丝净增长趋势分析、主页访问数据分析、作品数据分析和星期播放量分析。

- ☑ 相关性分析：包括矩阵图分析相关性、相关系数分析相关性、散点图分析播放量与净增粉丝、气泡图分析播放量、净增粉丝与主页访问数据。
- ☑ 净增粉丝预测：包括一元线性回归预测净增粉丝和多元线性回归预测净增粉丝。

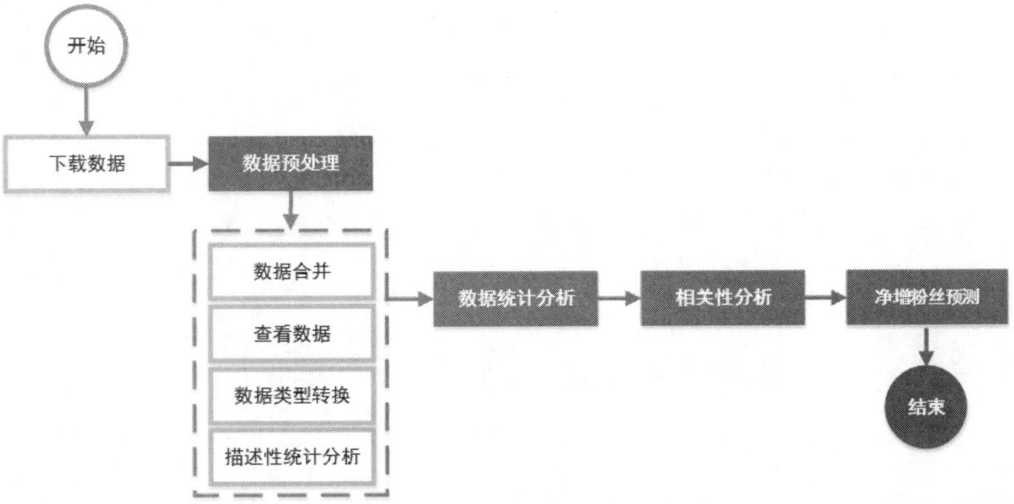

图 7.1　抖音账号运营数据分析与预测流程

7.3　技　术　准　备

7.3.1　技术概览

抖音账号运营数据分析与预测，首先下载平台数据，然后按"日期"将数据合并，接下来对各项指标数据进行分析作图，找出与净增粉丝相关性较强的指标数据，最后通过回归分析来预测净增粉丝，其中主要使用了第三方 R 包 openxlsx、数据合并、日期处理、基本绘图、ggplot2 绘图和回归分析等，这些知识就不进行详细的介绍了，在《R 语言数据分析从入门到精通》一书中有详细的讲解，对这些知识不太熟悉的读者可以参考该书对应的内容。

除此之外，在数据合并的过程中通过 map() 函数与 reduce() 函数相结合实现了根据"日期"合并多个 Excel 文件中数据的功能；为了更方便地处理数据和分析数据，应用了 tibble 包的 column_to_rownames() 函数，通过该函数实现将数据框的列名转换为行名。下面对这两部分内容进行详细的介绍和举例，以确保读者顺利完成本项目，同时拓展相关知识以便更好地利用 R 进行数据分析。

7.3.2　map() 函数与 reduce() 函数的完美结合

数据处理过程中，经常将 map() 函数与 reduce() 函数结合使用，purrr 包中的 map() 函数与 reduce() 函数很好地拓展了向量化计算，使 R 语言处理数据更加优雅流畅。

purrr 包是 tidyverse 包中的子包，其开发者是大名鼎鼎的 Hadley Wickham，他是一位著名的统计学家和软件开发者。在 purrr 包中有很多的函数，其中较为常用的是 map() 函数与 reduce() 函数。map() 函数表示映射，可以在一个或多个列表/向量的每个位置上应用相同函数进行计算，相信读者对该函数并不陌生，下面重点介绍一下 reduce()函数。

purrr 包中的 reduce()函数主要用于对向量元素和给定的初始值进行连续组合。首先组合向量中相邻的两个元素，将结果再与第三个元素组合，以此类推，最后组合出一个值。语法格式如下：

```
reduce(.x, .f, ...)
```

参数说明：

- ☑ .x：列表或向量。
- ☑ .f：函数。
- ☑ …：函数的其他参数。

例如，使用 reduce()函数组合数字 1~8，代码如下：

```
reduce(1:8,paste)
```

运行程序，结果如下：

```
[1] "1 2 3 4 5 6 7 8"
```

例如，创建一个列表，首先使用 map()函数获取第 2 个成分的第 3 个元素，然后使用 reduce()函数组合，代码如下：

```
a <- list(
  list(num = 1:3, letters[1:3]),
  list(num = 4:6, letters[4:6])
)
map(a,c(2, 3)) |>
  reduce(paste,sep=',')
```

运行程序，结果如下：

```
[1] "c,f"
```

7.3.3 column_to_rownames()函数的应用

在 R 语言中，数据通常以数据框的形式存储，但在数据分析过程中经常需要将数据框的列名转换为行名（即行索引），以便更方便地处理数据和分析数据。这时，可以使用 tibble 包中的 column_to_rownames()函数。在 R 语言中，column_to_rownames()函数是一个用于将数据框的列名转换为行名的函数，语法格式如下：

```
column_to_rownames(.data, var = "rowname")
```

参数说明：

- ☑ .data：数据框。
- ☑ var：用于转换为行名的列名。

例如，将一组学生成绩数据中的"姓名"列转换为行名，示意图如图 7.2 所示。

姓名	数学	语文	英语			数学	语文	英语
甲	145	100	100	⇒	甲	145	100	100
乙	101	120	80		乙	101	120	80
丙	78	132	76		丙	78	132	76
丁	65	110	91		丁	65	110	91

图 7.2 "姓名"列转换为行名示意图

首先，创建一个学生成绩数据框，然后使用 column_to_rownames()函数将"姓名"列转换为行名，代码如下：

```
# 加载程序包
library(tibble)
# 创建数据框
df = data.frame(
  姓名  = c("甲","乙","丙","丁"),
  数学  = c(145,101,78,65),
  语文  = c(100, 120,132,110),
  英语  = c(100,80,76,91)
)
# 将姓名列转换为行名
df_new <- column_to_rownames(df,"姓名")
df_new
```

运行程序，结果如图 7.3 所示。

```
> df
  姓名 数学 语文 英语
1   甲  145  100  100
2   乙  101  120   80
3   丙   78  132   76
4   丁   65  110   91
> # 将姓名转换为行
> df_new <- column_to_rownames(df,"姓名")
> df_new
   数学 语文 英语
甲  145  100  100
乙  101  120   80
丙   78  132   76
丁   65  110   91
```

图 7.3 "姓名"列转换为行名

转换完成后，直接就可以对学生成绩进行分析了。例如，求三科总成绩，无须去除"姓名"列，就可以直接求和，代码如下：

```
rowSums(df_new)
```

例如，查找乙的英语成绩，直接使用姓名和成绩就可以找到，代码如下：

```
df_new["乙","英语"]
```

类似的函数如下：

- ☑ has_rownames()：逻辑值，表示是否有行名。
- ☑ remove_rownames()：删除行名。
- ☑ rownames_to_column()：将数据框的行名转换为列名。
- ☑ rowid_to_column()：数值型，为数据框添加一列行 id（rowid），从 1 开始。注意，这一操作将删除所有现有的行名。

下面主要介绍一下 rownames_to_column()函数，该函数与 column_to_rownames()函数正好相反，它的作用是将行转换为列。例如，首先将 mtcars 数据集中的 car 行转换为列，然后再将列转换为行，代码如下：

```
mtcars_tbl <- rownames_to_column(mtcars, var = "car")
head(mtcars_tbl)
column_to_rownames(mtcars_tbl, var = "car") %>% head()
```

运行程序，结果如图 7.4 所示。

```
                    car  mpg cyl disp  hp drat    wt  qsec vs am gear carb
1             Mazda RX4 21.0   6  160 110 3.90 2.620 16.46  0  1    4    4
2         Mazda RX4 Wag 21.0   6  160 110 3.90 2.875 17.02  0  1    4    4
3            Datsun 710 22.8   4  108  93 3.85 2.320 18.61  1  1    4    1
4        Hornet 4 Drive 21.4   6  258 110 3.08 3.215 19.44  1  0    3    1
5     Hornet Sportabout 18.7   8  360 175 3.15 3.440 17.02  0  0    3    2
6               Valiant 18.1   6  225 105 2.76 3.460 20.22  1  0    3    1
> column_to_rownames(mtcars_tbl, var = "car") %>% head()
                  mpg cyl disp  hp drat    wt  qsec vs am gear carb
Mazda RX4        21.0   6  160 110 3.90 2.620 16.46  0  1    4    4
Mazda RX4 Wag    21.0   6  160 110 3.90 2.875 17.02  0  1    4    4
Datsun 710       22.8   4  108  93 3.85 2.320 18.61  1  1    4    1
Hornet 4 Drive   21.4   6  258 110 3.08 3.215 19.44  1  0    3    1
Hornet Sportabout 18.7  8  360 175 3.15 3.440 17.02  0  0    3    2
Valiant          18.1   6  225 105 2.76 3.460 20.22  1  0    3    1
```

图 7.4 car 行列转换

7.4 前 期 工 作

7.4.1 安装第三方 R 包

本项目所需的第三方 R 包前面已经进行介绍，下面逐一进行安装。例如，安装第三方 R 包 pacman，代码如下：

```
install.packages("pacman")
```

按 Enter 键，将显示一个 CRAN 镜像站点的列表，选择一个适合的镜像站点，如图 7.5 所示，单击“确定”按钮开始安装。

图 7.5 CRAN 镜像列表

7.4.2　新建项目文件夹

开发本项目前应首先在工程（如数据分析项目.Rproj）所在文件夹中新建一个项目文件夹（抖音账号运营数据分析与预测），以保存项目所需的 R 脚本文件，实现过程如下。

（1）运行 RStudio，选择"File→Open Project"菜单项，选择已经创建好的工程（如数据分析项目.Rproj），然后在资源管理窗口中单击 Files 面板中的新建文件夹按钮，如图 7.6 所示。

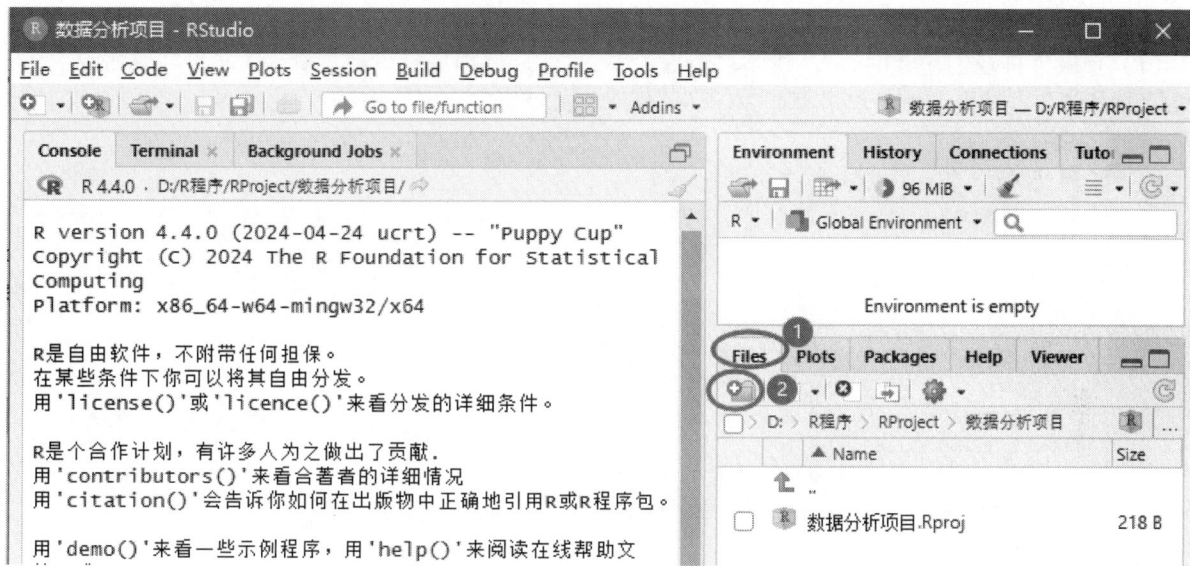

图 7.6　单击 Files 面板中的新建文件夹按钮

（2）打开 New Folder 对话框，输入"抖音账号运营数据分析与预测"，如图 7.7 所示，然后单击 OK 按钮，项目文件夹就创建完成了。

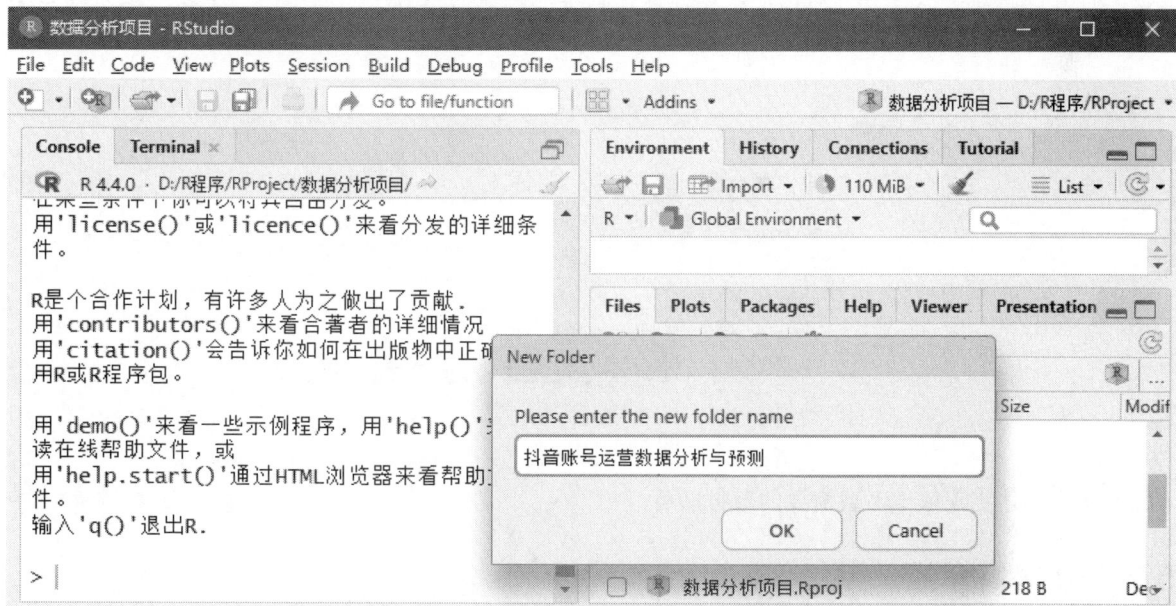

图 7.7　创建抖音账号运营数据分析与预测项目文件夹

7.5 数据准备

7.5.1 数据下载

实现抖音账号运营数据分析与预测项目前，应下载平台数据。实现过程如下。

（1）登录"抖音创作者中心"，找到"数据中心"，然后逐项进行下载。例如，下载"播放量"，首先单击"播放量"选项卡，然后单击"近30天"，最后单击"导出数据"按钮，如图7.8所示。

图 7.8 导出数据

（2）打开"新建下载任务"对话框，选择保存到本地磁盘的位置，然后单击"下载"按钮，如图7.9所示。

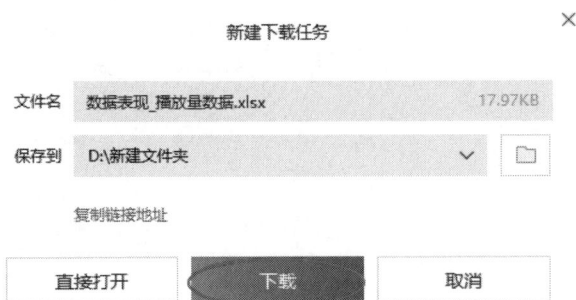

图 7.9 下载数据

（3）按照上述步骤依次下载需要的数据即可。

7.5.2 数据集介绍

抖音账号运营数据分析与预测项目下载完成后的数据，如图7.10所示。

图 7.10　抖音账号运营数据分析与预测的数据文件

从图 7.10 中可以看出：各个指标数据分别存储在不同的 Excel 文件中。例如，打开"数据表现_播放量数据.xlsx"和"数据表现_净增粉丝数据.xlsx"，部分数据截图如图 7.11 和图 7.12 所示。

图 7.11　"数据表现_播放量数据.xlsx"部分数据

图 7.12　"数据表现_净增粉丝数据.xlsx"部分数据

7.6　数据预处理

7.6.1　数据合并

数据分析过程中，无论是从平台下载数据还是从外部获取数据往往需要处理后才能够正常使用。例如，前面下载的数据，我们发现各个指标数据分别存储在多个 Excel 文件中，这样为后期数据分析带来了不便。还可以发现，虽然上述数据存储的方式比较分散，但也存在一定的共性，即都包含"日期"列，这样就可以通过"日期"将这些数据进行合并，实现过程如下（源码位置：资源包\Code\07\01_data_merge.R）。

（1）在项目文件夹下新建一个 R 脚本文件，命名为 01_data_merge.R。

（2）安装并加载多个程序包，主要使用 pacman 包的 p_load()函数实现，代码如下：

```
# 安装并加载多个程序包
pacman::p_load(dplyr, readxl, tidyverse)
```

说明

pacman 包的 p_load()函数是一个集安装和加载于一体的包，其功能是先检验计算机是否已经安装了此包，如果没有安装，则安装并加载此包；如果已经安装，则直接加载此包。

（3）获取 data 文件夹中的所有 Excel 文件，主要使用 list.files()函数实现，代码如下：

```
# data 文件夹路径
dirPath <- "抖音账号运营数据分析与预测/data"
# 获取 data 文件夹中的所有 Excel 文件
files <- dirPath %>% list.files(pattern = "*.xlsx",full.names = TRUE)
```

（4）列合并。根据"日期"合并多个 Excel 文件，采用方式为全连接，主要使用 reduce()函数结合 full_join()函数实现，代码如下：

```
# 列合并，根据"日期"合并多个 Excel 文件，采用方式为全连接
result <- map(files, read_excel, sheet = 1, col_names = TRUE) %>%
  reduce(full_join, by = "日期")
```

（5）保存合并结果为 Excel 文件，代码如下：

```
# 保存合并结果为 Excel 文件
write.xlsx(result,"抖音账号运营数据分析与预测/data/all.xlsx")
```

运行程序，结果如图 7.13 所示。

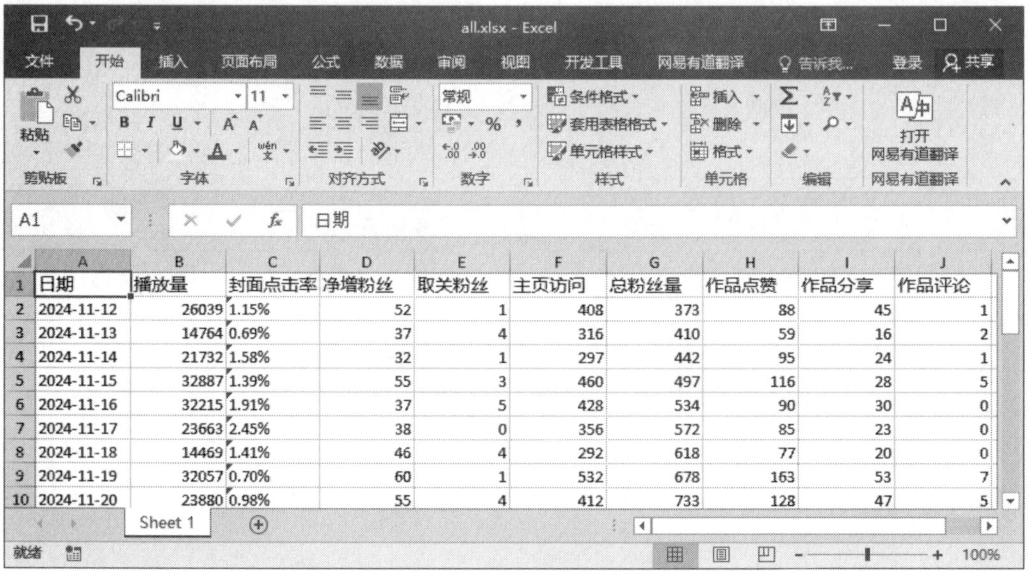

图 7.13　数据合并后的结果

7.6.2 查看数据

下面查看数据概况包括行数、列数、所有列名以及数据集中每个变量的数据类型，以便更清晰地了解数据，主要使用 ncow()函数、ncol()函数、names()函数和 sapply()函数实现，实现过程如下（源码位置：资源包\Code\07\02_view_data.R）。

（1）在项目文件夹下新建一个 R 脚本文件，命名为 02_view_data.R。

（2）加载程序包，代码如下：

```
library(openxlsx)
library(stringr)
```

（3）读取 Excel 文件，主要使用 openxlsx 包的 read.xlsx()函数实现，代码如下：

```
# 读取 Excel 文件
df <- read.xlsx("抖音账号运营数据分析与预测/data/all.xlsx",sheet=1)
```

（4）查看数据，包括行数、列数、所有列名以及每个变量的数据类型，代码如下：

```
# 行数
nrow(df)
# 列数
ncol(df)
# 查看所有列名
names(df)
# 查看数据集中每个变量的数据类型
sapply(df, class)
head(df)
```

运行程序，结果如图 7.14 和图 7.15 所示。

```
> nrow(df)
[1] 30
> # 列数
> ncol(df)
[1] 10
> # 查看所有列名
> names(df)
 [1] "日期"      "播放量"      "封面点击率"  "净增粉丝"    "取关粉丝"
 [6] "主页访问"  "总粉丝量"    "作品点赞"    "作品分享"    "作品评论"
> # 查看数据集中每个变量的数据类型
> sapply(df, class)
       日期        播放量      封面点击率     净增粉丝      取关粉丝
  "character"    "numeric"    "character"    "numeric"     "numeric"
     主页访问      总粉丝量       作品点赞      作品分享      作品评论
   "numeric"     "numeric"     "numeric"     "numeric"     "numeric"
```

图 7.14 查看数据

	日期	播放量	封面点击率	净增粉丝	取关粉丝	主页访问	总粉丝量	作品点赞	作品分享	作品评论	
1	2024-11-12	26039	1.15%	52	1	408	373	88	45	1	
2	2024-11-13	14764	0.69%	37	4	316	410	59	16	2	
3	2024-11-14	21732	1.58%	32	1	297	442	95	24	1	
4	2024-11-15	32887	1.39%	55	3	460	497	116	28	5	
5	2024-11-16	32215	1.91%	37	5	428	534	90	30	0	
6	2024-11-17	23663	2.45%	38	0	356	572	85	23	0	

图 7.15 显示前 6 条数据

从运行结果得知：数据有 30 行、10 列，其中"日期"和"封面点击率"的数据类型被错误地标记为字符型。

7.6.3 数据类型转换

经过查看图 7.15 中的数据发现"封面点击率"为字符型并带有"%"符号。下面将"封面点击率"的数据类型转换为数值型并去掉"%"符号，主要使用 as.numeric() 函数和 stringr 包的 str_sub() 函数实现，代码如下（源码位置：资源包\Code\07\02_view_data.R）：

```
# 将封面点击率转换为数值型
df$封面点击率 <- as.numeric(str_sub(df$封面点击率,1,str_length(df$封面点击率)-1))/100
# 显示前 6 条数据
head(df)
```

运行程序，结果如图 7.16 所示。

	日期	播放量	封面点击率	净增粉丝	取关粉丝	主页访问	总粉丝量	作品点赞	作品分享	作品评论	
1	2024-11-12	26039	0.0115	52	1	408	373	88	45	1	
2	2024-11-13	14764	0.0069	37	4	316	410	59	16	2	
3	2024-11-14	21732	0.0158	32	1	297	442	95	24	1	
4	2024-11-15	32887	0.0139	55	3	460	497	116	28	5	
5	2024-11-16	32215	0.0191	37	5	428	534	90	30	0	
6	2024-11-17	23663	0.0245	38	0	356	572	85	23	0	

图 7.16 转换后的封面点击率

接下来，将转换后的数据写入新的 Excel 文件，代码如下：

```
write.xlsx(df,"抖音账号运营数据分析与预测/data/all1.xlsx")
```

说明

这里暂时不对"日期"进行数据类型转换，后续数据分析过程中如果需要对"日期"进行操作，再对"日期"进行数据类型转换。

7.6.4 描述性统计分析

通过描述性统计分析查看播放量、净增粉丝、作品点赞、作品分享等数据指标的分布情况，例如，中位数、平均数和最大值等，实现过程如下（源码位置：资源包\Code\07\03_stat_data.R）。

（1）在项目文件夹下新建一个 R 脚本文件，命名为 03_stat_data.R。

（2）加载程序包并使用 read.xlsx() 函数读取 Excel 文件，代码如下：

```
# 加载程序包
library(openxlsx)
# 读取 Excel 文件
df <- read.xlsx("抖音账号运营数据分析与预测/data/all1.xlsx",sheet=1)
```

（3）使用 summary() 函数查看播放量、净增粉丝、作品点赞、作品分享等数据指标的分布情况，代码如下：

```
# 描述性统计
summary(df)
```

运行程序，结果如图 7.17 所示。

从运行结果得知：播放量中位数为 32136，日平均播放量为 33202，日净增粉丝中位数为 56.5，平均数为 55.9，最大数为 112。另外，封面点击率、取关粉丝和作品评论最小值为 0，也就是说这 3 个指标数据存在数据为 0 的现象，按照常理分析属于正常情况不进行处理。

```
      日期              播放量            封面点击率          净增粉丝          取关粉丝
Length:30         Min.   :10706    Min.   :0.00000  Min.   : 15.00  Min.   :0
Class :character  1st Qu.:24153    1st Qu.:0.00011  1st Qu.: 37.25  1st Qu.:1
Mode  :character  Median :32136    Median :0.00014  Median : 56.50  Median :3
                  Mean   :33202    Mean   :0.00014  Mean   : 55.90  Mean   :3
                  3rd Qu.:40675    3rd Qu.:0.00016  3rd Qu.: 65.75  3rd Qu.:4
                  Max.   :69412    Max.   :0.00027  Max.   :112.00  Max.   :7
      主页访问          总粉丝量           作品点赞          作品分享          作品评论
Min.   :199.0     Min.   : 373.0   Min.   : 31.0    Min.   :15.00   Min.   : 0.000
1st Qu.:334.8     1st Qu.: 691.8   1st Qu.: 86.5    1st Qu.:22.00   1st Qu.: 1.250
Median :410.0     Median :1114.5   Median :109.5    Median :30.50   Median : 5.000
Mean   :420.0     Mean   :1157.9   Mean   :114.3    Mean   :32.67   Mean   : 4.633
3rd Qu.:513.0     3rd Qu.:1656.8   3rd Qu.:137.5    3rd Qu.:41.25   3rd Qu.: 7.000
Max.   :625.0     Max.   :1998.0   Max.   :198.0    Max.   :67.00   Max.   :12.000
```

图 7.17　描述性统计分析

7.7　数据统计分析

7.7.1　播放量趋势分析

通过折线图分析播放量趋势，实现过程如下（源码位置：资源包\Code\07\04_VV_trend_analysis.R）。

（1）在项目文件夹下新建一个 R 脚本文件，命名为 04_VV_trend_analysis.R。

（2）加载程序包，代码如下：

```
# 加载程序包
library(openxlsx)
library(tibble)
library(ggplot2)
```

（3）使用 openxlsx 包的 read.xlsx()函数读取 Excel 文件，代码如下：

```
# 读取 Excel 文件
df <- read.xlsx("抖音账号运营数据分析与预测/data/all1.xlsx",sheet=1)
```

（4）将日期转换为日期型，然后将"日期"列转换为行，主要使用 as.Date()函数和 tibble 包的 column_to_rownames()函数实现，代码如下：

```
# 将日期转换为日期型
df$日期 <- as.Date(df$日期,origin='1900-1-1')
# 设置日期为索引
column_to_rownames(df,var = "日期")
```

（5）绘制播放量折线图，主要使用 ggplot2 包的 geom_line()函数实现，代码如下：

```
# 绘制播放量折线图
ggplot(df,aes(x=日期)) +
  geom_line(aes(y=播放量),color='red')+
  # 图表标题、x 轴标签
  labs(title="播放量趋势分析", x="日期")
```

运行程序，结果如图 7.18 所示。

从运行结果得知：播放量呈明显上升趋势。

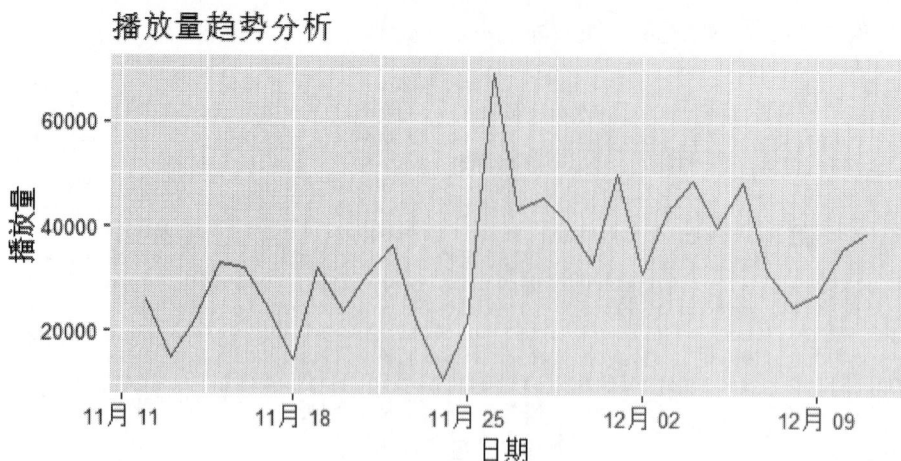

图 7.18　播放量折线图

说明

　　上述分析过程中，应首先将"日期"转换为日期型，然后设置为索引，否则绘制图表时将出现如图 7.19 所示的错误提示，并且折线图显示不正确，如图 7.20 所示。经过分析得知：折线图的 x 轴映射的日期是字符型变量，导致 ggplot()函数不知道如何将数据组合在一起绘制折线图，从而造成折线图无法正常显示，因此需要将"日期"的数据类型转换为日期型。

```
`geom_line()`: Each group consists of only one observation.
i Do you need to adjust the group aesthetic?
```

图 7.19　错误提示

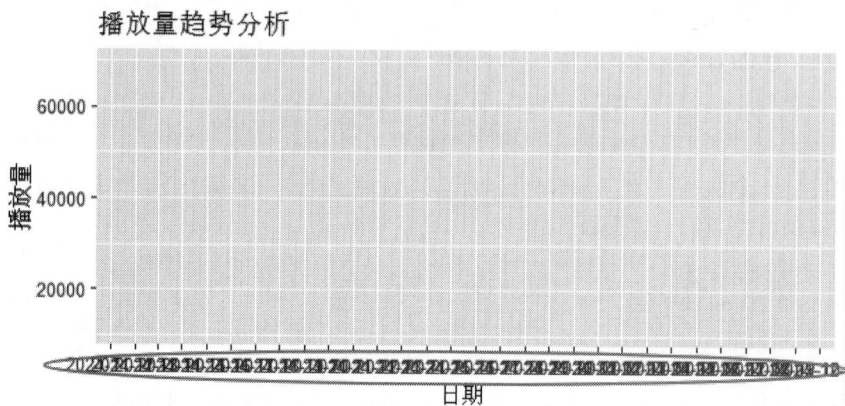

图 7.20　折线图无法正常显示

7.7.2　粉丝净增长趋势分析

通过折线图分析粉丝净增长趋势，实现过程如下（源码位置：资源包\Code\07\05_fans_trend_analysis.R）。
（1）在项目文件夹下新建一个 R 脚本文件，命名为 05_fans_trend_analysis.R。
（2）加载程序包，代码如下：

```
# 加载程序包
library(openxlsx)
library(tibble)
library(ggplot2)
```

（3）使用 openxlsx 包的 read.xlsx()函数读取 Excel 文件，代码如下：

```
# 读取 Excel 文件
df <- read.xlsx("抖音账号运营数据分析与预测/data/all1.xlsx",sheet=1)
```

（4）将日期转换为日期型，然后将"日期"列转换为行，主要使用 as.Date()函数和 tibble 包的 column_to_rownames()函数实现，代码如下：

```
# 将日期转换为日期型
df$日期  <- as.Date(df$日期,origin='1900-1-1')
# 设置日期为索引
column_to_rownames(df,var = "日期")
```

（5）绘制净增粉丝折线图并添加数据点，主要使用 geom_line()函数和 geom_point()函数实现，代码如下：

```
# 绘制净增粉丝折线图
ggplot(df,aes(x=日期,y=净增粉丝)) +
  geom_line(color='blue')+
  geom_point()+     # 添加数据点
  # 图表标题、x 轴标签
  labs(title="粉丝净增长趋势分析", x="日期")
```

运行程序，结果如图 7.21 所示。

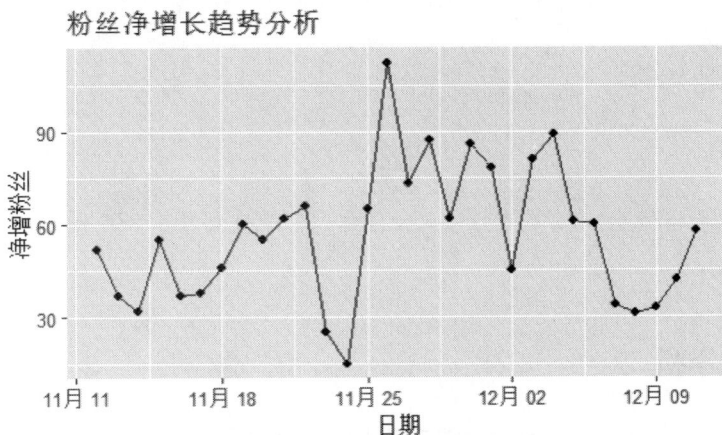

图 7.21　净增粉丝折线图

7.7.3　主页访问数据分析

通过折线图分析主页访问数据，实现过程如下（源码位置：资源包\Code\07\06_homepage_analysis.R）。

（1）在项目文件夹下新建一个 R 脚本文件，命名为 06_homepage_analysis.R。

（2）加载程序包，代码如下：

```
# 加载程序包
library(openxlsx)
library(tibble)
library(ggplot2)
```

（3）使用 openxlsx 包的 read.xlsx()函数读取 Excel 文件，代码如下：

```
# 读取 Excel 文件
df <- read.xlsx("抖音账号运营数据分析与预测/data/all1.xlsx",sheet=1)
```

（4）将日期转换为日期型，然后将"日期"列转换为行，主要使用 as.Date()函数和 tibble 包的 column_to_rownames()函数实现，代码如下：

```
# 将日期转换为日期型
df$日期  <- as.Date(df$日期,origin='1900-1-1')
# 设置日期为索引
column_to_rownames(df,var = "日期")
```

（5）绘制主页访问数据折线图并添加数据点，主要使用 geom_line()函数和 geom_point()函数实现，代码如下：

```
# 绘制主页访问数据折线图
ggplot(df,aes(x=日期,y=主页访问)) +
  geom_line(color='orange')+
  geom_point()+    # 添加数据点
  # 图表标题、x 轴标签
  labs(title="主页访问数据分析", x="日期")
```

运行程序，结果如图 7.22 所示。

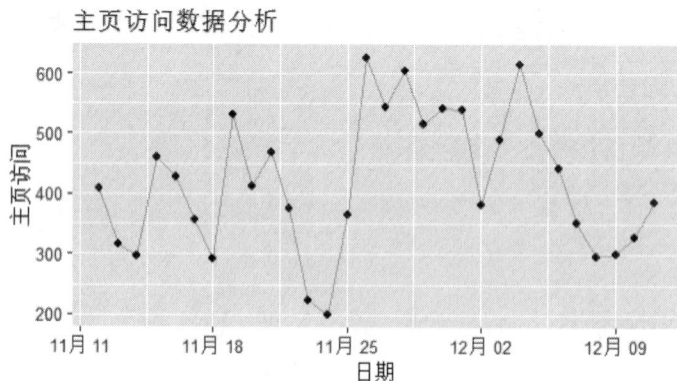

图 7.22　主页访问折线图

7.7.4　作品数据分析

作品数据分析主要分析作品点赞、作品分享和作品评论 3 个指标数据，通过绘制多折线图观察作品点赞、作品分享和作品评论数，实现过程如下（源码位置：资源包\Code\07\07_works_analysis.R）。

（1）在项目文件夹下新建一个 R 脚本文件，命名为 07_works_analysis.R。

（2）加载程序包，代码如下：

```
# 加载程序包
library(openxlsx)
library(ggplot2)
library(reshape2)
```

（3）读取 Excel 文件并抽取第 1 列和第 8～10 列数据，代码如下：

```
# 读取 Excel 文件
df <- read.xlsx("抖音账号运营数据分析与预测/data/all1.xlsx",sheet=1)
```

```
# 抽取第 1 列和第 8~10 列数据
df <- df[,c(1,8:10)]
```

（4）将日期转换为日期型，主要使用 as.Date()函数实现，代码如下：

```
# 将日期转换为日期型
df$日期 <- as.Date(df$日期,origin='1900-1-1')
```

（5）按"日期"合并数据并修改列名，主要使用 melt()函数和 colnames()函数实现，代码如下：

```
# 按"日期"合并数据
df1 <- melt(df,id="日期")
# 修改列名
colnames(df1) <- c("日期","作品指标","数量")
```

（6）绘制作品点赞、作品分享和作品评论多折线图，主要使用 ggplot2 包的 geom_line()函数实现，代码如下：

```
# 绘制作品点赞、作品分享和作品评论多折线图
ggplot(data=df1, aes(x=日期, y=数量,group=作品指标,color=作品指标,linetype=作品指标))+
  geom_line(linewidth = 0.7)+    # 线宽
  # 图表标题
  labs(title="作品数据分析")
```

运行程序，结果如图 7.23 所示。

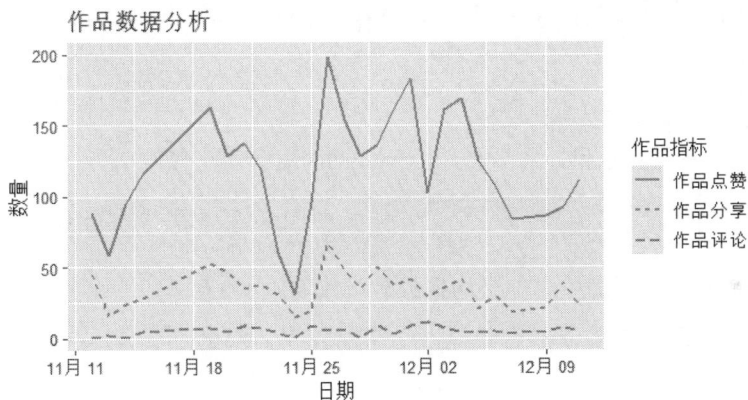

图 7.23　作品数据分析

7.7.5　星期播放量分析

通过箱形图分析星期播放量，首先通过日期提取星期然后进行标记，主要使用 lubridate 包的 wday()函数实现，实现过程如下（源码位置：资源包\Code\07\08_week_VV_analysis.R）。

（1）在项目文件夹下新建一个 R 脚本文件，命名为 08_week_VV_analysis.R。

（2）加载程序包，代码如下：

```
# 加载程序包
library(openxlsx)
library(lubridate)
```

（3）使用 openxlsx 包的 read.xlsx()函数读取 Excel 文件，代码如下：

```
# 读取 Excel 文件
df <- read.xlsx("抖音账号运营数据分析与预测/data/all1.xlsx",sheet=1)
```

（4）将日期转换为日期型，然后提取星期并进行标记，主要使用 as.Date()函数和 lubridate 包的 wday()函数实现，代码如下：

```
# 将日期转换为日期型
df$日期 <- as.Date(df$日期,origin='1900-1-1')
df$星期 <- wday(df$日期,label = T, week_start = 1) # 标记星期几
head(df)                                            # 显示前 6 条数据
```

运行程序，结果如图 7.24 所示。

	日期	播放量	封面点击率	净增粉丝	取关粉丝	主页访问	总粉丝量	作品点赞	作品分享	作品评论	星期
1	2024-11-12	26039	0.00011	52	1	408	373	88	45		1 周二
2	2024-11-14	21732	0.00015	32	1	297	442	95	24		1 周四
3	2024-11-24	10706	0.00016	15	1	199	901	31	15		1 周日
4	2024-11-28	45495	0.00010	87	7	604	1238	128	35		1 周四
5	2024-11-13	14764	0.00006	37	4	316	410	59	16		2 周三
6	2024-11-30	33073	0.00015	86	7	542	1386	161	38		3 周六

图 7.24　提取星期并标记

说明

上述代码中获取星期主要使用了 wday()函数，参数 label 为布尔型变量，T（TRUE）表示以字符串的有序因子显示星期几，如"周日"；F（FALSE）将以数字的形式显示星期几。参数 week_start 表示一周的开始的日期，1 表示周一，7 表示周日（默认）。当 label = FALSE 且 week_start=7 时，周日返回 1，周一返回 2，以此类推；当 label = TRUE 时，返回值是一个因子，第一级是一周的开始（如 week_start = 1，则为周一）。

（5）绘制箱形图分析星期播放量，主要使用 boxplot()函数实现，代码如下：

```
boxplot(播放量 ~ 星期, data = df,xlab = "星期",
        ylab = "播放量", main = "星期播放量分析")
```

（6）使用 points()函数在箱形图中添加平均播放量，代码如下：

```
mymean <- tapply(df$播放量,df$星期, mean)
points(1:7,mymean,pch=24,bg=2)
```

运行程序，结果如图 7.25 所示。

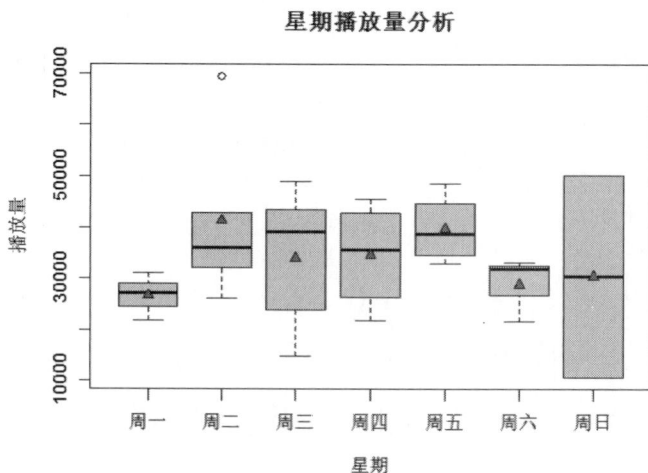

图 7.25　箱形图分析星期播放量

从运行结果得知：周一、周四、周五和周日平均数接近中位数，表明作品播放量比较平稳。

7.8　相关性分析

7.8.1　矩阵图分析相关性

矩阵图分析相关性主要通过 pairs.panels() 函数绘制矩阵图分析各项指标两两之间的关系，实现过程如下（源码位置：资源包\Code\07\09_matrix_analysis.R）。

（1）在项目文件夹下新建一个 R 脚本文件，命名为 09_matrix_analysis.R。

（2）加载程序包，代码如下：

```
# 加载程序包
library(openxlsx)
library(tibble)
library(psych)
```

（3）使用 openxlsx 包的 read.xlsx() 函数读取 Excel 文件，代码如下：

```
# 读取 Excel 文件
df <- read.xlsx("抖音账号运营数据分析与预测/data/all1.xlsx",sheet=1)
```

（4）将日期转换为日期型，然后将"日期"列转换为行，主要使用 as.Date() 函数和 tibble 包的 column_to_rownames() 函数实现，代码如下：

```
# 将日期转换为日期型
df$日期 <- as.Date(df$日期,origin='1900-1-1')
# 设置日期为索引
column_to_rownames(df,var = "日期")
```

（5）使用 pairs.panels() 函数绘制矩阵图，分析各项指标两两之间的关系，代码如下：

```
# pairs.panels()函数绘制矩阵图
pairs.panels(df[,-1],cex.cor = 1)
```

运行程序，结果如图 7.26 所示。

从运行结果得知：播放量与净增粉丝、主页访问、作品点赞相关系数较大，分别为 0.82、0.8 和 0.8；净增粉丝与主页访问和作品点赞相关系数较大，分别为 0.91 和 0.89；主页访问与作品点赞相关系数较大，为 0.91。

（6）通过条件图分析播放量、净增粉丝和主页访问 3 个指标，主要使用 graphics 包的 coplot() 函数实现，代码如下：

```
require(graphics)
# 绘制条件图
coplot(主页访问 ~ 播放量 | 净增粉丝, data = df)
```

运行程序，结果如图 7.27 所示。

7.8.2　相关系数分析相关性

相关系数的优点是可以通过数字对变量的关系进行度量，并且带有方向性，1 表示正相关，−1 表示负相关，越靠近 0 相关性越弱。相关系数的缺点是无法利用这种关系对数据进行预测。下面使用 cor()函数计算各项指标的相关系数，实现过程如下（源码位置：资源包\Code\07\10_cor_analysis.R）。

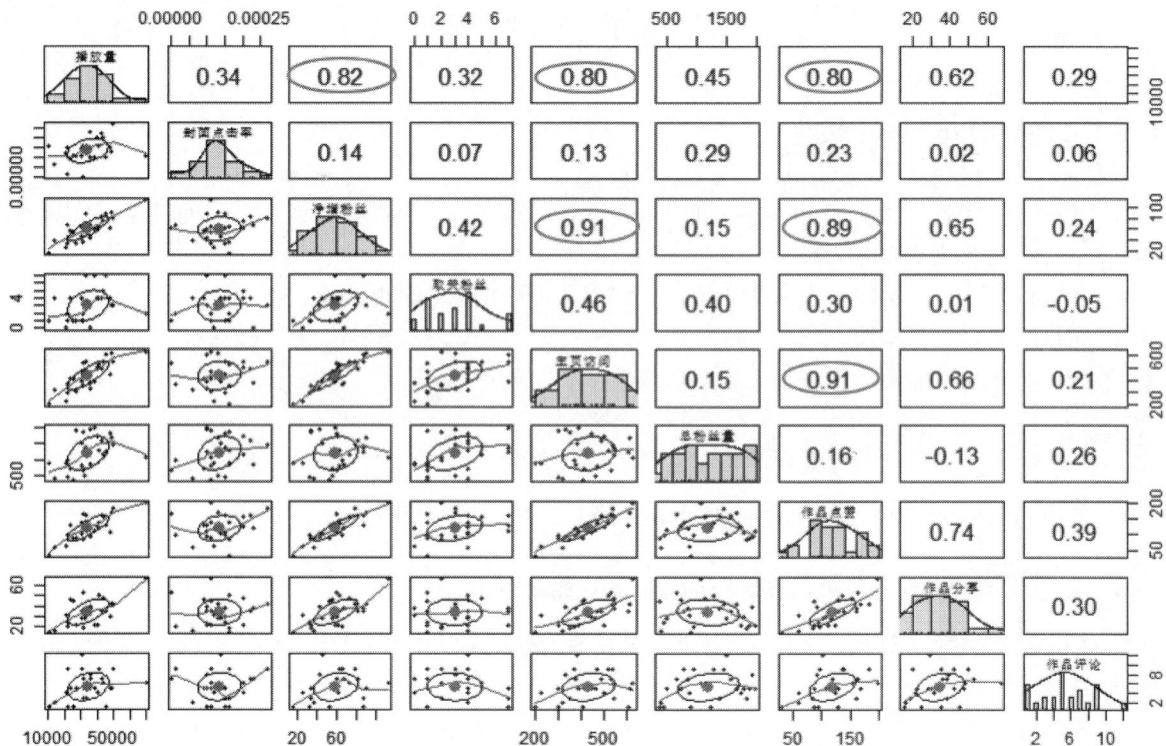

图 7.26　矩阵图分析相关性

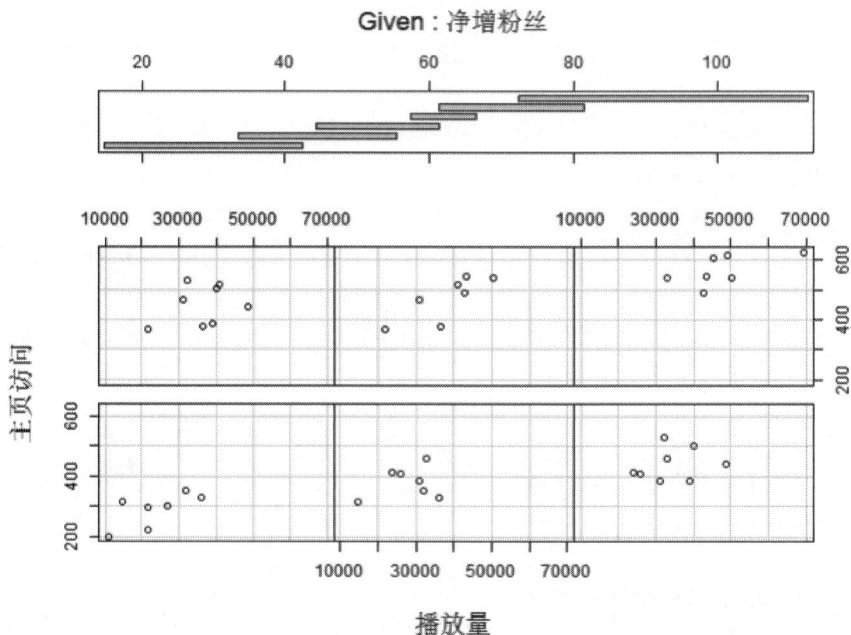

图 7.27　条件图分析播放量、净增粉丝和主页访问

（1）在项目文件夹下新建一个 R 脚本文件，命名为 10_cor_analysis.R。

（2）加载程序包，代码如下：

```
library(openxlsx)
library(tibble)
library(ggplot2)
```

（3）使用 openxlsx 包的 read.xlsx()函数读取 Excel 文件，代码如下：

```
# 读取 Excel 文件
df <- read.xlsx("抖音账号运营数据分析与预测/data/all1.xlsx",sheet=1)
```

（4）将日期转换为日期型，然后将"日期"列转换为行，主要使用 as.Date()函数和 tibble 包的 column_to_rownames()函数实现，代码如下：

```
# 将日期转换为日期型
df$日期  <- as.Date(df$日期,origin='1900-1-1')
# 设置日期为索引
column_to_rownames(df,var = "日期")
```

（5）使用 cor()函数计算相关系数，代码如下：

```
cor(df[,-1])
```

运行程序，结果如图 7.28 所示。

	播放量	封面点击率	净增粉丝	取关粉丝	主页访问	总粉丝量	作品点赞	作品分享	作品评论
播放量	1.0000000	0.3350607	0.8190012	0.31910297	0.7979685	0.4487612	0.7951359	0.61565087	0.29465145
封面点击率	0.3350607	1.00000000	0.1408714	0.06738388	0.1325593	0.2881147	0.2256803	0.02159846	0.06432935
净增粉丝	0.8190012	0.14087145	1.0000000	0.41940871	0.9149384	0.1507997	0.8926356	0.65217752	0.24255276
取关粉丝	0.3191030	0.06738388	0.4194087	1.00000000	0.4586533	0.4000447	0.2975918	0.00760061	-0.04671652
主页访问	0.7979685	0.13255926	0.9149384	0.45865330	1.0000000	0.1479839	0.9052652	0.66355907	0.21227109
总粉丝量	0.4487612	0.28811474	0.1507997	0.40004469	0.1479839	1.0000000	0.1611577	-0.13082092	0.26446779
作品点赞	0.7951359	0.22568026	0.8926356	0.29759175	0.9052652	0.1611577	1.0000000	0.74007496	0.38750615
作品分享	0.6156509	0.02159846	0.6521775	0.00760061	0.6635591	-0.1308209	0.7400750	1.00000000	0.29603034
作品评论	0.2946514	0.06432935	0.2425528	-0.04671652	0.2122711	0.2644678	0.3875062	0.29603034	1.00000000

图 7.28　相关系数分析

从运行结果得知：总体来看播放量与净增粉丝、主页访问相关系数较大，相关性较强，这也是我们重点分析的内容。

7.8.3　散点图分析播放量与净增粉丝

下面使用第三方 R 包 ggplot2 中的 geom_point()函数和 geom_smooth()函数绘制线性拟合散点图，分析播放量与净增粉丝的线性关系，实现过程如下（源码位置：资源包\Code\07\11_scatterplot_analysis.R）。

（1）在项目文件夹下新建一个 R 脚本文件，命名为 11_scatterplot_analysis.R。

（2）加载程序包，代码如下：

```
library(openxlsx)
library(ggplot2)
```

（3）使用 openxlsx 包的 read.xlsx()函数读取 Excel 文件，代码如下：

```
# 读取 Excel 文件
df <- read.xlsx("抖音账号运营数据分析与预测/data/all1.xlsx",sheet=1)
```

（4）绘制线性拟合散点图分析播放量与净增粉丝的线性关系，主要使用 ggplot2 包的 geom_point()函数和 geom_smooth()函数实现，代码如下：

```
# 绘制线性拟合散点图
ggplot(df, aes(播放量,净增粉丝))+
  geom_point(shape=21,size=4)+
  geom_smooth(method = lm,formula = y ~ x)+
  # 设置标题和子标题
  labs(title = "播放量与净增粉丝线性关系分析")
```

运行程序，结果如图 7.29 所示。

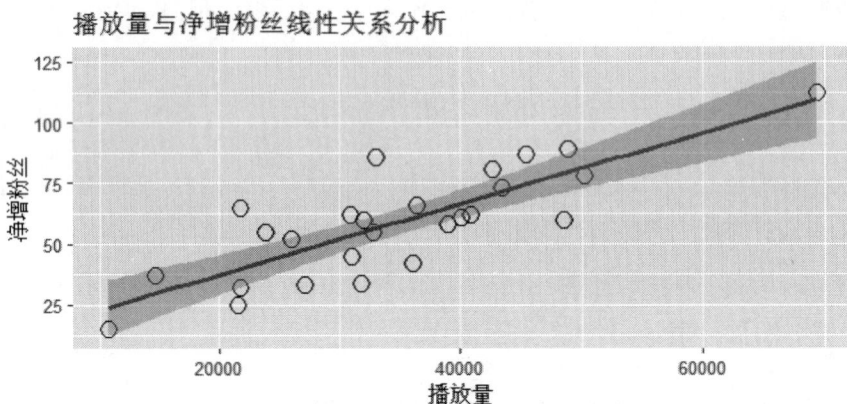

图 7.29　播放量与净增粉丝线性拟合散点图

从运行结果得知：播放量与净增粉丝存在一定的线性关系，并且播放量越高净增粉丝越多。

7.8.4　气泡图分析播放量、净增粉丝与主页访问

通过气泡图分析播放量、净增粉丝与主页访问数据之间的关系，主要使用第三方 R 包 ggplot2 中的 geom_point()函数绘制气泡图，实现过程如下（源码位置：资源包\Code\07\12_pointplot_analysis.R）。

（1）在项目文件夹下新建一个 R 脚本文件，命名为 12_pointplot_analysis.R。

（2）加载程序包，代码如下：

```
library(openxlsx)
library(ggplot2)
```

（3）使用 openxlsx 包的 read.xlsx()函数读取 Excel 文件，代码如下：

```
# 读取 Excel 文件
df <- read.xlsx("抖音账号运营数据分析与预测/data/all1.xlsx",sheet=1)
```

（4）绘制气泡图分析播放量、净增粉丝和主页访问数据之间的关系，主要使用 ggplot2 包的 geom_point()函数实现，代码如下：

```
# 绘制气泡图
ggplot(df, aes(x=播放量, y=净增粉丝, size=主页访问)) +
  geom_point(shape=16, color="blue", alpha=0.5)
```

运行程序，结果如图 7.30 所示。

从运行结果得知：播放量越高，主页访问越多，净增粉丝也就越多。

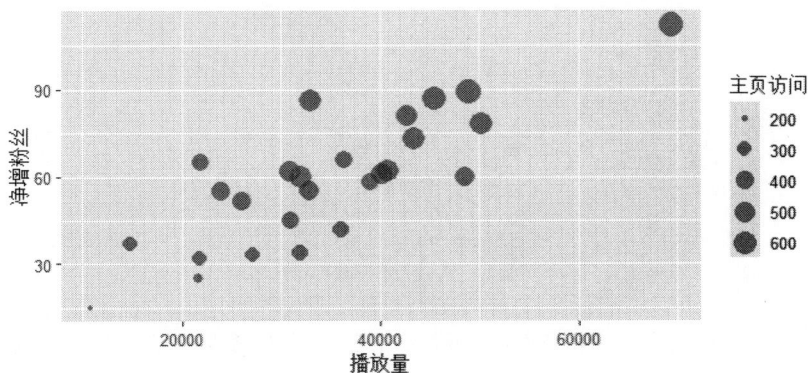

图 7.30 气泡图分析播放量、净增粉丝和主页访问

7.9 净增粉丝预测

7.9.1 一元线性回归预测净增粉丝

一元线性回归是指只有一个自变量和一个因变量，且二者的关系可用一条直线近似表示。一元线性回归用于研究因变量 Y 和一个自变量 X 之间的关系。通过前面的分析得知播放量与净增粉丝存在一定的线性关系，下面通过一元线性回归预测净增粉丝，主要使用 lm() 函数和 predict() 函数实现，实现过程如下（源码位置：资源包\Code\07\13_simple_regression_analysis.R）。

（1）在项目文件夹下新建一个 R 脚本文件，命名为 13_simple_regression_analysis.R。

（2）加载程序包，代码如下：

```
library(openxlsx)
```

（3）使用 openxlsx 包的 read.xlsx() 函数读取 Excel 文件，代码如下：

```
# 读取 Excel 文件
df <- read.xlsx("抖音账号运营数据分析与预测/data/all1.xlsx",sheet=1)
```

（4）使用 lm() 函数拟合回归模型得到截距和系数，绘制拟合回归线，代码如下：

```
# 一元回归分析
# 绘制拟合回归线
plot(净增粉丝~播放量,df)
myfit <- lm(净增粉丝~播放量,df)
myfit
abline(coef = coef(myfit))
```

运行程序，结果如图 7.31 和图 7.32 所示。

```
Call:
lm(formula = 净增粉丝 ~ 播放量, data = df)

Coefficients:
(Intercept)        播放量
   8.209898      0.001456
```

图 7.31 拟合回归模型得到截距和系数

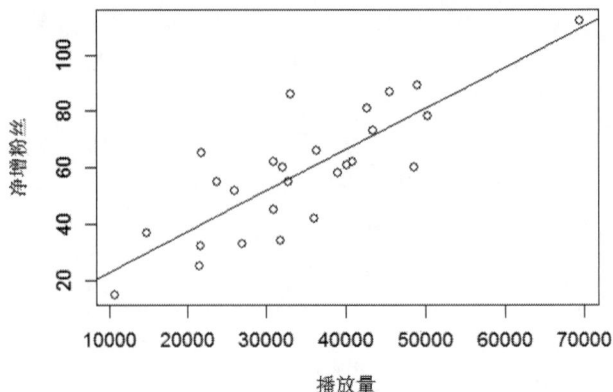

图 7.32　拟合回归线

从运行结果得知：图 7.31 中 Intercept 对应的是截距，即 8.209898；播放量对应的是系数（斜率），即 0.001456。图 7.32 是通过一元回归分析结果绘制的回归线。

（5）一元回归模型检验，主要使用 anova() 函数对一元回归模型进行方差分析，代码如下：

```
# 通过方差分析检验一元回归模型
anova(myfit)
```

运行程序，结果如图 7.33 所示。

```
Analysis of Variance Table

Response: 净增粉丝
          Df Sum Sq Mean Sq F value    Pr(>F)
播放量      1 8412.6  8412.6  48.896 3.135e-07 ***
Residuals 24 4129.3   172.1
---
Signif. codes:  0 '***' 0.001 '**' 0.01 '*' 0.05 '.' 0.1 ' ' 1
```

图 7.33　方差分析检验一元回归模型

从运行结果得知：方差分析表中，Pr(>F) 值远远小于 0.05，说明播放量对净增粉丝有显著影响。

（6）评估一元回归模型性能，主要使用 summary() 函数实现，代码如下：

```
# 一元回归模型评估
summary(myfit)
```

运行程序，结果如图 7.34 所示。

```
Call:
lm(formula = 净增粉丝 ~ 播放量, data = df)

Residuals:
     Min      1Q  Median      3Q     Max
-20.5777 -8.2818  0.2416  8.3748 29.6327

Coefficients:
             Estimate Std. Error t value Pr(>|t|)
(Intercept) 8.2098981  7.6588847   1.072    0.294
播放量       0.0014561  0.0002082   6.993 3.14e-07 ***
---
Signif. codes:  0 '***' 0.001 '**' 0.01 '*' 0.05 '.' 0.1 ' ' 1

Residual standard error: 13.12 on 24 degrees of freedom
Multiple R-squared:  0.6708,	Adjusted R-squared:  0.657
F-statistic: 48.9 on 1 and 24 DF,  p-value: 3.135e-07
```

图 7.34　一元回归模型评估结果

从运行结果得知：P 值远远小于 0.05，表明一元回归模型具有统计显著性。

（7）预测净增粉丝。当每天播放量达到 20 万、22 万或 25 万时，预测净增粉丝数，主要使用 predict() 函数实现，代码如下：

```
# 新增播放量数据
new <- data.frame(播放量=c(200000,220000,250000))
# 预测粉丝数
predict(myfit,newdata = new)
```

运行程序，结果如下：

```
       1          2          3
299.4286   328.5504   372.2333
```

7.9.2 多元线性回归预测净增粉丝

多元线性回归是指有两个或两个以上自变量的回归分析，是研究因变量和多个自变量之间的关系的一种统计方法。那么，经过前面的矩阵图分析得知，除了播放量与净增粉丝存在线性关系，主页访问与净增粉丝也存在一定的关系。下面通过播放量和主页访问拟合多元线性回归模型，实现过程如下（源码位置：资源包\Code\07\14_multiple_regression_analysis.R）。

（1）在项目文件夹下新建一个 R 脚本文件，命名为 14_multiple_regression_analysis.R。

（2）加载程序包 openxlsx 并使用 read.xlsx()函数读取 Excel 文件包，代码如下：

```
library(openxlsx)
# 读取 Excel 文件
df <- read.xlsx("抖音账号运营数据分析与预测/data/all1.xlsx",sheet=1)
```

（3）使用 lm()函数拟合回归模型得到截距和系数，代码如下：

```
# 多元回归分析
y <- df$净增粉丝
x1 <- df$播放量
x2 <- df$主页访问
myfit <- lm(y~x1+x2,df)
myfit
```

运行程序，结果如图 7.35 所示。

```
Call:
lm(formula = y ~ x1 + x2, data = df)

Coefficients:
(Intercept)            x1            x2
 -1.605e+01     4.352e-04     1.381e-01
```

图 7.35 拟合回归模型得到截距和系数

（4）多元回归模型检验，主要使用 anova()函数对多元回归模型进行方差分析，代码如下：

```
# 通过方差分析检验多元回归模型
anova(myfit)
```

运行程序，结果如图 7.36 所示。

从运行结果得知：方差分析表中，Pr(>F)值远远小于 0.05，说明播放量和主页访问对净增粉丝有显著影响。

```
Analysis of Variance Table

Response: y
          Df Sum Sq Mean Sq F value    Pr(>F)
x1         1 8412.6  8412.6 109.317 3.277e-10 ***
x2         1 2359.3  2359.3  30.657 1.244e-05 ***
Residuals 23 1770.0    77.0
---
Signif. codes:  0 '***' 0.001 '**' 0.01 '*' 0.05 '.' 0.1 ' ' 1
```

图 7.36　方差分析检验多元回归模型

（5）评估多元回归模型性能，主要使用 summary() 函数实现，代码如下：

```
# 多元回归模型评估
summary(myfit)
```

运行程序，结果如图 7.37 所示。

```
Call:
lm(formula = y ~ x1 + x2, data = df)

Residuals:
    Min     1Q  Median     3Q    Max
-12.411 -5.249  -1.065  3.481 21.018

Coefficients:
             Estimate Std. Error t value Pr(>|t|)
(Intercept) -1.605e+01  6.741e+00  -2.381   0.0259 *
x1           4.352e-04  2.311e-04   1.883   0.0724 .
x2           1.381e-01  2.494e-02   5.537 1.24e-05 ***
---
Signif. codes:  0 '***' 0.001 '**' 0.01 '*' 0.05 '.' 0.1 ' ' 1

Residual standard error: 8.772 on 23 degrees of freedom
Multiple R-squared:  0.8589,    Adjusted R-squared:  0.8466
F-statistic: 69.99 on 2 and 23 DF,  p-value: 1.661e-10
```

图 7.37　多元回归模型评估结果

从运行结果得知：P 值远远小于 0.05，表明多元回归模型具有统计显著性。

（6）预测净增粉丝。如果每天播放量达到 20 万、22 万或 25 万，主页访问达到 5 万、6.5 万或 8 万，预测净增粉丝数，主要使用 predict() 函数实现，代码如下：

```
# 新增播放量和主页访问数据
new <- data.frame(x1=c(200000,220000,250000),x2=c(50000,65000,85000))
# 预测粉丝数
predict(myfit,newdata = new)
```

运行程序，结果如下：

```
       1        2         3
6974.913 9054.796 11829.423
```

7.10　项目运行

通过前述步骤，设计并完成了"抖音账号运营数据分析与预测"项目的开发，项目文件夹中包括 14 个 R 脚本文件和一个数据文件夹 data，如图 7.38 所示。

下面按照开发过程运行脚本文件，检验一下我们的开发成果。例如，运行 01_data_merge.R，首先单击 Files 面板，然后在列表中选择 01_data_merge.R，在代码编辑窗口中单击 Run 按钮，运行光标所在行，如

图 7.39 所示，或者单击 Source 按钮，运行所有行。

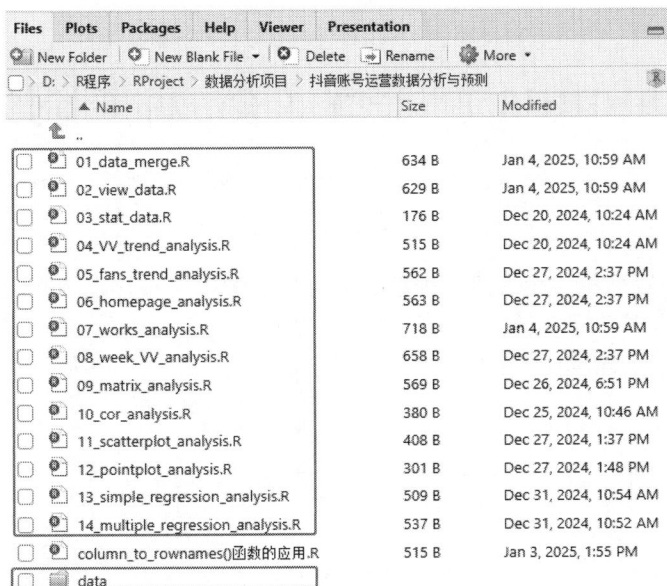

图 7.38 项目文件夹

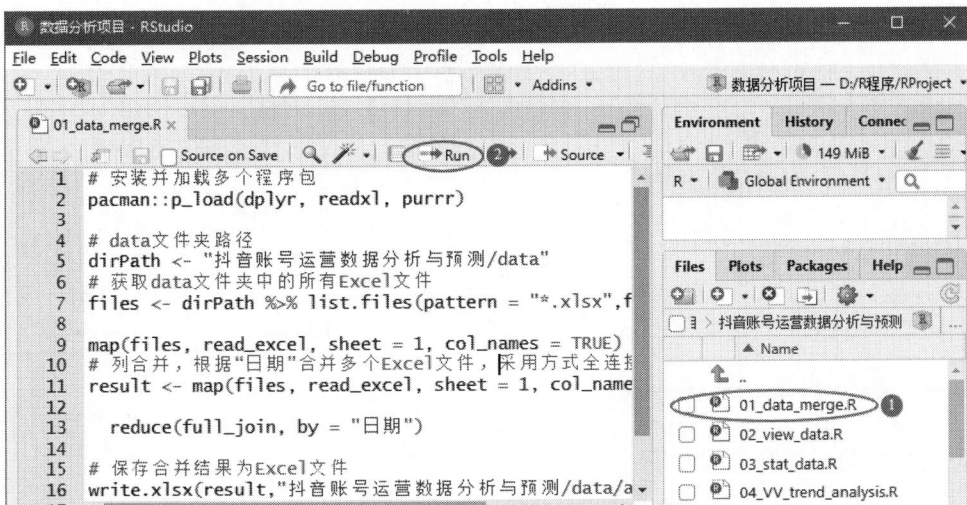

图 7.39 运行 01_data_merge.R

其他脚本文件按照图 7.38 中的文件名顺序运行，这里不再赘述。

7.11 源 码 下 载

虽然本章详细地讲解了"抖音账号运营数据分析与预测"项目的各个功能，但给出的代码都是代码片段，而非源码。为了方便读者学习，本书提供了用以下载源码的二维码，扫描右侧的二维码即可下载。

源码下载

## 第 8 章

基于 diamonds（钻石）数据集的分析与预测

——ggplot2 + 分组统计 + 相关性分析 + kruskal.test + 多元线性回归

本章将通过 diamonds 数据集让读者深入理解数据分析、数据可视化以及多元线性回归分析与预测的基本方法，同时掌握 R 语言的实际操作技能。

本项目的核心功能及实现技术如下：

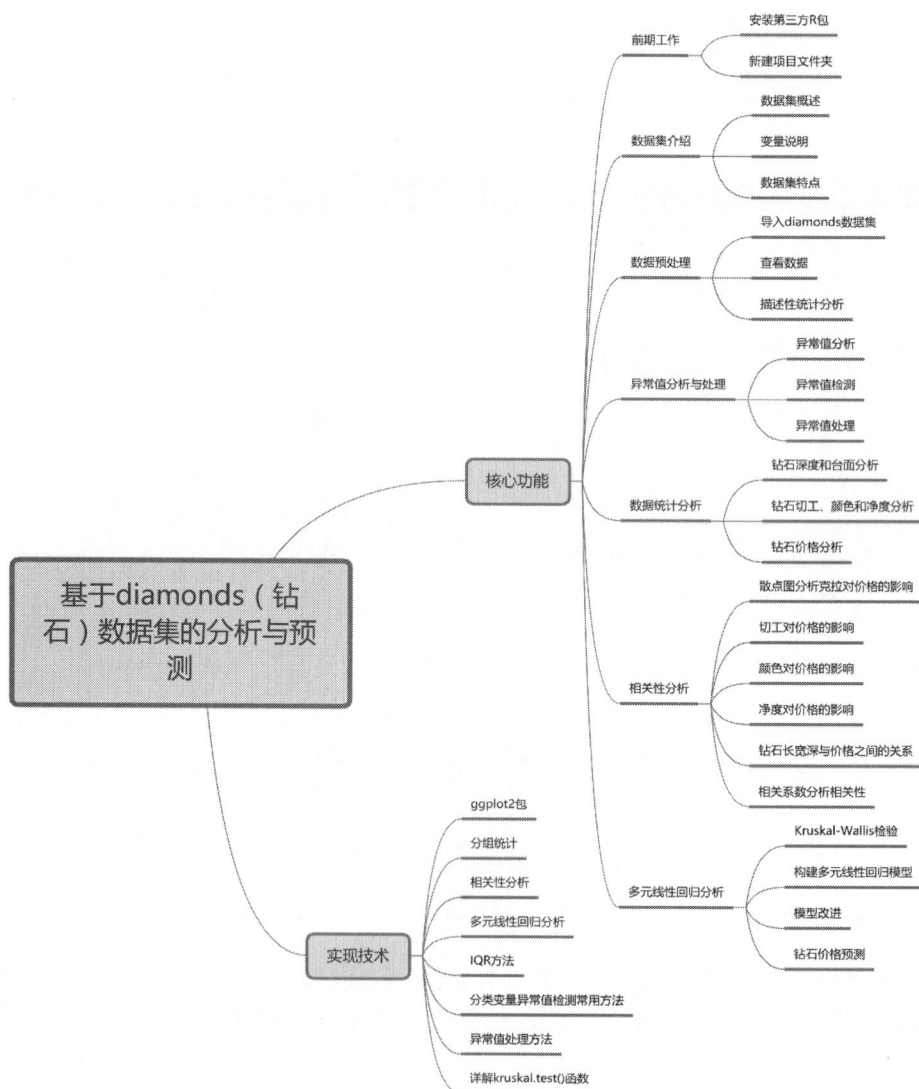

项目微视频

```
基于diamonds（钻
石）数据集的分析与预
测
├── 核心功能
│   ├── 前期工作
│   │   ├── 安装第三方R包
│   │   └── 新建项目文件夹
│   ├── 数据集介绍
│   │   ├── 数据集概述
│   │   ├── 变量说明
│   │   └── 数据集特点
│   ├── 数据预处理
│   │   ├── 导入diamonds数据集
│   │   ├── 查看数据
│   │   └── 描述性统计分析
│   ├── 异常值分析与处理
│   │   ├── 异常值分析
│   │   ├── 异常值检测
│   │   └── 异常值处理
│   ├── 数据统计分析
│   │   ├── 钻石深度和台面分析
│   │   ├── 钻石切工、颜色和净度分析
│   │   └── 钻石价格分析
│   ├── 相关性分析
│   │   ├── 散点图分析克拉对价格的影响
│   │   ├── 切工对价格的影响
│   │   ├── 颜色对价格的影响
│   │   ├── 净度对价格的影响
│   │   ├── 钻石长宽深与价格之间的关系
│   │   └── 相关系数分析相关性
│   └── 多元线性回归分析
│       ├── Kruskal-Wallis检验
│       ├── 构建多元线性回归模型
│       ├── 模型改进
│       └── 钻石价格预测
└── 实现技术
    ├── ggplot2包
    ├── 分组统计
    ├── 相关性分析
    ├── 多元线性回归分析
    ├── IQR方法
    ├── 分类变量异常值检测常用方法
    ├── 异常处理方法
    └── 详解kruskal.test()函数
```

8.1 开 发 背 景

diamonds 数据集是 R 语言中 ggplot2 包自带的一个经典数据集，包含了约 54000 颗钻石的详细信息。该数据集广泛应用于数据分析、统计建模和机器学习领域，是学习和实践数据科学的理想选择。同时，也可以为珠宝行业的钻石定价提供数据支持，通过分析钻石价格的影响因素，指导市场决策。

本项目通过分析 diamonds 数据集，可以深入理解数据科学的工作流程，包括数据预处理、异常值分析与处理、数据统计分析、建模与预测。该项目不仅适用于学习和实践，还可为珠宝行业提供数据驱动的决策支持，同时也可作为统计建模和机器学习的教学案例。

8.2 系 统 设 计

8.2.1 开发环境

本项目的开发及运行环境如下：
- ☑ 操作系统：推荐 Windows 10、11 及以上版本。
- ☑ 编程语言：R 语言。
- ☑ 开发环境：RStudio。
- ☑ 第三方 R 包：ggplot2、openxlsx、dplyr、psych、car。

8.2.2 分析流程

基于 diamonds（钻石）数据集的分析与预测，首要任务是了解数据集；然后进行数据预处理工作，即导入 diamonds 数据集、查看数据和描述性统计分析，以确保数据质量；最后进行异常值分析与处理、数据统计分析、相关性分析和多元线性回归分析。

本项目分析流程如图 8.1 所示。

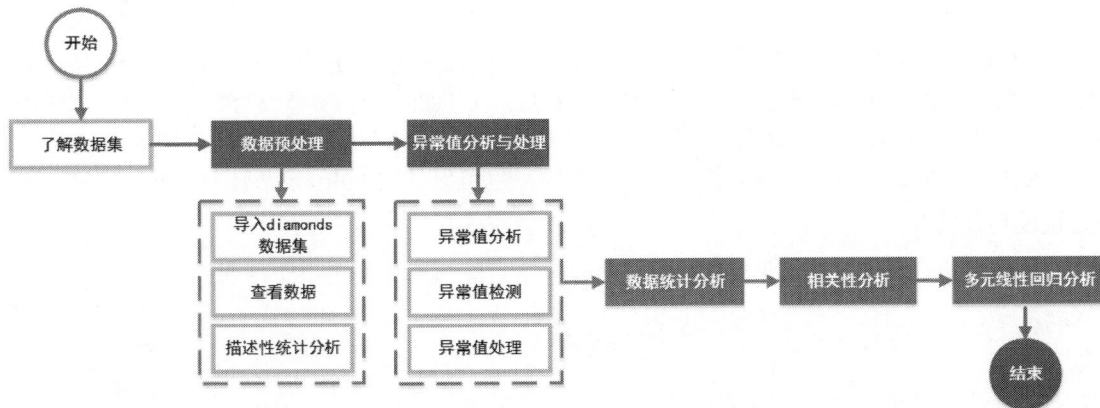

图 8.1 基于 diamonds（钻石）数据集的分析与预测流程

8.2.3 功能结构

本项目的功能结构已经在章首页中给出。本项目实现的具体功能如下：

☑ 了解数据集：了解数据集概况及变量的中文解释和说明。

☑ 数据预处理：首先导入 diamonds 数据集，然后查看数据概况，包括行数、列数、所有列及整体概况，最后进行描述性统计分析，包括最小值、最大值、中位数、平均数等。

☑ 异常值分析与处理：包括异常值分析、异常值检测和异常值处理。

☑ 数据统计分析：包括钻石深度和台面分析、钻石切工、颜色和净度分析、钻石价格分析。

☑ 相关性分析：包括散点图分析克拉对价格的影响、切工对价格的影响、颜色对价格的影响、净度对价格的影响、钻石长宽深与价格之间的关系、相关系数分析相关性。

☑ 多元线性回归分析：Kruskal-Wallis 检验、构建多元线性回归模型、模型改进、钻石价格预测。

8.3　技术准备

8.3.1 技术概览

基于 diamonds（钻石）数据集的分析与预测，首先导入 ggplot2 包自带的 diamonds 数据集，然后进行异常值检测与处理，接着进行数据统计分析、相关性分析，最后通过多元线性回归分析对钻石的价格进行预测。其中主要使用了第三方 R 包 ggplot2、openxlsx、分组统计、绘制矩阵图、相关性分析以及多元线性回归分析，这些知识就不进行详细的介绍了，在《R 语言数据分析从入门到精通》一书中有详细的讲解，对这些知识不太熟悉的读者可以参考该书相关的内容。

除此之外，本项目对异常值进行了详细的分析与处理，包括使用 IQR 方法筛选数值型变量的异常值，对分类变量进行异常值检测以及对不符合要求的异常值进行处理。另外，在预测钻石价格前，通过 Kruskal-Wallis 检验来评估分类变量对价格是否具有显著影响，其中主要使用了 kruskal.test()函数。下面对这些内容进行详细的介绍并进行举例，以确保读者顺利完成本项目，同时拓展相关知识以便更好地利用 R 实现多元线性回归分析。

8.3.2 IQR 方法

在异常值检测中经常会用到 IQR 方法，全称 interquartile range，表示四分位距。该方法用于衡量数据集中间的 50%数据的分布范围，通过计算上四分位数（Q3）与下四分位数（Q1）的差值得到，公式：IQR = Q3 − Q1，其中 Q3 表示上四分位数为数据的 75%分位点所对应的值；Q1 表示下四分位数为数据的 25%分位点所对应的值。在 R 语言中，可以直接使用公式计算，也可以使用 IQR()函数计算，具体介绍如下：

1. 直接使用公式

首先使用 quantile()函数得到上四分位数和下四分位数，然后相减即可，示例代码如下：

```
# 加载程序包
library(ggplot2)
### 使用 IQR 方法
## 直接使用公式计算 IQR
# 计算上四分位数（Q3）与下四分位数（Q1）
Q1 <- quantile(diamonds$price, 0.25)
Q3 <- quantile(diamonds$price, 0.75)
```

```
# 计算 IQR
IQR <- Q3 - Q1
IQR
```

2. 使用 IQR()函数

IQR()函数用于计算数据集的四分位距，语法格式如下：

```
IQR(x, na.rm = FALSE, type = 7)
```

参数说明：

☑   x：一个数值型向量。

☑   na.rm：布尔值，是否删除缺失值。

☑   type：1 和 9 之间的整数，表示不同的分位数算法，默认值为 7。

示例代码如下：

```
# 示例 1:
IQR(rivers)
# 示例 2:
x <- c(65,34, 88, 103, 115, 96)
IQR(x)
```

8.3.3　分类变量异常值检测常用方法

分类变量（也称为定性变量或离散变量）的异常值检测与数值型变量不同，因为分类变量的值通常是有限的类别或标签。以下是一些检测分类变量中异常值的常用方法。

1. 频率分析

通过检查每个类别的频率，可以发现如果某个类别的频率非常低（例如，远低于其他类别），这些类别可能是异常值。在 R 语言中可以使用 table()函数，也可以使用 dplyr 包查看分类变量的频率分布。示例代码如下：

```
# 加载程序包
library(ggplot2)
library(dplyr)
# 使用 table()函数查看分类变量的频率分布
table(diamonds$cut)
# 或者使用 dplyr 包
diamonds %>%
  count(cut) %>%
  arrange(n)
```

2. 可视化分析

通过可视化方法，如绘制柱形图可以直观地发现分类变量中的异常值。如果某个类别的柱形明显偏离其他类别，可能是异常值。示例代码如下：

```
# 加载程序包
library(ggplot2)
# 绘制柱形图
ggplot(diamonds, aes(x = cut)) +
  geom_bar() +
  theme_minimal()
```

3. 检查类别的一致性

如果分类变量的类别是预定义的，例如，切工（cut）应为 Fair、Good、Very Good、Premium 或

Ideal，可以检查是否存在与预定义类别不同的拼写错误或无效类别，主要使用 unique()函数进行检查。示例代码如下：

```
# 检查是否存在无效类别
unique(diamonds$cut)
# 如果有无效类别，可以筛选出来
invalid_cuts <- diamonds %>%
  filter(!cut %in% c("Fair", "Good", "Very Good", "Premium", "Ideal"))
```

4. 结合其他变量检测异常值

某些情况下分类变量的异常值需要结合其他变量来检测。例如，某个类别的价格分布明显偏离其他类别，可能是异常值。示例代码如下：

```
# 绘制箱形图检查不同切工类别的价格分布
ggplot(diamonds, aes(x = cut, y = price)) +
  geom_boxplot() +
  theme_minimal()
```

8.3.4 异常值处理方法

检测出异常值后，可以选择以下几种方法进行处理。

1. 数值型变量

数值型变量的处理方法有以下 3 种。

（1）删除异常值：直接删除超出合理范围的记录。例如，以 diamonds 数据集为例，删除 x、y、z 为 0 的记录，示例代码如下：

```
# 加载程序包
library(ggplot2)
# 删除 x, y, z 为 0 的记录
diamonds_cleaned <- diamonds[diamonds$x > 0 & diamonds$y > 0 & diamonds$z > 0, ]
```

（2）替换异常值：用中位数、均值或其他合理值替换异常值。例如，替换 price 的异常值，示例代码如下：

```
# 计算 price 的上下限
Q1 <- quantile(diamonds$price, 0.25)
Q3 <- quantile(diamonds$price, 0.75)
IQR <- Q3 - Q1
lower_limit <- Q1 - 1.5 * IQR
upper_limit <- Q3 + 1.5 * IQR
# 替换超出上下限的 price 值
diamonds$price[diamonds$price < lower_limit] <- lower_limit
diamonds$price[diamonds$price > upper_limit] <- upper_limit
```

（3）分箱处理：是一种将连续变量转换为离散变量的方法，将连续变量分箱，通过将数值型变量的取值范围划分为若干个区间来减少异常值的影响。分箱处理常用于数据预处理、特征工程以及异常值处理。例如，实现等宽分箱，将 price 分为 5 个箱，示例代码如下：

```
# 查看 price 的分布
summary(diamonds$price)
# 等宽分箱，将 price 分为 5 个箱
diamonds$price_bin <- cut(diamonds$price, breaks = 5, labels = c("Low", "Medium-Low", "Medium", "Medium-High", "High"))
# 查看分箱结果
table(diamonds$price_bin)
```

2. 分类变量

对于分类变量，检测到异常值后，可以选择以下方式进行处理。

（1）合并类别：如果某些类别频数过低，可以将其合并到其他类别。

（2）删除异常类别：如果某些类别明显异常，可以直接将其删除。

（3）修正错误：如果异常值是由于数据录入错误导致，则可以手动修正。

例如，检查并处理 cut 的异常类别，将其删除或合并，示例代码如下：

```
# 检查 cut 的频数
table(diamonds$cut)
# 如果发现异常类别，可以删除或合并
# 删除"Fair"类别的记录
diamonds_cleaned <- diamonds[diamonds$cut != "Fair", ]
# 将罕见类别合并为"Other"
diamonds <- diamonds %>%
  mutate(cut = ifelse(cut %in% c("Rare Category 1", "Rare Category 2"), "Other", cut))
```

8.3.5　详解 kruskal.test()函数

kruskal.test()函数是 R 语言中用于执行 Kruskal-Wallis 秩（统计学中的一个重要概念）和检验的函数。Kruskal-Wallis 检验是一种非参数检验方法，用于比较三个或更多组的独立样本是否来自同一分布。它是单因素方差分析（ANOVA）的非参数替代方法，适用于数据不满足正态分布或方差齐性假设的情况。在 R 语言中可以使用 kruskal.test()函数实现 Kruskal-Wallis 检验，语法格式如下：

```
kruskal.test(formula, data, ...)
```

参数说明：

- ☑ formula：一个公式，形式为 y～group，其中 y 是数值型变量，group 是分组变量（因子或字符型变量）。
- ☑ data：包含公式中变量的数据框。
- ☑ …：其他可选参数（通常不需要设置）。

例如，以 diamonds 数据集为例，比较不同 cut 类别的钻石价格是否具有显著差异，示例代码如下：

```
# 加载程序包
library(ggplot2)
# 导入数据集
data(diamonds)
# 查看数据
head(diamonds)
# Kruskal-Wallis 检验
result <- kruskal.test(price ~ cut, data = diamonds)
# 查看检验结果
print(result)
```

运行程序，结果如图 8.2 所示。

```
        Kruskal-Wallis rank sum test

data:  price by cut
Kruskal-Wallis chi-squared = 978.62, df = 4, p-value < 2.2e-16
```

图 8.2　Kruskal-Wallis 检验

从运行结果得知：Kruskal-Wallis chi-squared（检验统计量）值为 978.82，df（自由度）等于组数减 1

（这里 cut 有 5 个类别，所以自由度为 4）；p-value 为 p 值，远小于 0.05，说明至少有一组的钻石价格分布与其他组不同。

8.4　前　期　工　作

8.4.1　安装第三方 R 包

本项目所需的第三方 R 包在前面已经介绍过，下面逐一进行安装。例如，安装第三方 R 包 ggplot2，代码如下：

```
install.packages("ggplot2")
```

按 Enter 键，将显示一个 CRAN 镜像站点的列表，选择一个适合的镜像站点，如图 8.3 所示，单击"确定"按钮开始安装。

如果需要一次安装多个第三方 R 包，示例代码如下：

```
install.packages(c("包 1","包 2"))
```

8.4.2　新建项目文件夹

开发本项目前应首先在工程（如数据分析项目.Rproj）所在文件夹中新建一个项目文件夹（如基于 diamonds（钻石）数据集的分析与预测），以保存项目所需的 R 脚本文件，实现过程如下：

（1）运行 RStudio，选择"File→Open Project"菜单项，选择已经创建好的工程（如数据分析项目.Rproj），然后在资源管理窗口中单击 Files 面板中的新建文件夹按钮，如图 8.4 所示。

图 8.3　CRAN 镜像列表

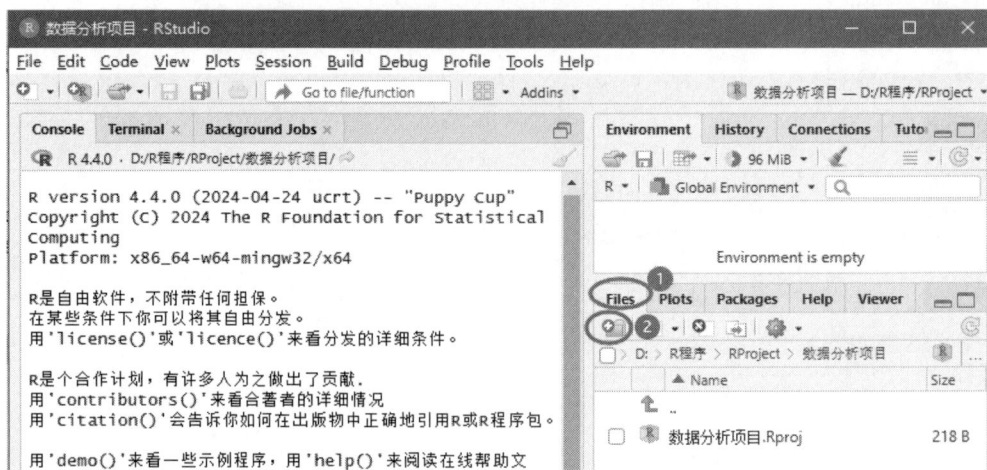

图 8.4　单击 Files 面板中的新建文件夹按钮

（2）打开 New Folder 对话框，输入"基于 diamonds（钻石）数据集的分析与预测"，如图 8.5 所示，然后单击 OK 按钮，项目文件夹就创建完成了。

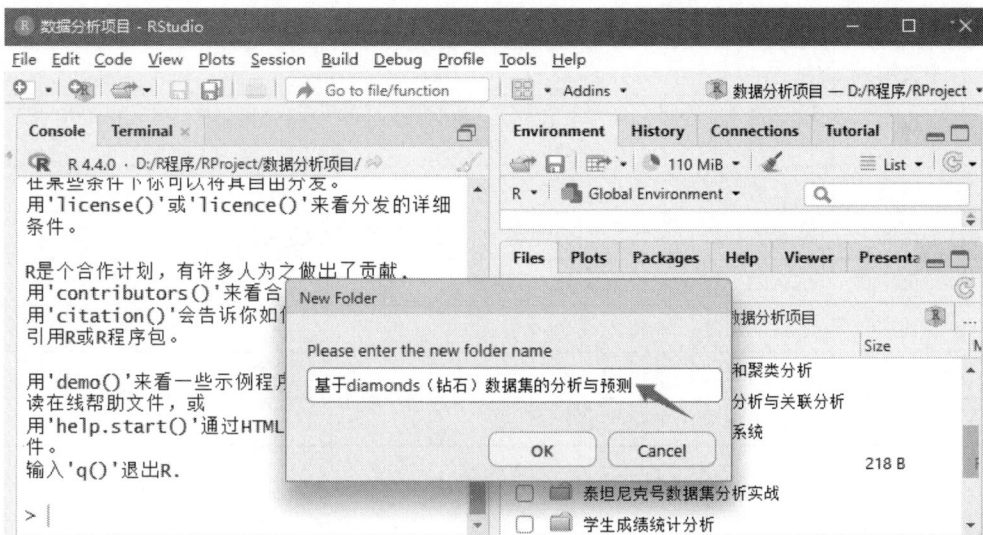

图 8.5　创建基于 diamonds（钻石）数据集的分析与预测项目文件夹

8.5　数据集介绍

8.5.1　数据集概述

本项目数据集 diamonds 是 R 语言中 ggplot2 包自带的一个经典数据集，主要用于统计分析和数据可视化。它包含了大约 54000 颗钻石的详细信息，涵盖了钻石的物理属性（如重量、尺寸等）以及价格等数据，下面了解一下该数据集的概况。

- ☑ 数据集名称：diamonds。
- ☑ 来源：ggplot2 包（R 语言）。
- ☑ 用途：常用于数据可视化、统计分析和机器学习示例。
- ☑ 数据量：53940 行，10 列。

8.5.2　变量说明

diamonds 数据集包含 10 个变量（列），包括钻石的重量、切工质量、钻石的颜色等级、钻石的净度等级等，详细说明如表 8.1 所示。

表 8.1　diamonds 数据集中列的详细说明

变量（列）	中文解释	说明
carat	克拉	钻石的重量，单位为克拉（1 克拉=0.2 克）
cut	切工	钻石的切工质量，分为 5 个等级，即 Fair（一般）、Good（良好）、Very Good（很好）、Premium（优质）和 Ideal（完美）
color	颜色	钻石的颜色等级，从 D（最好）到 J（最差），即 D、E、F、G、H、I 和 J，其中 D 表示无色，J 表示浅黄色

续表

变量（列）	中文解释	说明
clarity	净度	钻石的净度等级，分为 8 个等级，从低到高依次为 I1<SI2<SI1<VS2<VS1<VVS2<VVS1<IF，其中 I1（最差），IF（最好）
depth	深度	钻石的总深度百分比
table	台面	钻石的台面百分比，即台面宽度相对于平均直径的比例
price	价格	钻石的价格，单位为美元
x	长度	钻石的长度，单位为毫米
y	宽度	钻石的宽度，单位为毫米
z	深度	钻石的深度，单位为毫米

8.5.3 数据集特点

下面简单了解一下 diamonds 数据集的特点，具体如下：

☑ 多维度数据：数据集涵盖了钻石的物理属性（如重量、尺寸）和质量属性（如切工、颜色、净度），适合多维分析。

☑ 价格预测：常用于构建回归模型，预测钻石价格。

☑ 分类分析：切工、颜色和净度等分类变量适合用于分类分析或数据可视化。

☑ 数据质量：数据基本完整。

8.6 数据预处理

8.6.1 导入 diamonds 数据集

下面使用 data()函数导入 diamonds 数据集，实现过程如下（源码位置：资源包\Code\08\01_view_data.R）。

（1）在项目文件夹下新建一个 R 脚本文件，命名为 01_view_data.R。

（2）加载 ggplot2 程序包，使用 data()函数导入 diamonds 数据集，代码如下：

```
# 加载程序包
library(ggplot2)
# 导入 diamonds 数据集
data(diamonds)
df <- diamonds
```

（3）显示数据集的前 10 行数据，代码如下：

```
View(df)
```

运行程序，结果如图 8.6 所示。

	carat	cut	color	clarity	depth	table	price	x	y	z
1	0.23	Ideal	E	SI2	61.5	55.0	326	3.95	3.98	2.43
2	0.21	Premium	E	SI1	59.8	61.0	326	3.89	3.84	2.31
3	0.23	Good	E	VS1	56.9	65.0	327	4.05	4.07	2.31
4	0.29	Premium	I	VS2	62.4	58.0	334	4.20	4.23	2.63
5	0.31	Good	J	SI2	63.3	58.0	335	4.34	4.35	2.75
6	0.24	Very Good	J	VVS2	62.8	57.0	336	3.94	3.96	2.48
7	0.24	Very Good	I	VVS1	62.3	57.0	336	3.95	3.98	2.47
8	0.26	Very Good	H	SI1	61.9	55.0	337	4.07	4.11	2.53
9	0.22	Fair	E	VS2	65.1	61.0	337	3.87	3.78	2.49
10	0.23	Very Good	H	VS1	59.4	61.0	338	4.00	4.05	2.39

图 8.6　显示数据（部分数据）

8.6.2　查看数据

查看数据概况，包括行数、列数、所有列名以及数据整体概况，以便更清晰地了解数据，主要使用 nrow() 函数、ncol() 函数、names() 函数和 str() 函数实现，代码如下（源码位置：资源包 \Code\08\01_view_data.R）：

```
# 行数
nrow(df)
# 列数
ncol(df)
# 查看所有列名
names(df)
# 查看数据整体概况
str(df)
```

运行程序，结果如图 8.7 所示。

```
> # 行数
> nrow(df)
[1] 53940
> # 列数
> ncol(df)
[1] 10
> # 查看所有列名
> names(df)
 [1] "carat"   "cut"     "color"   "clarity" "depth"   "table"   "price"
 [8] "x"       "y"       "z"
> # 查看数据整体概况
> str(df)
tibble [53,940 x 10] (S3: tbl_df/tbl/data.frame)
 $ carat  : num [1:53940] 0.23 0.21 0.23 0.29 0.31 0.24 0.24 0.26 0.22 0.23
...
 $ cut    : Ord.factor w/ 5 levels "Fair"<"Good"<..: 5 4 2 4 2 3 3 3 1 3 ...
 $ color  : Ord.factor w/ 7 levels "D"<"E"<"F"<"G"<..: 2 2 2 6 7 7 6 5 2 5
 $ clarity: Ord.factor w/ 8 levels "I1"<"SI2"<"SI1"<..: 2 3 5 4 2 6 7 3 4 5
...
 $ depth  : num [1:53940] 61.5 59.8 56.9 62.4 63.3 62.8 62.3 61.9 65.1 59.4
...
 $ table  : num [1:53940] 55 61 65 58 58 57 57 55 61 61 ...
 $ price  : int [1:53940] 326 326 327 334 335 336 336 337 337 338 ...
 $ x      : num [1:53940] 3.95 3.89 4.05 4.2 4.34 3.94 3.95 4.07 3.87 4 ...
 $ y      : num [1:53940] 3.98 3.84 4.07 4.23 4.35 3.96 3.98 4.11 3.78 4.05
...
 $ z      : num [1:53940] 2.43 2.31 2.31 2.63 2.75 2.48 2.47 2.53 2.49 2.39
```

图 8.7　查看数据

从运行结果得知：数据有 53940 行 10 列，数据类型包括数值型、整型和因子类型。

8.6.3　描述性统计分析

通过描述性统计分析查看钻石的重量（carat）、切工（cut）、颜色（color）、净度（clarity）和价格（price）等数据指标的分布情况。例如，查看中位数、平均数和最大值等，实现过程如下（源码位置：资源包\Code\08\02_describe_data.R）。

（1）在项目文件夹下新建一个 R 脚本文件，命名为 02_describe_data.R。

（2）加载 ggplot2 程序包，使用 data()函数导入 diamonds 数据集，代码如下：

```
# 加载程序包
library(ggplot2)
# 导入 diamonds 数据集
data(diamonds)
df <- diamonds
```

（3）使用 summary()函数实现描述性统计分析，代码如下：

```
summary(df)
```

运行程序，结果如图 8.8 所示。

```
     carat               cut           color        clarity
 Min.   :0.2000   Fair     : 1610   D: 6775   SI1    :13065
 1st Qu.:0.4000   Good     : 4906   E: 9797   VS2    :12258
 Median :0.7000   Very Good:12082   F: 9542   SI2    : 9194
 Mean   :0.7979   Premium  :13791   G:11292   VS1    : 8171
 3rd Qu.:1.0400   Ideal    :21551   H: 8304   VVS2   : 5066
 Max.   :5.0100                     I: 5422   VVS1   : 3655
                                    J: 2808   (Other): 2531
     depth           table           price             x
 Min.   :43.00   Min.   :43.00   Min.   :  326   Min.   : 0.000
 1st Qu.:61.00   1st Qu.:56.00   1st Qu.:  950   1st Qu.: 4.710
 Median :61.80   Median :57.00   Median : 2401   Median : 5.700
 Mean   :61.75   Mean   :57.46   Mean   : 3933   Mean   : 5.731
 3rd Qu.:62.50   3rd Qu.:59.00   3rd Qu.: 5324   3rd Qu.: 6.540
 Max.   :79.00   Max.   :95.00   Max.   :18823   Max.   :10.740

       y               z
 Min.   : 0.000   Min.   : 0.000
 1st Qu.: 4.720   1st Qu.: 2.910
 Median : 5.710   Median : 3.530
 Mean   : 5.735   Mean   : 3.539
 3rd Qu.: 6.540   3rd Qu.: 4.040
 Max.   :58.900   Max.   :31.800
```

图 8.8　描述性统计分析

从运行结果得知：钻石的价格变动范围较大，最低为 326，最高为 18823，某些钻石的尺寸（x、y、z）为 0，需要进一步分析并处理。另外，没有发现空值数据，综合来看数据质量良好。

8.7　异常值分析与处理

8.7.1　异常值分析

通过查看数据发现 diamonds 数据集的数据类型主要包括两大类，即数值型变量和分类变量（因子类型），下面分别进行分析。

1. 数值型变量的异常值

数值型变量包括 carat、depth、table、price、x、y、z，可以通过以下方法检测异常值。

- ☑ 描述性统计：使用 summary()函数查看最小值、最大值和四分位数。
- ☑ 箱线图：查看数据的分布和离群点。
- ☑ IQR（四分位距）：通过计算四分位距识别异常值。

2. 分类变量的异常值

分类变量包括 cut、color、clarity，主要通过频数统计来检查每个类别的频数，如果某个类别的频数明显低于其他类别，可能是异常值。

通过上述方法都可以判断数据是否为异常值，同时也要结合领域知识来综合判断异常值是否合理。

8.7.2 异常值检测

异常值检测主要检测数值型变量为 0 的数据，以及分类变量中空值或者不符合实际要求的异常数据。首先通过箱线图和描述性统计检测数值型变量中的异常值，然后使用 table()函数检测分类变量频数的分布情况。实现过程如下（源码位置：资源包\Code\08\03_outlier_analysis_processing.R）：

（1）在项目文件夹下新建一个 R 脚本文件，命名为 03_outlier_analysis_processing.R。

（2）加载 ggplot2 程序包，使用 data()函数导入 diamonds 数据集，代码如下：

```
# 加载程序包
library(ggplot2)
library(openxlsx)
# 导入 diamonds 数据集
data(diamonds)
```

（3）抽取数据，代码如下：

```
# 抽取数值型数据
df1 <- diamonds[, c("carat", "depth", "table", "price", "x", "y", "z")]
# 抽取因子类型数据
df2 <- diamonds[, c("cut", "color", "clarity")]
```

（4）查看数值型变量的描述性统计，代码如下：

```
summary(df1)
```

（5）绘制箱形图观察钻石的重量、价格、长度、宽度和深度的异常值，代码如下：

```
# 划分为 2 行 3 列的绘图区域
par(mfrow = c(2,3),mar = c(3, 3, 1.5, 1))
# 绘制箱形图
boxplot(df1$carat, main = "重量箱形图")
boxplot(df1$price, main = "价格箱形图")
boxplot(df1$x, main = "长度箱形图")
boxplot(df1$y, main = "宽度箱形图")
boxplot(df1$z, main = "深度箱形图")
```

运行程序，结果如图 8.9 所示。

从运行结果得知：钻石的重量、价格、长度、宽度和深度都存在一定数量的异常值。

（6）使用 IQR 方法（四分位距）筛选出价格的异常值，代码如下：

```
# 计算下四分位数
Q1 <- quantile(df1$price, 0.25)
# 计算上四分位数
Q3 <- quantile(df1$price, 0.75)
# 计算四分位距
IQR <- Q3 - Q1
lower_limit <- Q1 - 1.5 * IQR # 计算下限
upper_limit <- Q3 + 1.5 * IQR # 计算上限
# 筛出异常值
outliers <- df1$price[df1$price < lower_bound | diamonds$price > upper_bound]
outliers
```

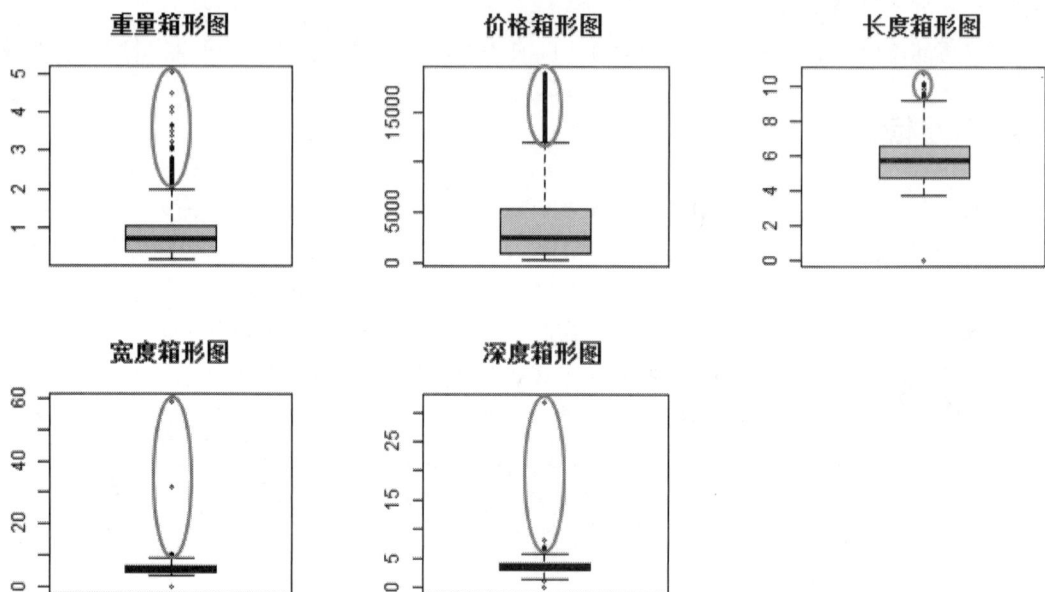

图 8.9　钻石的重量、价格、长度、宽度和深度的箱形图

运行程序，结果如图 8.10 所示。

```
  [1]   11886  11886  11888  11888  11888  11897  11899  11899  11901  11903  11904
 [12]   11905  11906  11912  11913  11917  11917  11921  11922  11923  11923  11923
 [23]   11924  11925  11926  11927  11927  11933  11934  11935  11939  11942  11943
 [34]   11946  11946  11946  11946  11948  11948  11950  11951  11954  11955  11956
 [45]   11957  11957  11957  11958  11962  11963  11965  11966  11966  11967  11968
 [56]   11968  11969  11970  11971  11971  11973  11975  11975  11975  11976  11979
 [67]   11982  11985  11986  11988  11988  11988  11988  11990  11998  11999  12000
 [78]   12004  12005  12008  12009  12012  12013  12014  12016  12021  12028  12030
 [89]   12030  12030  12030  12030  12030  12031  12032  12035  12036  12038  12044
[100]   12047  12047  12048  12048  12048  12048  12052  12053  12055  12058  12059
```

图 8.10　异常值（部分数据）

（7）使用 table()函数查看钻石的切工、颜色和净度的分布情况，代码如下：

```
# 查看分类变量频数的分布情况
table(df2$cut)
table(df2$color)
table(df2$clarity)
```

运行程序，结果如图 8.11 所示。

```
> table(df2$cut)

 Fair          Good Very Good    Premium       Ideal
 1610          4906     12082      13791       21551
> table(df2$color)

    D       E       F       G       H       I       J
 6775    9797    9542   11292    8304    5422    2808
> table(df2$clarity)

   I1     SI2     SI1     VS2     VS1    VVS2    VVS1      IF
  741    9194   13065   12258    8171    5066    3655    1790
```

图 8.11　钻石的切工、颜色和净度的分布情况

从运行结果得知：在钻石的切工和净度中，存在一些频数较低的数据。

8.7.3　异常值处理

经过 8.7.2 节的描述性统计分析发现 x、y 和 z 存在为 0 的数据，另外，还发现重量、价格、深度、切工和净度也都不同程度地存在异常值。这里，首先处理 x、y 和 z 列中值为 0 的数据，价格和切工的异常值暂时先不处理，后面根据数据分析与预测的需求而定。实现过程如下（源码位置：资源包\Code\08\03_outlier_analysis_processing.R）。

（1）删除 x、y、z 为 0 的数据，代码如下：

```
diamonds_cleaned <- diamonds[diamonds$x > 0 & diamonds$y > 0 & diamonds$z > 0, ]
```

（2）使用 summary()函数查看处理后的数据，代码如下：

```
summary(diamonds_cleaned)
```

运行程序，结果如图 8.12 所示。

```
     carat                 cut           color        clarity          depth
 Min.   :0.2000   Fair     : 1609   D: 6774   SI1    :13063   Min.   :43.00
 1st Qu.:0.4000   Good     : 4902   E: 9797   VS2    :12254   1st Qu.:61.00
 Median :0.7000   Very Good:12081   F: 9538   SI2    : 9185   Median :61.80
 Mean   :0.7977   Premium  :13780   G:11284   VS1    : 8170   Mean   :61.75
 3rd Qu.:1.0400   Ideal    :21548   H: 8298   VVS2   : 5066   3rd Qu.:62.50
 Max.   :5.0100                     I: 5421   VVS1   : 3654   Max.   :79.00
                                    J: 2808   (Other): 2528
     table           price             x                y                z
 Min.   :43.00   Min.   :  326   Min.   : 3.730   Min.   : 3.680   Min.   : 1.07
 1st Qu.:56.00   1st Qu.:  949   1st Qu.: 4.710   1st Qu.: 4.720   1st Qu.: 2.91
 Median :57.00   Median : 2401   Median : 5.700   Median : 5.710   Median : 3.53
 Mean   :57.46   Mean   : 3931   Mean   : 5.732   Mean   : 5.735   Mean   : 3.54
 3rd Qu.:59.00   3rd Qu.: 5323   3rd Qu.: 6.540   3rd Qu.: 6.540   3rd Qu.: 4.04
 Max.   :95.00   Max.   :18823   Max.   :10.740   Max.   :58.900   Max.   :31.80
```

图 8.12　查看处理后的数据

从运行结果得知：x、y 和 z 为 0 的数据被删除了。

（3）最后将处理后的数据写入 Excel 文件中，代码如下：

```
write.xlsx(diamonds_cleaned,"基于 diamonds（钻石）数据集的分析与预测/diamonds_cleaned.xlsx")
```

8.8　数据统计分析

8.8.1　钻石深度和台面分析

通过直方图分析钻石总深度百分比和台面百分比的分布情况，实现过程如下（源码位置：资源包 \Code\08\02_describe_data.R）。

（1）在项目文件夹下新建一个 R 脚本文件，命名为 02_describe_data.R。

（2）加载 ggplot2 程序包，使用 data()函数导入 diamonds 数据集，代码如下：

```
# 加载程序包
library(ggplot2)
# 导入 diamonds 数据集
data(diamonds)
```

（3）绘制钻石总深度百分比和台面百分比的直方图，代码如下：

```
# 划分一行两列的区域
par(mfrow=c(1,2))
# 绘制直方图
hist(diamonds$depth,breaks = 40)
hist(diamonds$table,breaks = 20)
```

运行程序，结果如图 8.13 所示。

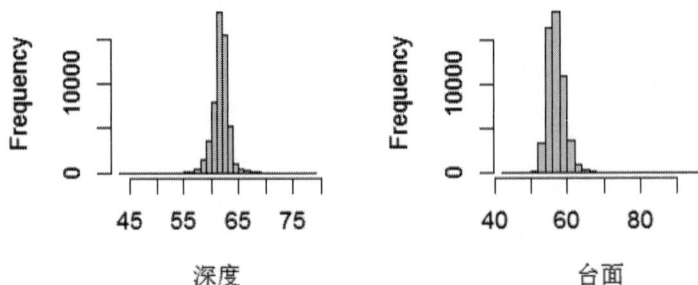

图 8.13　钻石总深度百分比和台面百分比直方图

从运行结果得知：钻石总深度百分比和台面百分比均符合正态分布。

8.8.2　钻石切工、颜色和净度分析

通过饼形图分析每种切工、颜色和净度的钻石分别有多少颗，实现过程如下（源码位置：资源包 \Code\08\05_cut_color_clarity_analysis.R）。

（1）在项目文件夹下新建一个 R 脚本文件，命名为 05_cut_color_clarity_analysis.R。

（2）加载 ggplot2 程序包，使用 data()函数导入 diamonds 数据集，代码如下：

```
# 加载程序包
library(ggplot2)
# 导入 diamonds 数据集
data(diamonds)
df <- diamonds
```

（3）按切工等级统计数量，然后绘制饼形图，代码如下：

```
# 设置饼形图颜色
mycolors1 <- topo.colors(5)
# 按切工等级统计数量
df %>%
  count(cut, sort = T)
# 绘制饼形图
pie(table(df$cut),labels=names(table(df$cut)),col=mycolors1)
```

运行程序，结果如图8.14和图8.15所示。

```
    cut         n
    <ord>      <int>
1   Ideal      21551
2   Premium    13791
3   Very Good  12082
4   Good        4906
5   Fair        1610
```

图 8.14 按切工等级统计数量

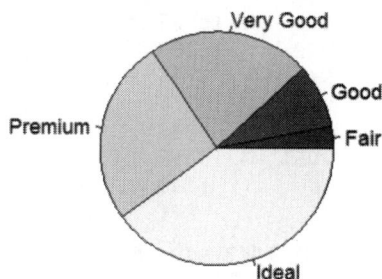

图 8.15 切工等级饼形图

从运行结果得知：在切工等级上，切工完美（Ideal）的钻石为21551颗（占比将近一半），切工优质（Premium）的钻石13791颗，切工很好（Very Good）的钻石12082颗，切工良好（Good）的钻石4906颗，切工一般（Fair）的钻石1610颗。结合现实，钻石为奢侈品，切工环节非常重要，切工水平高可以使钻石达到更好的视觉效果。

（4）按颜色等级统计数量，然后绘制饼形图，代码如下：

```
# 按颜色统计数量
df %>%
  count(color, sort = T)
# 绘制饼形图
pie(table(df$color),labels=names(table(df$color)),col=mycolors1)
```

运行程序，结果如图8.16和图8.17所示。

```
    color    n
    <ord>   <int>
1   G       11292
2   E        9797
3   F        9542
4   H        8304
5   D        6775
6   I        5422
7   J        2808
```

图 8.16 按颜色等级统计数量

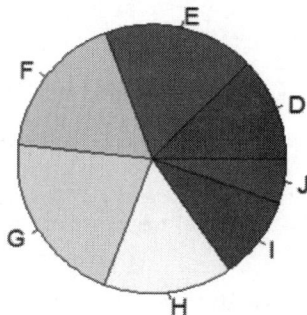

图 8.17 颜色等级饼形图

从运行结果得知：在颜色等级上，从D（最好）到J（最差），其中G的数量最多，为11292颗；D、I和J的数量偏少，分别为6775、5422和2808。说明钻石颜色一般的数量最多，最差和最好的数量都很少。

（5）按净度等级统计数量，然后绘制饼形图，代码如下：

```
# 按净度统计数量
df %>%
    count(clarity,sort = T)
# 绘制饼形图
pie(table(df$clarity),labels=names(table(df$clarity)),col=mycolors1)
```

运行程序，结果如图 8.18 和图 8.19 所示。

clarity	n
<ord>	<int>
1 SI1	13065
2 VS2	12258
3 SI2	9194
4 VS1	8171
5 VVS2	5066
6 VVS1	3655
7 IF	1790
8 I1	741

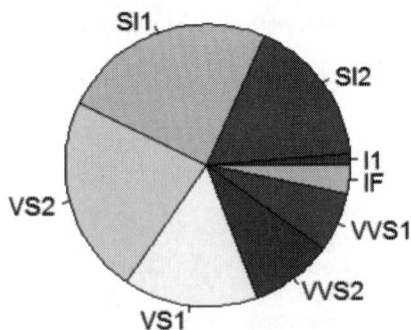

图 8.18 按净度等级统计数量   图 8.19 净度等级饼形图

从运行结果得知：在净度等级上，I1（最差）<SI2<SI1<VS2<VS1<VVS2<VVS1<IF（最好），其中钻石透明度一般（SI1）的占比最高，钻石透明度最差（I1）和最好（IF）的比例都比较低。

8.8.3 钻石价格分析

钻石价格分析旨在全面分析原始数据集（即包括异常值的数据）中钻石的价格，包括绘制直方图查看价格总体分布情况和查看昂贵钻石（即价格 Top 10 的钻石）的属性，如克拉、切工、颜色和净度。实现过程如下（源码位置：资源包\Code\08\06_price_analysis.R）。

（1）在项目文件夹下新建一个 R 脚本文件，命名为 06_price_analysis.R。

（2）加载 openxlsx 程序包导入 diamonds 数据集，代码如下：

```
# 加载数据集
library(ggplot2)
# 导入数据集
data(diamonds)
df <- diamonds
```

（3）绘制直方图查看价格总体分布情况，代码如下：

```
# 绘制直方图
ggplot(df)+
    geom_histogram(aes(x=price,y=..density..),fill="steelblue",binwidth=300)+
    geom_density(aes(x=price),size=1,alpha=.3,col='red',fill='red')+
    labs(title = "钻石价格分布", x = "价格")
```

运行程序，结果如图 8.20 所示。

从运行结果得知：价格在 0～5000 的钻石数量占大多数。随着价格越来越高，钻石的数量越来越少。

（4）查看昂贵钻石（即价格 Top 10 的钻石）的属性，包括克拉、切工、颜色和净度等。首先使用 arrange() 函数结合 desc() 函数将数据框按照价格降序排序，然后选择价格 Top 10 的钻石，代码如下：

```
df %>%
    # 将数据框按照价格降序排序
    arrange(desc(price)) %>%
```

```
# 选择价格 Top10
slice_max(price, n = 10)
```

钻石价格分布

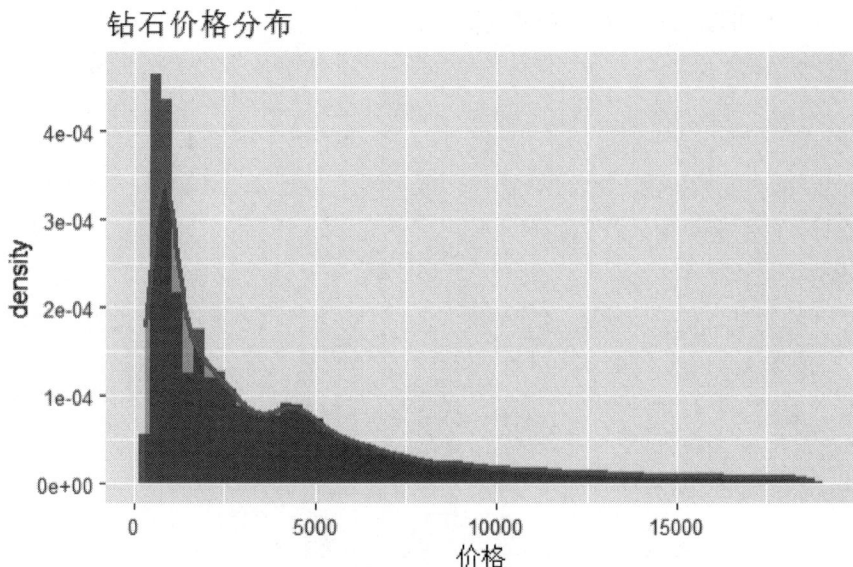

图 8.20   直方图分析价格

运行程序，结果如图 8.21 所示。

	carat	cut	color	clarity	depth	table	price	x	y	z
	<dbl>	<ord>	<ord>	<ord>	<dbl>	<dbl>	<int>	<dbl>	<dbl>	<dbl>
1	2.29	Premium	I	VS2	60.8	60	18823	8.5	8.47	5.16
2	2	Very Good	G	SI1	63.5	56	18818	7.9	7.97	5.04
3	1.51	Ideal	G	IF	61.7	55	18806	7.37	7.41	4.56
4	2.07	Ideal	G	SI2	62.5	55	18804	8.2	8.13	5.11
5	2	Very Good	H	SI1	62.8	57	18803	7.95	8	5.01
6	2.29	Premium	I	SI1	61.8	59	18797	8.52	8.45	5.24
7	2.04	Premium	H	SI1	58.1	60	18795	8.37	8.28	4.84
8	2	Premium	I	VS1	60.8	59	18795	8.13	8.02	4.91
9	1.71	Premium	F	VS2	62.3	59	18791	7.57	7.53	4.7
10	2.15	Ideal	G	SI2	62.6	54	18791	8.29	8.35	5.21

图 8.21   价格 Top 10 的钻石的属性

从运行结果得知：在这些价格最为昂贵的钻石中，存在着以下特性。

☑ 克拉：超过 2 克拉的钻石有 8 颗，其余两颗超过 1.5 克拉。

☑ 切工：切割质量普遍在完美和优质的水平。

☑ 颜色：接近无色级钻石，性价比很高。

☑ 净度：透明度级别在一般及一般以上。

8.9   相关性分析

8.9.1   散点图分析克拉对价格的影响

通过原始数据集绘制散点图分析克拉对价格的影响，实现过程如下（源码位置：资源包\Code\08\07_

carat_price_analysis.R）。

（1）在项目文件夹下新建一个 R 脚本文件，命名为 07_carat_price_analysis.R。

（2）加载程序包导入 diamonds 数据集，代码如下：

```
# 加载数据集
library(ggplot2)
# 导入数据集
data(diamonds)
df <- diamonds
```

（3）绘制克拉与价格的散点图，代码如下：

```
# 绘制克拉与价格的散点图
ggplot(data = df, aes(x = carat, y = price)) +
    geom_point(alpha = 0.5, color = "blue") +      # 设置点的透明度和颜色
    labs(title = "散点图分析克拉对价格的影响",        # 添加标题
         x = "克拉",                                # x 轴标签
         y = "价格（美元)") +                        # y 轴标签
    theme_minimal()                                # 使用简洁的主题
```

运行程序，结果如图 8.22 所示。

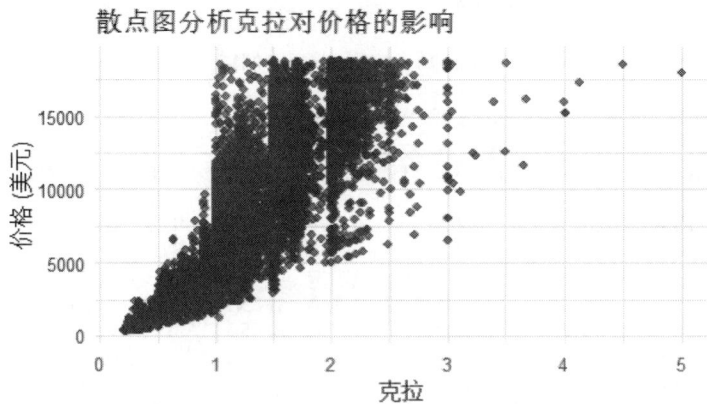

图 8.22　散点图分析克拉对价格的影响

从运行结果得知：大多数钻石集中在 0～2 克拉，尤其是 1 克拉以下的钻石数量较多。大克拉钻石稀少，超过 2 克拉的钻石数量较少，并且价格显著上升，符合稀有性对价格的影响。其次，随着克拉的增加，钻石价格整体呈上升趋势，说明克拉是影响钻石价格的重要因素。另外，价格呈现非线性，克拉越大，价格增长越快。例如，2 克拉的钻石价格通常远高于 1 克拉钻石价格的两倍。

8.9.2　切工对价格的影响

在 diamonds 数据集中，钻石的切工质量等级从一般到完美，即从 Fair（代表一般）到 Ideal（代表完美），共有 5 个等级。下面通过分面散点图和箱形图分析不同切工质量等级对价格的影响，实现过程如下（源码位置：资源包\Code\08\08_cut_price_analysis.R）。

（1）在项目文件夹下新建一个 R 脚本文件，命名为 08_cut_price_analysis.R。

（2）加载程序包导入 diamonds 数据集，代码如下：

```
# 加载数据集
library(ggplot2)
# 导入数据集
```

```
data(diamonds)
df <- diamonds
```

（3）绘制切工分面散点图添加趋势线，分析不同切工质量的价格，代码如下：

```
ggplot(data = df, aes(x = carat, y = price)) +
  geom_point(alpha = 0.5, color = "blue") +        # 设置点的透明度和颜色
  geom_smooth(method = "lm", color = "red") +      # 添加趋势线
  facet_wrap(~ cut) +    # 根据切工分面
  labs(title = "克拉与切工价格分析", # 添加标题
       x = "克拉",                  # x 轴标签
       y = "价格（美元）") + # y 轴标签
  theme_minimal()    # 使用简洁的主题
```

运行程序，结果如图 8.23 所示。

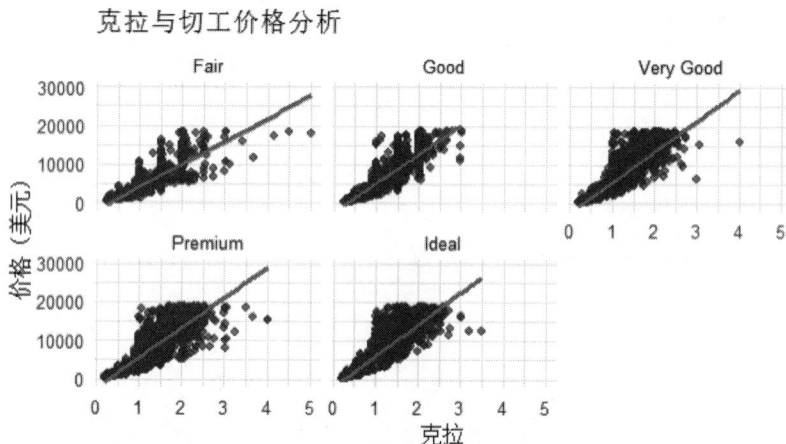

图 8.23　切工分面散点图

从运行结果得知，高质量切工（如 Ideal、Premium）：在相同克拉下，价格通常更高，因为高质量切工提升了钻石的光彩和美感；低质量切工（如 Fair、Good）：价格相对较低，但克拉较大的钻石仍可能因稀有性而价格较高。

（4）通过箱形图分析不同切工质量的价格，代码如下：

```
# 绘制价格与切工的箱形图
ggplot(df,aes(x = cut, y = price)) +
  geom_boxplot() +
  labs(title = "不同切工质量的钻石价格", x = "切工", y = "价格 (美元)")
```

运行程序，结果如图 8.24 所示。

从运行结果得知：箱形图中的中位数线（箱体中间的线）显示了不同切工质量价格的中位数。优质（Premium）质量的切工价格普遍高于"一般"切工价格，说明切工质量对价格有一定的影响。完美（Ideal）质量的切工价格普遍较低，可能受到异常值或克拉、颜色和净度等因素的影响，需要进一步分析。另外，不同切工质量都存在较多的异常值，说明可能受到了一些极高或极低价格的影响。

（5）对价格进行对数转换，使箱形图更加清晰，避免极端值的影响，主要使用 scale_y_log10()函数实现，代码如下：

```
# 绘制价格与切工的箱形图
ggplot(df, aes(x = cut, y = price)) +
  geom_boxplot(fill = "orange") +
  scale_y_log10() +        # 对价格进行对数转换
```

```
labs(title = "不同切工质量的钻石价格",  x = "切工", y = "价格 (log10)")
```

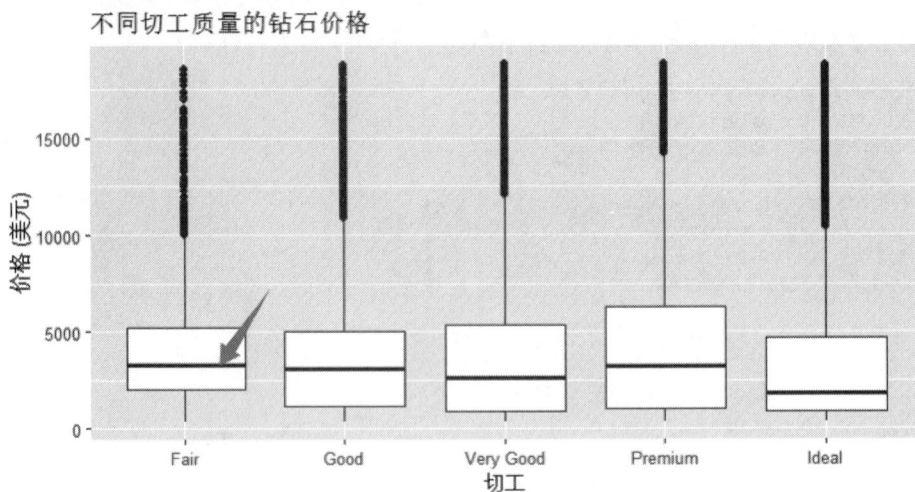

图 8.24　箱形图分析不同切工质量的价格

运行程序，结果如图 8.25 所示。

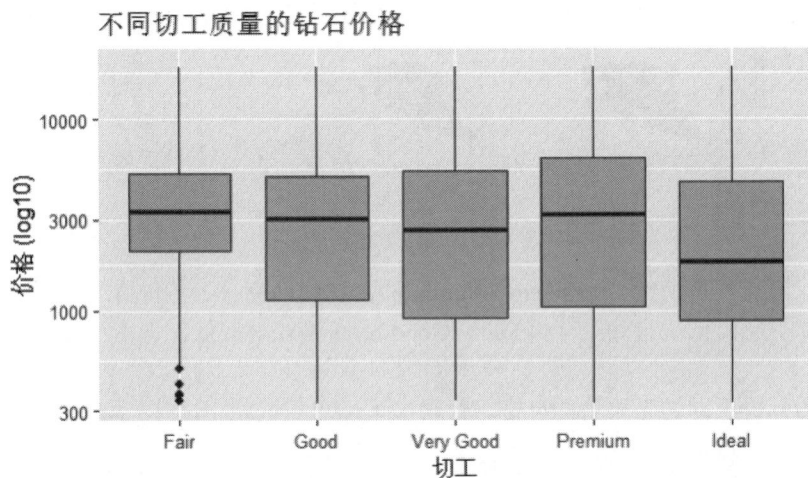

图 8.25　箱形图分析不同切工质量的价格（对数转换后）

从运行结果得知：对价格进行对数转换之后，可以更清晰地观察到不同切工质量价格的分布差异。

8.9.3　颜色对价格的影响

在 diamonds 数据集中，钻石的颜色等级从无色到浅黄色，即从字母 D（代表无色）开始到字母 J（代表浅黄色），共有 7 个等级。下面通过绘制分组直方图分析不同颜色等级对价格的影响，实现过程如下（源码位置：资源包\Code\08\09_color_price_analysis.R）。

（1）在项目文件夹下新建一个 R 脚本文件，命名为 09_color_price_analysis.R。

（2）加载程序包，导入 diamonds 数据集，代码如下：

```
# 加载数据集
library(ggplot2)
# 导入数据集
```

```
data(diamonds)
df <- diamonds
```

（3）绘制分组直方图分析不同颜色等级的价格，代码如下：

```
# 绘制分组直方图
ggplot(df)+
  geom_histogram(aes(x=price,fill=color,color=color))+
  facet_wrap(~color)+    # 按照颜色分面
  labs(title = "不同颜色的钻石价格",  x = "颜色", y = "价格")
```

运行程序，结果如图 8.26 所示。

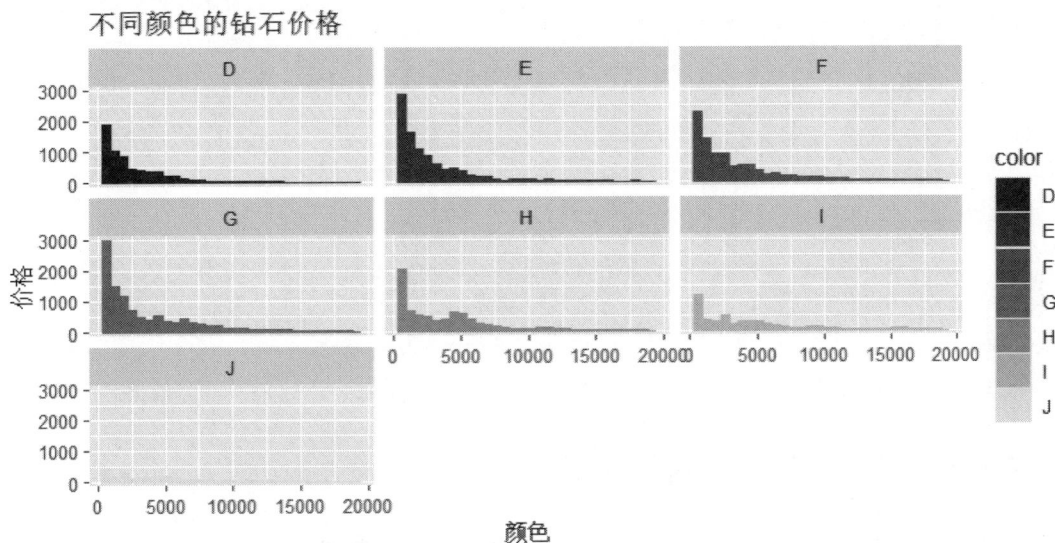

图 8.26　直方图分析不同颜色的钻石价格

从运行结果得知：颜色接近无色的钻石价格分布普遍偏高，说明颜色对价格有显著影响。

8.9.4　净度对价格的影响

在 diamonds 数据集中，钻石的净度等级从 I1（代表最差）开始到 IF（代表最好），共有 8 个等级。下面通过绘制分组直方图分析不同净度等级对价格的影响，实现过程如下（源码位置：资源包 \Code\08\10_clarity_price_analysis.R）。

（1）在项目文件夹下新建一个 R 脚本文件，命名为 10_clarity_price_analysis.R。

（2）加载程序包，导入 diamonds 数据集，代码如下：

```
# 加载数据集
library(ggplot2)
# 导入数据集
data(diamonds)
df <- diamonds
```

（3）绘制分组直方图分析不同净度等级的价格，代码如下：

```
# 绘制分组直方图
ggplot(df)+
  geom_histogram(aes(x=price,fill=clarity,color=clarity))+
  facet_wrap(~clarity)+    # 按照净度分面
```

```
labs(title = "不同净度的钻石价格",  x = "净度", y = "价格")
```

运行程序，结果如图 8.27 所示。

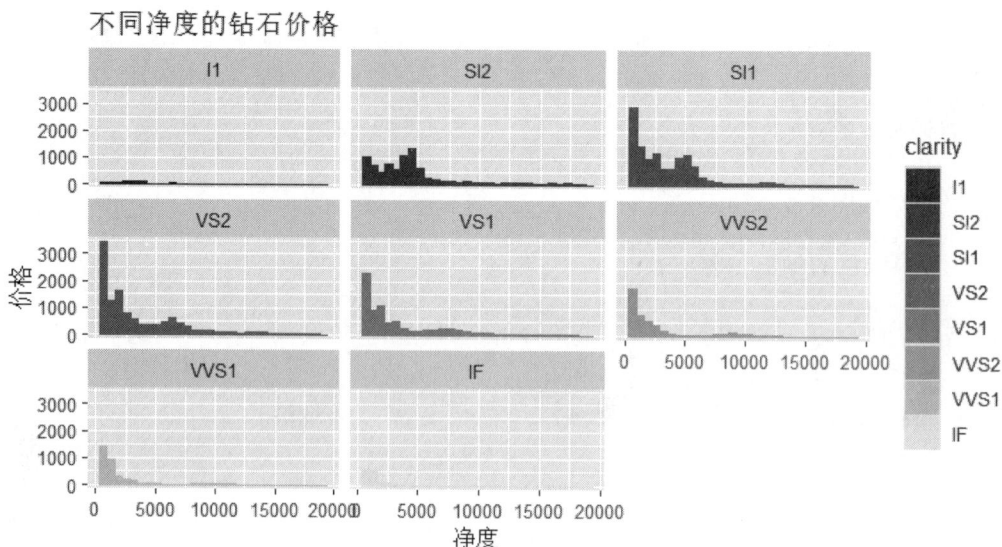

图 8.27　直方图分析不同净度的钻石价格

从运行结果得知：净度较好的钻石价格分布普遍偏高，说明净度对价格有一定的影响。

8.9.5　钻石长宽深与价格之间的关系

钻石的长度为 x，宽度为 y，深度为 z，下面通过矩阵图分析长宽深与价格之间的关系，实现过程如下（源码位置：资源包\Code\08\11_xyz_price_analysis.R）。

（1）在项目文件夹下新建一个 R 脚本文件，命名为 11_xyz_price_analysis.R。

（2）加载程序包，代码如下：

```
library(ggplot2)
library(psych)
```

（3）导入 diamonds 数据集并抽取 x、y、z 和价格（price）数据，代码如下：

```
# 导入数据集
data(diamonds)
# 抽取数据
df <- diamonds[, c("x", "y", "z", "price")]
```

（4）使用 pairs.panels()函数绘制矩阵图，代码如下：

```
# pairs.panels()函数绘制矩阵图
pairs.panels(df,cex.cor = 0.8)
```

运行程序，结果如图 8.28 所示。

从运行结果得知：通过上三角区域的相关系数发现长度（x）与价格（price）的相关系数较高，为 0.88，长度（x）与价格（price）存在正相关关系，随着长度（x）的增加，价格可能上升；宽度（y）和深度（z）与价格（price）也存在一定的正相关，但关系可能不如长度（x）明显。

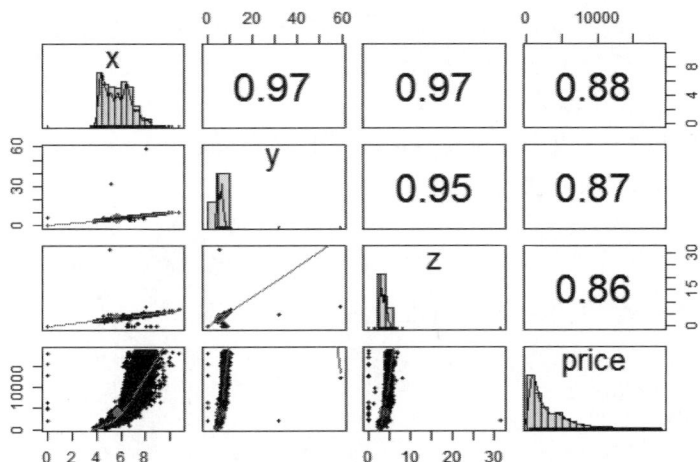

图 8.28 矩阵图分析 x、y、z 与 price 之间的关系

8.9.6 相关系数分析相关性

通过相关系数分析克拉（carat）、深度（depth）、台面（table）、长度（x）、宽度（y）和深度（z）与价格（price）的关系，主要使用 cor() 函数计算相关系数，实现过程如下（源码位置：资源包 \Code\08\12_cor_data.R）。

（1）在项目文件夹下新建一个 R 脚本文件，命名为 12_cor_data.R。

（2）加载程序包，代码如下：

```
library(ggplot2)
```

（3）使用 cor() 函数计算相关系数，代码如下：

```
# 连续变量使用皮尔逊相关系数
df <- diamonds[, c("carat","depth","table","x", "y", "z", "price")]
cor(df)
```

运行程序，结果如图 8.29 所示。

```
            carat        depth       table            x           y           z       price
carat  1.00000000   0.02822431   0.1816175   0.97509423  0.95172220  0.95338738   0.9215913
depth  0.02822431   1.00000000  -0.2957785  -0.02528925 -0.02934067  0.09492388  -0.0106474
table  0.18161755  -0.29577852   1.0000000   0.19534428  0.18376015  0.15092869   0.1271339
x      0.97509423  -0.02528925   0.1953443   1.00000000  0.97470148  0.97077180   0.8844352
y      0.95172220  -0.02934067   0.1837601   0.97470148  1.00000000  0.95200572   0.8654209
z      0.95338738   0.09492388   0.1509287   0.97077180  0.95200572  1.00000000   0.8612494
price  0.92159130  -0.01064740   0.1271339   0.88443516  0.86542090  0.86124944   1.0000000
```

图 8.29 相关系数分析

从运行结果得知：克拉（carat）、长度（x）、宽度（y）和深度（z）与价格（price）的关系较强。

8.10 多元线性回归分析

8.10.1 Kruskal-Wallis 检验

Kruskal-Wallis 检验是一种非参数检验方法，用于比较三个或更多独立样本的中位数是否存在显著差异，适用于不满足正态分布假设的数据。在 R 语言中，Kruskal-Wallis 检验常用于分析分类变量，下面使用该检验方法分析切工（cut）、颜色（color）和净度（clarity）对价格（price）的影响，实现过程如下（源码位置：资源包\Code\08\13_Kruskal-Wallis_test.R）。

（1）在项目文件夹下新建一个 R 脚本文件，命名为 13_Kruskal-Wallis_test.R。

（2）加载程序包，导入数据集，代码如下：

```
library(ggplot2)
df <- diamonds
```

（3）使用 kruskal.test()函数进行 Kruskal-Wallis 检验，代码如下：

```
# 进行 Kruskal-Wallis 检验
kruskal.test(price ~ cut, data = df)
kruskal.test(price ~ color, data = df)
kruskal.test(price ~ clarity, data = df)
```

运行程序，结果如图 8.30 所示。

```
        Kruskal-Wallis rank sum test

data:  price by cut
Kruskal-Wallis chi-squared = 978.62, df = 4, p-value < 2.2e-16

> kruskal.test(price ~ color, data = df)

        Kruskal-Wallis rank sum test

data:  price by color
Kruskal-Wallis chi-squared = 1335.6, df = 6, p-value < 2.2e-16

> kruskal.test(price ~ clarity, data = df)

        Kruskal-Wallis rank sum test

data:  price by clarity
Kruskal-Wallis chi-squared = 2718.2, df = 7, p-value < 2.2e-16
```

图 8.30　Kruskal-Wallis 检验

从运行结果得知：p 值小于显著性水平（0.05），切工（cut）、颜色（color）和净度（clarity）对价格（price）有一定的影响。

8.10.2　构建多元线性回归模型

我们将价格（price）作为因变量，将克拉（carat）、切工（cut）、颜色（color）、净度（clarity）、长度（x）、宽度（y）和深度（z）作为自变量，构建多元线性回归模型，主要使用 lm()函数实现。实现过程如下（源码位置：资源包\Code\08\14_multiple_linear_reqression.R）。

（1）在项目文件夹下新建一个 R 脚本文件，命名为 14_multiple_linear_reqression.R。

（2）加载程序包，代码如下：

```
# 加载程序包
library(openxlsx)
library(car)
```

（3）读取 Excel 文件导入数据，代码如下：

```
# 加载程序包
library(openxlsx)
# 读取 Excel 文件
df <- read.xlsx("基于 diamonds（钻石）数据集的分析与预测/diamonds_cleaned.xlsx",sheet=1)
```

（4）使用 lm()函数构建多元线性回归模型，然后使用 summary()函数查看模型摘要，代码如下：

```
# 构建多元线性回归模型
model <- lm(price ~ carat + cut + color + clarity + depth + table + x + y + z, data = df)
# 查看模型摘要
summary(model)
```

运行程序，结果如图 8.31 所示。

```
Call:
lm(formula = price ~ carat + cut + color + clarity + depth +
    table + x + y + z, data = df)

Residuals:
      Min       1Q   Median       3Q      Max
 -21888.2   -586.5   -183.8    370.7  10734.4

Coefficients:
                Estimate Std. Error t value Pr(>|t|)
(Intercept)     2711.983    413.798    6.554 5.66e-11 ***
carat          11525.671     51.630  223.235  < 2e-16 ***
cutGood          574.391     33.526   17.132  < 2e-16 ***
cutIdeal         824.878     33.339   24.742  < 2e-16 ***
cutPremium       753.004     32.164   23.411  < 2e-16 ***
cutVery Good     717.341     32.178   22.293  < 2e-16 ***
colorE          -208.903     17.849  -11.704  < 2e-16 ***
colorF          -267.403     18.052  -14.813  < 2e-16 ***
colorG          -477.175     17.676  -26.996  < 2e-16 ***
colorH          -979.758     18.792  -52.138  < 2e-16 ***
colorI         -1470.253     21.114  -69.635  < 2e-16 ***
colorJ         -2376.066     26.071  -91.138  < 2e-16 ***
clarityIF       5340.277     50.968  104.777  < 2e-16 ***
claritySI1      3677.762     43.617   84.320  < 2e-16 ***
claritySI2      2716.690     43.801   62.023  < 2e-16 ***
clarityVS1      4587.044     44.519  103.035  < 2e-16 ***
clarityVS2      4276.347     43.831   97.563  < 2e-16 ***
clarityVVS1     5004.010     47.120  106.198  < 2e-16 ***
clarityVVS2     4951.822     45.819  108.073  < 2e-16 ***
depth            -65.077      4.639  -14.029  < 2e-16 ***
table            -26.444      2.905   -9.102  < 2e-16 ***
x              -1100.681     34.993  -31.455  < 2e-16 ***
y                 25.933     19.447    1.334  0.18236
z               -114.981     37.840   -3.039  0.00238 **
---
Signif. codes:  0 '***' 0.001 '**' 0.01 '*' 0.05 '.' 0.1 ' ' 1

Residual standard error: 1127 on 53896 degrees of freedom
Multiple R-squared:  0.9201,    Adjusted R-squared:  0.9201
F-statistic: 2.699e+04 on 23 and 53896 DF,  p-value: < 2.2e-16
```

图 8.31　查看模型摘要

从运行结果得知：

☑ Intercept（截距项）：当所有自变量为 0 时（即"***"），钻石价格的预测值为 2711.983 美元。p 值 <5.66e−11，截距项显著。

☑ carat（克拉）：系数为 11525.671，表示每增加 1 克拉，钻石价格平均增加 11525.671 美元。p 值 < 2e−16，克拉对价格有显著影响。

☑ cut（切工）：cutGood、cutIdeal、cutPremium、cutVery Good 对价格有显著正向影响。p 值 < 2e−16，克拉对价格有显著影响。

☑ color（颜色）：从 colorE 到 colorJ 的颜色等级对价格有显著负向影响，颜色等级越低（从 D 到 J），价格越低。p 值 <2e−16，所有颜色相关项均显著。

☑ clarity（净度）：从 clarityIF 到 clarityVVS2 的净度等级对价格有显著正向影响，净度越高，价格越高。p 值 <2e−16，所有净度相关项均显著。

☑ depth（深度百分比）：深度百分比每增加 1%，钻石价格平均减少 65.077 美元。p 值 < 2e−16，深

度百分比对价格有显著影响。

- ☑ table（台面百分比）：台面百分比每增加 1%，钻石价格平均减少 26.444 美元。p 值 < 2e–16，台面百分比对价格有显著影响。
- ☑ x（长度）、y（宽度）、z（深度）：x（长度）对钻石价格有显著负向影响；y（宽度）对钻石价格的影响不显著（p 值 = 0.18236）；z（深度）对钻石价格有显著负向影响（p 值 = 0.00238）。
- ☑ Residual standard error：残差标准误差为 1127，表示模型的预测误差大小。
- ☑ Multiple R-squared：决定系数为 0.9201，表示模型解释了 92.01%的方差。
- ☑ Adjusted R-squared：调整后的决定系数为 0.9201，考虑了自变量的数量。
- ☑ F-statistic：F 统计量为 2.699e+04，用于检验模型的整体显著性。
- ☑ p-value：p 值 < 2.2e–16，模型整体显著。

总体来说，carat、cut、color、clarity、depth、table、x、z 对钻石价格有显著影响。y 对价格的影响不显著。模型解释了 92.01%的方差，拟合效果非常好。

8.10.3　模型改进

尽管模型已经解释了数据中 92.01%的方差，拟合效果非常好，但仍然存在一些问题需要进一步改进，具体如下。

（1）残差分析（Residuals）：从残差统计量可以看出，残差的最大值和最小值分别为 10734.4 和 −21888.2，这表明模型在某些情况下可能预测不准确。如果残差中存在明显的模式（如非线性或异方差性），可能需要改进模型。

（2）不显著的自变量：变量 y（宽度）的 p 值为 0.18236，不显著。

（3）多重共线性：如果自变量之间存在高度相关性（如 x、y、z 可能与 carat 相关），可能会导致模型不稳定。可以通过计算方差膨胀因子（VIF）来检查多重共线性。

接下来根据上述内容对模型进行改进，实现过程如下（源码位置：资源包\Code\08\14_multiple_linear_reqression.R）。

（1）移除不显著的自变量 y，添加克拉（carat）的平方项解决非线性问题，代码如下：

```
# 移除不显著的自变量 y
model1 <- lm(price ~ carat + cut + color + clarity + depth + table + x + z, data = df)
# 查看模型摘要
summary(model1)
```

（2）使用 car 包的 vif()函数检查多重共线性，代码如下：

```
vif(model1)
```

运行程序，结果如图 8.32 所示。

```
           GVIF Df GVIF^(1/(2*Df))
carat  25.383045  1        5.038159
cut     1.934634  4        1.085988
color   1.180252  6        1.013906
clarity 1.352448  7        1.021800
depth   1.855458  1        1.362152
table   1.787258  1        1.336884
x      52.282239  1        7.230646
z      29.323366  1        5.415105
```

图 8.32　检查多重共线性

GVIF 为广义方差膨胀因子，用于衡量多重共线性的程度。通常，如果 GVIF 的值大于 10，说明存在严重的多重共线性；Df 为自由度，表示分类变量的类别数减 1；GVIF^(1/(2*Df)) 为调整后的 GVIF，用于比较不同自由度下的多重共线性。如果该值大于 2，通常认为存在较强的多重共线性。从运行结果得知：图 8.32 中 carat、x 和 z 存在较强的多重共线性。

（3）为了提高模型的预测精度和稳定性，将 x 和 z 从模型中移除，代码如下：

```
# 移除自变量 x 和 z
model2 <- lm(price ~ carat+ cut + color + clarity + depth + table, data = df)
# 查看模型摘要
summary(model2)
```

8.10.4 钻石价格预测

使用 model2 模型预测钻石价格。假设有一颗 1.5 克拉的钻石，切工（cut）质量为完美（Ideal），颜色（color）类别为 G，净度（clarity）类别为 VS1，深度百分比（depth）为 60，台面百分比（table）为 55，长度（x）为 5.5，宽度（y）为 5.5，深度（z）为 3.5。下面使用 model2 模型预测该钻石的价格，主要使用 predict()函数实现，实现过程如下（源码位置：资源包\Code\08\14_multiple_linear_reqression.R）。

（1）创建新的数据集，代码如下：

```
# 创建数据集
new_data <- data.frame(
    carat = 1.5,
    cut = "Ideal",
    color = "G",
    clarity = "VS1",
    depth = 60,
    table = 55,
    x = 5.5,
    y = 5.5,
    z = 3.5
)
```

（2）使用 model2 模型和 predict()函数预测钻石价格，代码如下：

```
# 预测钻石价格
predicted_price <- predict(model2, newdata = new_data)
print(paste("预测的钻石价格:", predicted_price))
```

运行程序，结果如下：

```
[1] "预测的钻石价格: 11058.4301629953"
```

8.11 项 目 运 行

通过前述步骤，设计并完成了"基于 diamonds（钻石）数据集的分析与预测"项目的开发，项目文件夹中包括 14 个 R 脚本文件，如图 8.33 所示。

下面按照开发过程运行脚本文件，检验一下我们的开发成果。例如，运行 view_data.R，首先单击 Files 面板，然后在列表中选择 view_data.R，在代码编辑窗口中单击 Run 按钮，运行光标所在行，如图 8.34 所示，或者单击 Source 按钮，运行所有行。

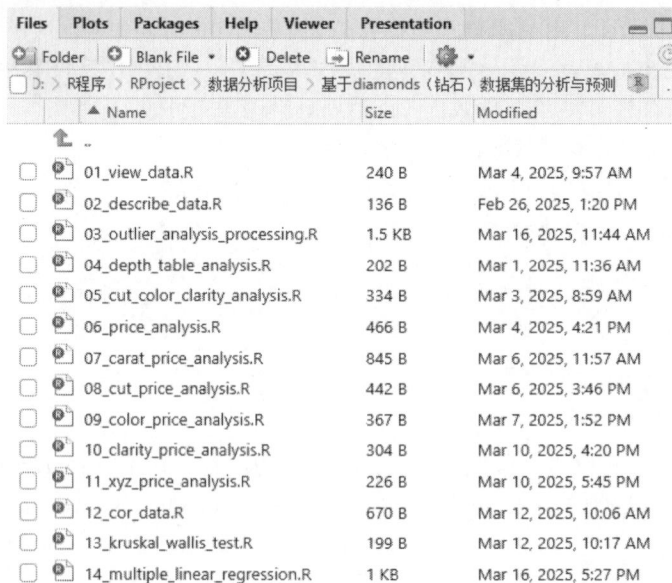

图 8.33　项目文件夹

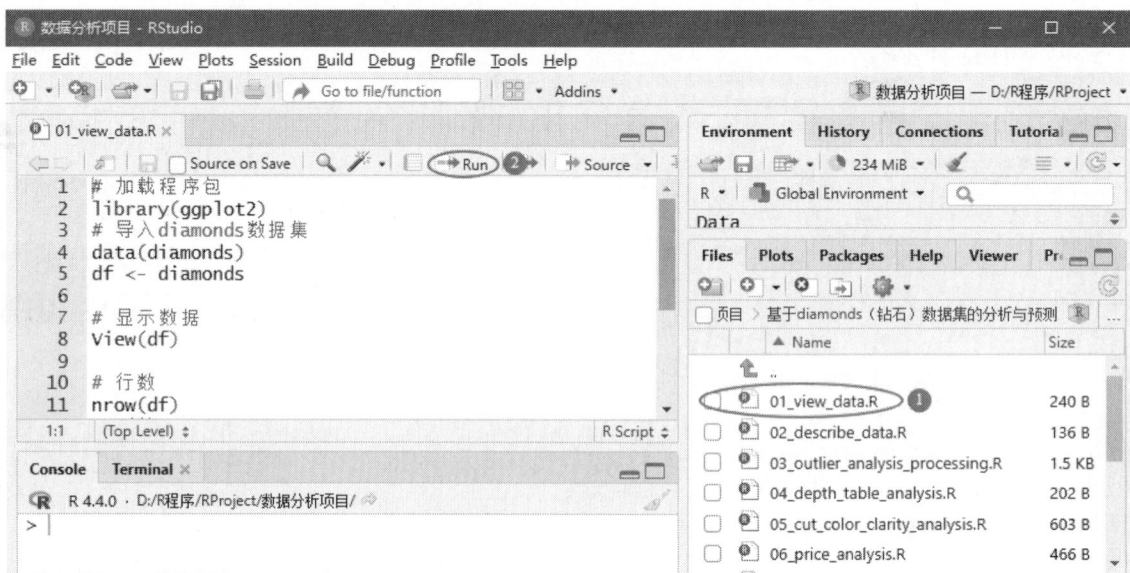

图 8.34　运行 view_data.R

其他脚本文件按照图 8.33 中文件顺序运行，这里不再赘述。

8.12　源 码 下 载

　　虽然本章详细地讲解了"基于 diamonds（钻石）数据集的分析与预测"项目的各个功能，但给出的代码都是代码片段，而非源码。为了方便读者学习，本书提供了用以下载源码的二维码，扫描右侧二维码即可下载。

源码下载